公元787年，唐封疆大吏马总集诸子精华，编著成《意林》一书6卷，流传至今
意林：始于公元787年，距今1200余年

一则故事 改变一生

意林青年励志馆

时间不语，
却见证了所有努力

《意林》图书部 编

吉林摄影出版社
·长春·

图书在版编目（CIP）数据

时间不语，却见证了所有努力 /《意林》图书部编. — 长春 ：吉林摄影出版社，2025.5. — （意林青年励志馆）. — ISBN 978-7-5498-6613-7

Ⅰ．B848.4-49

中国国家版本馆CIP数据核字第2025NF1131号

时间不语，却见证了所有努力

SHIJIAN BU YU, QUE JIANZHENG LE SUOYOU NULI

出 版 人	车　强
出 品 人	杜普洲
责任编辑	吴　晶
总 策 划	徐　晶
策划编辑	张　娟
封面设计	资　源
封面供图	陆耶耶
美术编辑	刘海燕
开　　本	889mm×1194mm 1/16
字　　数	350千字
印　　张	11
版　　次	2025年5月第1版
印　　次	2025年5月第1次印刷

出　　版	吉林摄影出版社
发　　行	吉林摄影出版社
地　　址	长春市净月高新技术开发区福祉大路5788号
	邮　编：130118
电　　话	总编办：0431-81629821
	发行科：0431-81629829
网　　址	www.jlsycbs.net
经　　销	全国各地新华书店
印　　刷	天津中印联印务有限公司

| 书　　号 | ISBN 978-7-5498-6613-7 | 定价　36.00元 |

启　事

本书编选时参阅了部分报刊和著作，我们未能与部分作品的文字作者、漫画作者以及插画作者取得联系，在此深表歉意。请各位作者见到本书后及时与我们联系，以便按国家相关规定支付稿酬及赠送样书。

地址：北京市朝阳区南磨房路37号华腾北搪商务大厦1501室《意林》图书部（100022）

电话：010-51908630转8013

版权所有　翻印必究

（如发现印装质量问题，请与承印厂联系退换）

目录 CONTENTS

第一章 从心励志
心立志，行励志，处处利智

- 002 | "抢着说"与"想着说" 游宇明
- 003 | 做事不要"拖"，但要"会拖" 乔兆军
- 004 | 信息面饼求生记 关 冈
- 005 | 日近长安远 郭华悦
- 006 | 敢于做一个"讨坏"的人 芒来小姐
- 007 | 便利店的音乐，正在左右你的钱包 程 旭
- 008 | "不用"小姐 李童舒
- 009 | 进度条是假的 黑将军
- 010 | 祭拜三国人物，带什么伴手礼 发财金刚
- 011 | 该射哪个 吕雪萱
- 012 | "窝囊"过后，斗胆向云冲 张彤彤
- 013 | 一个家庭最大的内耗：都在抱怨，却没人肯改变 洞见·pumpkin
- 014 | 像刘备一样奔跑 一 名
- 015 | 标准能屈能伸 吴淡如
- 016 | 时间银行：把时间存起来 黄鹤权
- 017 | 自己的时间表 高自发
- 018 | 少年的朋友圈里没有家长的位置 孙 欣
- 019 | "很好"和"好狠" 郑希波
- 020 | 锐刀只割一次草 金小林
- 021 | 能小复能大 叶春雷
- 022 | 漂亮不是你的职责 豆金楠
- 023 | 自身有光，就不怕黑暗笼罩 黄小平
- 024 | 我苦了，你笑吧 牧 羊
- 025 | 三种心态 伏 琴
- 026 | 迟到的严肃性 陶 琦

第二章 扬帆识局
眼观六路,识局,乘风起

- 028 | 我的梦成真了 简 爱
- 029 | 如何利用"鸟笼效应" 徐思琦
- 030 | 关东煮的吸引力法则 曾诗颖
- 031 | 警惕理性的无知 孙 锋
- 032 | 零糖社交:年轻人的"君子之交" 禰支兰
- 033 | 好故事的秘诀 李南南
- 034 | 将错就错,反而身价翻番 小 樊
- 035 | 出丑获赞 赵盛基
- 036 | 周公旦,辟谣三招 李 正
- 037 | 肥瘦之间 童 年
- 038 | 聊天爱发表情包是一种"社交糊弄" 卡 生
- 039 | 藏 念 CC
- 040 | "门当"缘何"户对" 杨学涛
- 041 | 为可爱IP买单的年轻人 李心怡 焦钰茹
- 042 | 你是不是"积极废人" 昔 央
- 043 | 教授的时间观 彭 好
- 044 | 懒人的凉风求索史 纪习尚
- 045 | 不可或缺的"少" 李 俭
- 046 | 为什么有人宁愿吃生活的苦,也不愿吃学习的苦 衷曲无闻
- 047 | 兴致勃勃,才是高级 紫云宛蓉
- 048 | 一上车就困,其实是你被"催眠"了 瑾 睿
- 049 | 一次震撼的搬运 高 忠
- 050 | 打仗也得讲礼 清风慕竹
- 051 | 无形的束缚 赵盛基
- 052 | 一发牵忧心 听月生

第三章 逆风破浪
勇往直前，破局，逆流上

054	做人如铜钱	叶春雷
055	名厨和画家	李治邦
056	为0.1秒蛰伏50年的院士	梁水源
057	走自己的路	蔡志忠
058	感悟"卡瑞尔公式"	胡建新
059	敢于胆怯	高宗飘逸
060	惜"赞"如金	赵 畅
061	蛋挞陷阱	欧阳晨煜
062	怎样才算拥有一段旅程	佚 名
063	填坑力	倪西赟
064	精神长相	张冬青
065	钝感比敏感更重要	丝 竹
066	暂不允许归航	徐九宁
067	靠捡烟头发家的公司	计玉兰
068	只卖半个蛋筒的零食铺	计玉兰
069	一场30天不抱怨的比赛	沈畔阳
070	在墙上绘就梦想	谢茜茜
071	一张白纸收后蜀	玖 玖
072	不躺平的鄂尔泰	李 正
073	不要对你的故障视而不见	蒋一俊
074	醒 活	郭华悦
075	学会"浅尝"二字	蔡 澜
076	取别人之长，未必能补自己之短	任万杰
076	做人如蝉	李永斌
077	猎 场	草 予
077	寡 辞	乔 苓
078	"千年寿纸"的水寒和墙烫	立 新

3

080	漂亮的学霸很常见，快乐的学霸很罕见	象女士
081	求 阙	明 月
082	自卑者的逆鳞	陈艳涛
083	做规矩	潘志豪
084	一条狗的星辰大海	张 欣
085	"情绪价值"到底是什么价值	肖 瑶
086	如何与时间相处	谁最中国
087	敲醒春天的眉眼	杜明芬
088	"势利"的大脑	岑 嵘
089	生活中的诺贝尔奖	桥 英
090	"确诊"之后要自愈	黄小邪
091	匠 气	郭华悦
092	调整角度，方能柳暗花明	黄小邪
093	驯 马	陈海贤
094	她为飞机"把脉问诊"	雪 舟
095	人 情	程 筠
096	为500名顾客"复活"亲人	默 冉
097	给风留"出口"	杨德振
098	穿越千年的"色彩多巴胺"	青 箱
099	一把奥卡姆的剃刀	乔 子
100	伍斯特公共图书馆的"猫咪通行证"	傅梓耀
101	器当其无	王厚明
102	"知识摆摊"：从学校到社会的一艘渡船	黄小邪
103	为什么地球上的山峰不可能超过一万米	寰宇志
104	"尔滨"的冻梨，朱熹的泪	信浮沉
105	日子扑面而来	曹 韵
106	对"冷"专业保持"热"心态	李传云
107	把每一次反省都当作浪子回头	韩 青
108	"偷感人"与"盗感人"	黄小邪

第四章 不至于前 不以既成之就为终点

第五章 破除自我设限，活出三千面相 不止于此

- 110 | 当"00后"开始"没福硬享" human
- 111 | "糗"：古人出行的干粮 佚 名
- 112 | 顺人性做事，逆人性做人 冯 唐
- 113 | "朝三暮四"里的智慧 李家林
- 114 | 忍不住嫉妒最亲密的朋友，让我痛恨自己 清 远
- 115 | 惊鸿之势 江泽涵
- 116 | 涨潮书店等你造访 贾婷婷
- 117 | 吵架怎么吵赢对方 贝小戎
- 118 | 你有"红绿灯思维"吗 欧阳晨煜
- 119 | "风凉话"的由来 任万杰
- 120 | 不做朋友 翁德汉
- 121 | 幸福，是能看见自己的拥有 林采宜
- 122 | "反向实习"的"00后" 肖雅文
- 123 | 雅 量 江泽涵
- 124 | 苏味道：模棱两可的才子 韦 昆
- 125 | 人如腌鲜 郭华悦
- 126 | 天才的口气 莫幼群
- 127 | 麻雀效应 Leyla
- 128 | 猪八戒走了十万八千里，为什么没有瘦下来 柏 舟
- 129 | 爆笑一刻·休想甩锅 佚 名
- 130 | 纸上滋味，读点暖食来消寒 申功晶
- 131 | 秋天是一匹瘦马 能 能
- 132 | 皇室之中，亦有棠棣花开 赵 蕊
- 133 | 爆笑一刻·这顿饭我请 佚 名
- 134 | 鲁智深的热闹与孤独 雅 惠
- 135 | 珍惜三五人 冯 唐
- 136 | 成功的谈判要跳出"敌对"思维 刘 润
- 137 | 大禹误入的"桃花源"——终北之国 郑晶心
- 138 | 扬州为什么可"上"可"下" 谷曙光

第六章 自思自立
无人扶我青云志，我自踏雪向山巅

140	永远不要拎着垃圾走路	CC
141	不入局	洞 见
142	高三的夜里，每个人都会变成光	十七落渝
143	快乐聊天法	徐悟理
144	一代人有一代人的洪水猛兽	毛利s
145	中药情书	王昊军
146	战胜"拖延症"，我重获对生活的掌控感	提 提
147	自 醒	倪西赟
148	为何在飞机起飞前40分钟就停止值机	琳 可
149	不"打卡"，创意旅行	张 丰
150	年轻人"爆改工位"，在共性中存放个性	李梓涵
151	牧鹅放鸭	詹亚旺
152	对友谊"祛魅"	海 棠
153	声 誉	佚 名
154	李时珍没有看到《本草纲目》	赵 蕊
155	幸福是一种心态	马亚伟
156	午睡的技巧	贝小戎
157	当杜甫种起了莴苣	邱俊霖
158	我的社交舒适圈	吴 璇
159	人生的缝隙	刘 强
160	宋朝也有"诺贝尔奖"	刘中才
161	宋江的哭	憨 佗
162	《水浒传》中的两把刀	高雅麟
163	是谁勾住了我们的注意力	李施漫
164	长桌还是小桌	苗 炜
165	行必履正	陈 炊
166	当"985"工科女转行做厨师	有 碧
167	学会翻脸	小 来

第一章

从心励志

心立志,行励志,处处利智

时间不语，
却见证了所有努力

"抢着说"与"想着说"

□ 游宇明

生活中有这样一种人，没有见识却喜欢指点江山，不爱思考却好发惊人之语。

包工头甲说："读书对一个人的前程没多大作用，我一个朋友小学都没毕业，卖红酒身家上亿了。"旁边的乙说："你的话好没逻辑，我相信你的朋友赚了钱，但知识的价值无法估量，比如那些造宇宙飞船和手机芯片的，哪一个不是学富五车？"甲说："此言差矣，没有我朋友这样的人提供税收，那些造宇宙飞船和手机芯片的人吃什么？"乙反驳："你朋友不做亿万富翁，别人自可取代，而那些造宇宙飞船和手机芯片的人，却不是普通人能够代替的。"甲说："远古的人没接受什么教育，社会上什么高科技都没有，不同样过来了？"乙说："你如此强词夺理，咱们就没有讨论的基础了。"

我震惊于甲的思维，觉得他辩论的起点就是错的。其一，一个人是否得到充分发展，与其个人潜力被挖掘的程度相关，却未必与他拥有的财富有多少联系。亿万富翁们当然有自己的贡献，但华罗庚、袁隆平、爱因斯坦从来没进过财富榜，其贡献绝对不比许多亿万富豪小；其二，包工头卖红酒的同学给国家提供了税收不假，但读大学的人同样可以做老板、为国家提供税收啊。只要好好考察一下社会，我们无论如何都得不出读书对个人发展没影响的结论。甲的奇葩之语印证了漫画家李肖飏的一句话："有理的想着说，没理的抢着说。"

没理的人并非不知道自己无理，他们之所以喜欢"抢着说"，首先是要出风头。"知识改变命运""尊重知识、尊重人才"是社会的共识，你们这样说，我也这样说，还有"新意"吗？现在我偏要来个"教育无用论"，就彰显了我的"不凡"见识。当然，我也明白这是胡扯，为了不让你驳倒，我就要以声量、速度、脾气、狡辩之类盖过你，使你不得不屈服。

喜欢"抢着说"的人普遍有一种自辩倾向。我学历低，就否定高学历的意义；我工作平庸，就故意贬低科学家的作用；我比较自私，就说现在的社会环境如何匮乏，有失高尚。在这些人看来，我已"躺平"成这样了，你们个个风光、受人敬重，不是打我的脸吗？他们需要的是这样一种认同：自己的"躺平"不是才华欠缺、操守欠佳，而是由于选择的明智。

我不喜欢没理却想"抢着说"的人，这种人不想拥有正常的是非心，不在乎事情的真相，希望与之交流思想，等于开着汽车沿相反的方向去追一个目标物，结果只能是彼此的距离越来越远。"装睡的人叫不醒"，此之谓也。

有位著名人文学者曾经极力提倡"有几分证据说几分话"。在他看来，你要说话，先要想想背后支撑它的论据是什么，没有把握不要乱说。我的大学老师将这个道理具体化了，他说："你们以后辩理也好，做学问也罢，不能出现孤证，否则，站不住脚。"这位学者与我老师的见解应该是表达意见的金玉良言。

"我见青山多妩媚，料青山见我应如是"，是辛弃疾一首词中的一句，很能说明心心相印的价值，与人交流更需要这种心心相印，缺少了，等于把玫瑰插在石头上。生活早已验证：有话"想着说"比"抢着说"更有长久的力量，也更能深入人心！

做事不要"拖",但要"会拖"

□乔兆军

在生活和工作中,我们强调做事要完整到位,不找借口、不拖延,雷厉风行,这无疑是积极向上的。但任何事情都不可能一概而论,有的事不去做反而更好,有的事等一段时间再去做,时机更成熟,也能更好地解决问题,这时候,适当地"拖延"一下,就显得尤为必要。

朋友在一家养老院工作,他说老人在脑萎缩状态下向你提要求,用"拖字诀"很管用。一天,有位老奶奶伤心地向他诉苦,说自己的儿女结婚没房子(实际上她的儿女都快七十岁了),这显然是老人记忆与现实出现了混淆。朋友承诺马上帮忙解决问题,老人止住了悲伤。朋友避开老人两三日,再次见面,老人完全忘了这事,还乐呵呵地跟朋友谈其他事情。

单位要提拔一名科室负责人,小李和小刘都是合适人选,且能力不分上下。提拔谁不提拔谁,领导班子成员各抒己见,一时难以定夺,最后局长拍板,两个人都纳入推荐人选,先拖上一段时间再说。时间一长,有小道消息说小李已内定,小刘沉不住气了,酒后跑到单位里大闹一场,提拔的事也黄了,小李顺利当选。你看,谁拖得住,谁就占了主动。而且在拖的过程中,人一着急就容易暴露问题,也就顺便解决了问题。

1860年,曾国藩正在跟太平军鏖战,英法联军兵锋直指北京,朝廷令他火速派鲍超带兵北上勤王。曾国藩接到圣旨,很是头痛。奉旨行事,此时战局必然逆转,后果不堪设想;抗旨不遵,自己难免有杀头之罪。

李鸿章说:"现在,恭亲王已与洋人谈判,不出意外,不日将签署合约。若奉命北上,可能还没走到半路,双方已息戈罢兵。那时,北进没意义,这边又坐失战机,朝廷必然追究大帅之责。不如先向皇帝上一道奏折,说鲍超品级太低,在指挥作战中起不到大作用,请求朝廷在您和胡林翼二人中选定一人带兵进京。皇上再批复回来,一去一回,就得十天半个月,那时,情况已然发生变化,我们也就不用再挥师北上了。"曾国藩采纳了李鸿章的建议,果然,奏折发出没几天,新圣旨又到了:不用北上了……

还有件以"拖"解决难题的事。东晋大司马桓温让谢安帮他写推荐书,"加九锡"。桓温是想先得到九锡之礼,为下一步篡位过渡。报告打到朝廷那儿,朝廷也不能说不办,毕竟桓温权大势大。谢安有招,拖。桓温一问,谢安就说,啊,正办着呢,那么多的礼器还没准备好,再催,就说,得写一写诏书啊。就这么拖来拖去,生生拖了好几个月,直到桓温去世,诏书还没写好,加九锡之事自然也就不了了之。

"拖"不是消极怠工,不是懈怠人生,换一个角度来说,它可以理解为"理性""迂回",以柔克刚。做事不要"拖",但是要"会拖",技巧万千,存乎一心。学会在"拖"中沉淀自己,调整自己,静待时机,久而久之,人也会变得更理智。

时间不语，
却见证了所有努力

信息面饼求生记

□ 关　冈

我常常觉得自己"心理干燥"，不是季节的问题，而是因为短视频刷多了。我怀疑短视频把每一个个体脱水，加工成了方便面面饼。而这类食品加工的三大重要工序就是油炸、烘干，然后统一成型。油炸的过程就如同短暂刺激对大脑的兴奋奖赏，而烘干的结果，就是我们用大把时间换来的不易察觉却实实在在的失落感。最后，我们被归类为各种见解趋同的信息面饼，口味由信息调料包决定。信息生产商和市场口味有着小小的互动，哪种受欢迎，就加量加料供应，抑或带着某种营销目的，上架出新、强推认同、创造需求、制造爆款。一旦出现一些负面影响或者需求回落，下一拨口味热点就会立刻扑上来。

作为一个信息面饼，我决定逆向求生，想想自己曾经过的那种水草丰美的生活，大多是在一种需要较长时间的投入状态中浸泡着。譬如阅读一本五十万字起步的长篇小说，而且不要读得太快，每日定量服用，延长浸泡时间，伴随阅读时所感天气冷暖、所饮茶水浓淡、所历街巷味道、所见人情世故，都会如同植物标本一样被压缩进阅读记忆之中，成为未来某一天复苏的信息。你进入书中的世界，在角色之间真实地度过夏与冬，同时，那些被压缩进去的浮光掠影，也使得这本书附着了你独有的记忆，成为你的一部分。

另一种恢复方式是把自己逆向"泡发"，它是长与短的角逐、专注与游离的较量，然后如同增加杠铃片一般，给自己更多需要长期投入的任务，这样会消除因为坚持而偶发的疲倦感，增加所获的丰富性。理论化的学习如同经线，兴趣化的获取如同纬线，一年不必多，三五个值得深入的领域已经足够，终将编织成自我认知的密实之网。自然而然，短视频对我而言变得越来越没有滋味。

看上去不那么干燥的朋友各有各的浸润法。譬如墓园造访者，对自己心仪的作家，从纸面扩展为地理层面上的旅行。假如每年的阅读以《管锥编》为圆心，那自然也要不断地翻阅《老子》《左传》《史记》，不断地重逢索福克勒斯、塞万提斯、黑格尔……只要把书当作问题之书而非答案之书去读，即可实现下潜极深的浸泡；再譬如一位朋友按照古乐器的传播线路旅行，她的地图是有音符相伴的商贸之路，那些大部分人叫不出名字的弦乐器，远远超过了博物馆的收藏，成为隐秘的诉说者，再次被远方来客倾听。

你仔细观察这类朋友，皮肤润泽，目带光华，全没有信息面饼枯干、窘促的状态，而且有着持续抵御速食信息沙尘侵扰的能力。

人们用相当长的一段时间沉浸在一本书、一部戏剧、一段旅行中，总会有"走不出来"的感觉。这时有人想和你聊聊当下的鸡毛蒜皮，你可能要从静谧的水下上浮许久才能听到世界的喧闹，此时对方已然没了兴致。但这又何妨呢？

日近长安远

□ 郭华悦

日近长安远，这是《世说新语》里的一句话。

说这话的，叫司马绍。逻辑是这么来的，太阳嘛，虽远在天边但常常能看到；长安，谈不上近在咫尺，但怎么说也比远在天边近多了。可对于当时的人来说，可能终其一生，也难得一睹长安之面目。

因此，从熟悉度上说，远的太阳，反倒比近的长安，要近得多。

远与近，不仅在于真实的距离，更在于感情的亲疏。古人很早就明白了这个道理。可到了今天，在我们的生活中，依旧是"日近长安远"。

比如，和另一半相处的时候，你是不是习惯了当"低头族"？玩游戏，玩得顾不上其他；或者，和远在天边的人，倾谈心事，却连对方是男是女都不知道；对于论坛或群里的人，你很关心其动向，但在真实生活中，你们可能八竿子打不着。

那些远方的人，就是你的太阳。而现实中的那位，比长安近得多，近在咫尺。但不管是和人家吃饭还是看电影的时候，能占据你思维的，往往是太阳。而眼前的"长安"，却被你放逐到比太阳更遥远的地方。

爱情是这样，亲情呢？

多数的闲暇时间，你都给了谁？对于成年人来说，这个问题的答案，可谓众说纷纭。但有一点可以肯定，绝少会是父母。你花很多的心思，去浇灌那些所谓的朋友。如果有一天，当你需要的时候，有一两个愿意成为你的避风港，那已经是你的万幸。

可是，家中那两位双鬓染霜，一直愿意无条件成为你的避风港的老人呢？你是不是连多说一句，都觉得不耐烦？你把太阳给了所谓的朋友；而眼前的人，却成了你遥远的长安。你说，是不是本末倒置？

很多人过日子，大抵如此，远的当近的，近的过成了远的。

人心，最是诡谲。你把远的太阳，当成了近的。可就算倾尽一生，也不过是徒具夸父追日的勇气，远的始终还是远得遥不可及。而近的，被你当成了远的，渐渐地，也就变得越来越远。于是，到了最后，日远，长安更远。

这样的糊涂事儿，古人都知道不可为。可到了如今，我们还走不出这个怪圈。

日近长安远，发生在感情里，那是最悲惨的事儿。太阳远，那便任其遥远；长安近，多走走，多转转，那便更近。这么一来，生活便会少些悔之不及的事儿。

时间不语，
却见证了所有努力

敢于做一个"讨坏"的人

□芒来小姐

周末，朋友约我喝下午茶。到了晚饭时间，她却说："我另外约了人吃晚饭，等会儿要先走。"我蒙了：你不愿意和我吃晚饭吗？明知晚饭有约，还来约我？难道这只是借口，我刚才哪里得罪她了？

我和她关系很好，便索性直说："晚上怎么不跟我吃啊？"她笑道："我本来就只跟你约了下午，之后又有人约今天，就约了晚饭。怎么，不舒服啦？"我点点头："嗯，我感觉你有点无情。"她哈哈大笑。我的心结放下了，因为知道她一贯就是这样的性格：一起约晚饭，吃完她想去散步，还不让我陪："我要一个人感受大好夜色。"逛街到书店，她拿起一本书饶有趣味地读了起来，对我说："等我10分钟，这期间别打扰我。"

我曾开玩笑说，她就是典型的"讨坏型人格"。"讨坏型人格"，简单来说，就是一种坦然表达自己立场，不怕与别人立场相悖的能力。有人总结"讨坏型人格"的口头禅：不可以；不需要；这样做很不合适；不要打扰我。

有一次，我和那位朋友一起逛街，新鞋让我的脚后跟很不舒服。朋友兴高采烈让我照相，我为了多坐一会儿，总找理由搪塞。她明显不高兴，却没有忍着不发作，而是问我："你不舒服吗？"我向她解释了脚后跟的疼痛，她为我找来创可贴，并告诉我："不舒服就说出来，别人不可能总是关注你的感受。"

这番话让我有些羞愧，细想却一针见血：我总是因为在意别人，压抑自己的感受，其实潜意识里藏着"就算我不说，你也要懂我"的期待。

我们需要接受现实，和大多数人的关系就是浅层关系，难免有忽略对方感受、情绪的时刻。这种情况下，如果因为在意友善体贴，而忽略了自己的感受，憋着不去表达，就会很内耗。

当我向我的朋友真诚地敞开心扉，她也会向我坦率地表达自己；面对其他情况，她会化身"讨坏型人格"，坦然照顾自己，把照顾别人放在第二位。

我有一位来访者，这两年经历了从"讨好"到"讨坏"的转变。最开始，他处处看人脸色，总是担心自己说错话，让别人不舒服；接受咨询的第二年，他跳槽了，在新的工作环境里，开始学着表达自己。比如，觉得某位同事牢骚太多，过去他会附和，如今会半开玩笑地说："你话很多哎。"讨厌某位总爱"白嫖"的同事，过去他会无奈地让出零食，如今会说："你想得美。"

这样做之后，他惊讶地发现：预想中同事之间翻脸的情况并没有发生，大家打个哈哈就过去了，反而是他的内心因为这份"讨坏"得到了解脱。

"讨坏"和自私、强势最大的区别在于：他不会不顾别人意愿，强行要求别人配合自己的立场；只会表达自己的立场，不怕与别人的立场产生冲突。

那么，我们要如何拥有讨坏的能力呢？

首先，练习"讨坏者语录"，更加顺畅地表达自己的立场。不帮；不借；不行；我不要；不想做；不愿意；有话直说；我心情不好；我也不太懂；我现在很忙……然后，练习在关系中探索自己的感觉。经常问自己：我感觉好吗？我现在什么情绪？他的话有让我愤怒吗？通过探索自己的感受，我们能够放下批判和偏见，看到自己过去有意回避的部分，最终突破这部分。

另外，我们还要选择能够建立深层关系的朋友，搭建起自己的核心圈子。人有一两个真朋友，才有底气用"讨坏"的态度对待外界，不必害怕因为表达立场而失去朋友。有他们在，你可以放心地做自己。

"讨坏"，也是一种能量。若你能有力地表达自己，便能以"有力量"的姿态行走在这世上。

便利店的音乐，正在左右你的钱包

□ 程 旭

好久没去北京人艺旁的全家便利店，这天路过进店买水，顿觉异样，直到迈出门时"入店音"再次响起，我才恍然，他家换音乐了。那段令人神清气爽、眼明心亮的欢迎铃声换成了洒水车提示音一样的苍白调调。

店家自然有随意选择和更换音乐的权利。我时常幻想自己开家咖啡馆或美发店时也会在背景音乐里夹带"私货"，管别人爱不爱听。营销专家会马上叫停我的幼稚行为，做生意可不是在地铁里放自己的"荒岛唱片"，一定要善于利用感官效果给消费者留下深刻印象，随随便便选背景音乐可不行。有地域色彩的商家，背景音乐常常像一个气泡，顾客一踏入店里就被它包裹，移步则换景，外界被隔离。

好的背景音乐不会喧宾夺主，调动听众蹦迪，而是润物细无声般地塑造和影响人的情绪和行为。心理学中有一种潜意识操控术叫"阈下影响"，这个"阈"是感官刺激的临界点，"阈下影响"指通过微弱甚至是无法察觉的刺激来改变人的态度。加料的背景音乐就是实现阈下影响的一种方式。比如，在超市里的背景音乐中加一些快速播放的声音，像"我是诚实的""我不会偷窃"，能有效减少入店行窃的行为。

关于背景音乐的武器级应用，莫扎特、巴赫和贝多芬们可以印在军需用品的包装上。《感官品牌》这本书中提到，反复播放古典音乐，不仅可以让"维多利亚的秘密"的内衣很高贵，也能降低澳大利亚小镇和哥本哈根火车站的犯罪率。《纽约客》杂志曾报道过，美国加利福尼亚州、得克萨斯州的7-11便利店会不间断播放莫扎特的歌剧《唐璜》或威尔第的歌剧《西蒙·波卡涅拉》，阻止无家可归者在店外闲逛。

我家楼下的7-11便利店四季放的都是《菊次郎的夏天》，热情似火，轻松欢快，就像全家便利店被换掉的那段"入店音"，有一种劝人向善的力量。专家说，歌剧这种曲高和寡的音乐很挑人，排斥异己，凸显冒犯，而熟悉的背景音乐才会让人宾至如归。所以，每次逛故宫，闭馆清场前会播放一曲《紫竹调》，有的博物馆放的是变调版《送别》，听到它们，我也不禁加快脚步，带着愉悦和满足归去。

时间不语，
却见证了所有努力

"不用"小姐

□李童舒

倘若人生用词也有年度榜，那我的年度热词肯定是"不用"。这个词简直是用胶水粘在了我的嘴上，牢固程度堪比问"How are you（你好吗）"，而我机械式回答"I'm fine, thank you（我很好，谢谢）"一样。我甚至没有思考过我的需求，就脱口而出"不用"。

朋友撕开一袋薯片，问我要不要吃，尽管饥肠辘辘，我会说："不用不用，谢谢。"在旅游时，好心的大叔问我需不需要帮忙搬行李箱时，我也会说："不用不用，谢谢啊。"

我总是在说"不用"，总是在拒绝，总是怕麻烦别人和耽搁别人的时间。朋友说我是一生要强的女人，我却只是笑呵呵地敷衍回应。

实际上，我是感到别扭的。即使是一件小事情，但在我心里，接受他人的善意总是沉重的，会让自己有些不知所措。

除了从小到大的耳濡目染，我也习惯了做给予者，会帮忙，会付出，但是突然被照顾，被关照，反倒有些难为情。亲友给予的拥抱是温暖的，但是令我不自在；陌生人给予的帮助是令人感动的，但是令我很尴尬。

我通常把原因归结于大家给予的善意，我不知道该怎么回应。

而我的嘴巴也称不上乖巧，说不出几句甜言蜜语。因此，我害怕自己的回应不能像大家给出的善意那样热烈，于是下意识就想要拒绝。我想将这些心声吐露，却又担心被对方讨厌。

有一天，我在煮粥。锅下是蓝幽幽的火焰，锅中是沉甸甸的冷水，这时的锅就和我一样，也有了一肚子的心事。但是不一会儿，火就"挠"着锅的痒痒，将那冷冰冰的心事变成香喷喷的心事，粥煮好了。水蒸气顶开了锅盖，扑哧扑哧地，仿佛锅在笑。此时，我也想开了，不禁跟着笑了起来。我向妈妈讲了我的心事，问她："我是不是很讨厌？"妈妈先是愣了一下，随即轻轻抱住了我，坚定地说："没有。"

人啊，真是奇怪。自己毫不吝啬给予善意，却不习惯接受善意。

有一次，我和朋友约着去饭店吃饭。朋友点了碗麻辣刀削面，砂锅里的汤汁咕嘟咕嘟地冒着泡儿。吃着吃着，朋友的白衬衣就遭殃了。

"这是什么白衣服必溅到油定律！我刚换的衣服啊！"朋友无奈地喊道。

结果，隔壁桌的女生听见了，从包里火速掏出一包湿纸巾递给朋友，说不知道有没有用，先试试看。朋友立刻说谢谢，但是还没来得及说"不用"，女生就匆匆结账离去了。

朋友有些怅然地对我说："只不过是一点儿油渍，怎么好意思收人家一整包湿纸巾。"我忙安慰道："没事的，接受他人的善意也是一种成长……"说完后，我突然意识到自己从妈妈那里接收到的温柔，竟然好好地传递给下一个人——我的朋友。这实在有一些奇妙。我是不是在被治愈的同时，也治愈他人了呢？我不确定地想着。但是我很开心，这种感觉真是太好了！

朋友们，大方地去接受他人的善意吧！不必觉得不自在，也不必觉得尴尬。毕竟他人给予善意的初衷，其实跟我们是一样的，也只是希望你开心，希望你好好的。

那善意是一种包含酸酸涩涩的柔软，滋味像微酸的樱桃、涩口的茶，但那些善意在我们心上停放，就会变成密密的糖霜，一粒一粒种在心田。或许自然接受他人的善意真的很难，我们会有点儿害羞，不知道如何是好，但是我们可以尝试着养成习惯。

比如，先从接受一个拥抱开始，告诉对方，这个拥抱真的很温暖。

进度条是假的

□黑将军

1984年，苹果公司第一代麦金塔电脑在发布会上惊艳全场。但哪怕强如乔布斯，在这台电脑的设计上也有瑕疵：它在加载的时候，只让指针光标变成一个表盘，除此之外没有任何提示。

想象一下，你想玩个电脑游戏，但是点击图标之后，电脑没有任何回应。你感觉有点犹疑不安，考虑着要不要再点击一次。你不知道它究竟是出故障了还是在加载下一关，你甚至不知道电脑是否在运行，你能做的只有等下去。

但这不是当时苹果电脑特有的问题，事实上，当时还没有哪个厂家知道，该如何解决用户等待过程中产生的焦虑。

直到一年后的人机交互大会上，年轻的计算机博士布拉德·迈尔斯才提出一个很简单的解决办法，那就是进度条。

迈尔斯做了个小实验。他找来两组学生分别在有进度条、无进度条的情况下操作电脑，最后有86%的学生反馈说他们喜欢有进度条的设计。甚至于他们根本不在乎进度条准不准确，只要有一个指标在那里，就可以让他们安心坐在电脑前等待。

相比较空白的界面，进度条更能让我们体验到时间的流逝，不同的进度条还会产生不同的效果。比如，研究者发现，相比较平整样式的进度条，螺旋纹路进度条会让被试者觉得时间过得更快。

人们在使用电脑时，每个操作都需要得到一个视觉反馈，这种反馈的存在可以提高用户对等待的忍耐程度。专家表示，只要超过1秒不给反馈，使用者就有退出程序的风险，而进度条的使用能大大降低用户退出程序的风险，延长了他们的等待时间。

提供进度信息不仅可以让人们在做任务时提升准确率，减少反应时间，并且更有干劲，所需的休息时间也会更少。

进度条能起到很大的作用，但进度条到底准不准呢？几乎不准，因为程序加载进度很难计算，只能估计。

事先估算好进度条时间，但最后实际加载时间比这个时间长，怎么办呢？把进度条卡在99%就行。所以你会看到很多程序卡在最后的1%上，即使整个任务的剩余进程远多于1%。

但正如上面说的，进度条是"真"是"假"根本不重要，有个进度条在，人们就安心多了。

时间不语，
却见证了所有努力

祭拜三国人物，带什么伴手礼

□ 发财金刚

　　三国时期的兴亡和恩怨，到现在还未见分晓。如果把真实世界比作大型角色扮演游戏，那么曹操、刘备、孙权、周瑜就像当代世界里的NPC（非玩家角色），等待着三国游戏玩家。有人在游戏里领任务，有人在那里玩梗，还有人在那里留下了各种各样的东西。本世纪的玩家们，正在用自己的方式，完成对三国游戏的延续和致敬。

　　想你的风最终还是吹到了合肥。"我在合肥很想你"的"网红"路牌出现在南京明孝陵景区孙权的墓前，想必这股风将比九泉之水更为寒冷。历史上，孙权六次攻打合肥都没有成功，合肥是孙权做梦都想到达的地方，这属于哪壶不开提哪壶。

　　一位学子寒窗苦读十二载，考上了位于合肥的中国科学技术大学，他第一时间就拿着自己的录取通知书摆在了孙权墓前——"你一辈子去不了的合肥，我替你去了。"

　　三国类游戏一火，最先受伤的总是孙权。在孙权墓工作多年的保安老李一直想不明白，为什么现在的小年轻来看孙权都带着张辽的卡牌。

　　在合肥之战（俗称逍遥津之战）中，曹魏将领张辽率领七千人迎击东吴的十万大军，先后两次大破东吴，甚至出现张辽率领八百名将士杀到孙权主帅旗下的激烈场面。这让孙权在现代网络中有了"孙十万"的绰号，张辽也被网友戏称为"张八百"。

　　孙权墓就像是各种版本张辽的团建圣地，从这里收集的张辽都可以组成一支军队了。"远处看我以为是几包烟，走近看才发现祭了个张辽。"还有热心人担心孙权不了解现今合肥城市的发展，特地给他奉上了一份合肥地图——"将军莫虑，且看此图"。

　　在互联网上，三国题材是最热门的历史话题，而"吴粉"是三家粉丝当中人数最少、话语权最弱的一方。

　　但孙权也不是好惹的，有人认为去探访墓地，还是得怀着一颗善心，不然很容易遭到报应。"我上次去，看到墓前有个张辽，拍下来嘲笑了一下，然后回去发现自行车车胎爆了。"为了防止孙权寻仇，大多数人的建议是，让这位朋友在墓前放两张张辽的卡牌镇住孙权。

　　和被揶揄的孙权不同，周瑜墓的境况要好上不少。"大年初二去周瑜墓时，有人在那里放了一架古琴模型。""曲有误，周郎顾"，如果你不识典故，可能没法参透墓前的深意。有人在周瑜的墓碑前摆放"东风"麻将牌，"东风不与周郎便"。还有人在周瑜像前放了一艘航空母舰模型，要是三国时期周瑜拥有这玩意儿，直接一统天下了。

　　稍微有点文化的，会在周瑜的灵牌前吟诵一首《念奴娇·赤壁怀古》，借苏东坡的笔墨完成对周公瑾的致敬。但这一切还是比不过灵牌前的一瓶小乔酒，"黯淡了刀光剑影，远去了鼓角铮鸣"，一切都在酒里。

　　当你怀着无比崇敬的心情走出周瑜墓园时，突然看见不远处竟然有一家卧龙宾馆，心头的惆怅瞬间瓦解。此时大脑就像被罗贯中的笔锋操控，文学回忆如海啸般袭来，没有什么比住卧龙宾馆、游周瑜墓园更爽的旅游组合了。

　　转了一圈，走到曹操墓，发现其他人都不好过，曹丞相可能好一些。粉丝们在曹操的墓前双手合十，连磕三头，奉上布洛芬，祈愿天堂没有头疼。还有人认真嘱咐曹老板吃布洛芬的时候不要喝酒，但我觉得最有用的建议还是让曹老板再试试华佗，反正两个人又见面了。

为了串起整个旅行故事线，还应该顺道去华佗那里奉上柳叶刀和现代麻醉剂。这一整套组合拳搞下来，曹阿瞒要是还在，高低得赏你去铜雀台玩两天。

和魏、吴不同，蜀国的群众基础颇为深厚。

没人敢在刘备的墓前造次，如果你在那里当环卫工，每天都可以提一大堆新鲜的花束回家。有人去成都武侯祠旅游，特地带了西安的旅游地图给刘皇叔，为的就是让他一睹长安风采。还有人直接给刘备安排了从成都开往西安的动车票，供在墓前，有一种看穿越剧的感觉。

武侯祠诸葛亮的造像前同样放满了鲜花，有人还把《三国杀》的司马懿卡塞在花束中供了上去。似乎很少有人来这里玩梗，因为一不小心就可能被围殴。

在历史人物的墓碑前，越来越多的网友脑洞大开。按这个逻辑，应该在诸葛亮墓前放一张西成高铁票，他穷尽余生拼命北伐，不就是为了从四川打到长安？如今成都到西安只需三个小时的高铁路程。

袁术墓前放蜂蜜水，朱祁镇墓前放蒙古留学招生申请表，陆游墓前放中国地图，郑和墓前放世界航海图。越来越多的现代生活方式被嫁接到古代名人身上，历史学不好，你都想不出要供奉什么才合适。

中国人的浪漫，在探墓者的手中呈现出来，带什么伴手礼，可能浓缩了个人对已故灵魂的全部理解和敬意。敬太白五粮液、赠阿瞒布洛芬，再给杜甫一个廉租房的名额，主打一个历史唯物主义体贴。

所谓青史留名就是这种意义吧，千百年后还有那么多人惦记着你。

该射哪个

□ 吕雪萱

春秋时期，有一天楚王在云梦大泽打猎，令管山泽的小官吏赶出野兽，以供其射猎。就在飞禽走兽出现的时候，一只梅花鹿从楚王的左边跑过，几只麋鹿从楚王的右边窜出。正当楚王拉满弓想要射箭时，又看见一只天鹅从上空飞过，那拍动的翅膀就像是垂挂在天边的白云。楚王把箭搭在弓上，不知道该射哪一个。

同样是神射手的楚国大夫养由基对楚王说："臣射箭时，置放一片树叶于百步之外，能十发十中；如果置放十片树叶，能不能射中，臣就没有把握了。"楚王问："为什么会这样？"养由基说："是不专心的缘故。"

当眼前出现太多自己喜欢的目标时，就会难以选择，最后因错过时机而一无所得。《遗教经》中告诫说："制心一处，无事不办。"说的正是这个道理。

这道理看似简单，但做起来并不容易，尤其现在科技发达，智能手机普及，似乎让人无法制心一处。走路时不能好好走路，低着头边玩手机边走路；吃饭时也不能好好吃饭，眼睛直盯着手机屏幕。一心多用，似乎已经成为社会常态。制心一处，用全身心去做一件事，才能把事情做好。

时间不语，却见证了所有努力

"窝囊"过后，斗胆向云冲

□张彤彤

以"敢惹我？好啊！那你算踢到棉花了""你给我等着，等我过两天就忘了""生活本想将我嚼烂，结果发现我入口即化"等具有自嘲色彩的话语为代表，这类语录开头看似嚣张耍狠，实则以弱势、自我认输的反转句式收尾，由此被戏称为"窝囊废文学"。

传统意义上，"窝囊废"在中国文化中带有明显的贬义色彩，指代怯懦无能之人，生活工作中毫无成就。对注重面子的中国人而言，被称为"窝囊废"无疑是极大的侮辱，更遑论公开宣布自己是个"窝囊废"。

然而今天的部分青年以一种近乎反叛的姿态，将这种看似自贬的标签作为自我描述的一部分，从中不难看出面子心理的减弱和独立自我意识的增强。

早在一百年前，鲁迅、林语堂等一代大师就将"面子"视为中国进步的一个阻碍因素。今天，年轻人通过"窝囊废文学"对面子文化进行了解构。亲手撕掉自己的面子，并将其狠狠踩上几脚，虽然表象是"自我贬低"，背后却是对不完美自我的一种接纳。通过这种方式，年轻人向社会展示了一种新的、更为复杂且多维的自我形象。

然而事物还有另一面，也应看到，"窝囊废文学"只是一种网络狂欢文化现象，它并不能解决年轻人面临的复杂问题。

对"窝囊废文学"上头的年轻人不妨进一步审视，自我嘲讽是否真的有助于建立坚实的自我认同？是否真的需要通过用"窝囊废"的自我形象来应对挑战？

年轻人"手撕面子"确实给了自己一种松绑的力量，但它只是面对压力的一种姿态，而不是一种行动。"窝囊废文学"的泡泡好玩好笑，吹起来让人一时爽。而真正的生活需要一地鸡毛里的一身孤勇，看清生活但不抛弃生活，嬉笑之后仍要展现责任感与行动力，该脚踏实地就得脚踏实地。道阻且长，行则将至。以坚韧的态度积蓄充盈的力量，才能更好地为自己找到安放之地。

我知我为燕雀而非鸿鹄，"窝囊"过后，却也想斗胆向云冲。恰如"窝囊废文学"所言——"社会将我反复捶打，竟让我肉质变得紧致Q弹，变成了一颗潮汕牛肉丸。"

一个家庭最大的内耗：
都在抱怨，却没人肯改变

□ 洞见·pumpkin

曹雪芹在《红楼梦》中曾借探春之口一针见血地点出"贾史王薛"四大家族衰败的原因："一个家族，从外头杀来，是杀不死的，必须先从家里自杀自灭，才能一败涂地。"

一个家庭向上走最大的阻碍，不是贫穷，而是家人之间琐碎的纠缠和争斗。每个人都注视着对方的错处，把拳头对准自己人，哪里还有精力和生活较劲呢？

心理咨询师竹溪曾分享过一次真实的接诊经历。

曾有一对来咨询的夫妻，刚落座就开始喋喋不休地争吵。谁多做了家务，谁接了几次孩子，你给你爹妈买的东西比买给我爹妈的贵……不到十分钟，吵了20多次。夫妻俩依旧谁也不肯让步。

事后竹溪感叹道："谁的日子也不是糟糕得无可救药，最糟糕的是同在一个屋檐下的两个人都成了刺猬，不舍得拔去自己身上的刺来靠近对方。"

在博弈论中，有个概念叫"囚徒困境"，放在家庭中也很适用，意思是：一家人同心同德，同舟共济，心往一处使，这样的家庭才能摆脱泥淖，走向兴旺；家人之间彼此抱怨，互相倾轧，这个家就会四分五裂，长久地被困在底层。

高尔基的小说《童年》中，主人公阿廖沙外祖父一家的命运，就很好地印证了这一点。

阿廖沙从小丧父，被母亲寄养在外祖父卡希林家。

家道中落后，外祖父变得霸道专横，一家人相处时说话总是夹枪带棒。

孩子见长辈们整日争吵，也有样学样。

两个舅舅为了争家产，把对方打得头破血流；两个舅妈也为了生活琐事针锋相对，闹得家里鸡飞狗跳。

最终外祖父破产，母亲得了肺结核去世，阿廖沙失去了所有依靠，只能早早去流浪。

家庭关系就像一根握在手里的橡皮筋。家人之间越使劲拉扯，不愿为对方做出改变，这根皮筋就可能因为力度过大而断掉。总是将自己的痛苦和不幸，归咎于家人，对家人各种挑剔与不满，再好的家庭，也难免走向分崩离析。

老舍曾说：经营家庭是一门妥协的艺术。妥协是因情而低头，因爱而让步。人与人之间本就是相互的。少一些抱怨，就多一些理解；少一些计较，才能多一些感恩。不抱怨对方的缺点，不争论谁对谁错，不计较谁得谁失，这才是一个家庭最宝贵的幸福密码。

时间不语，
却见证了所有努力

像刘备一样奔跑

□ 一 名

刘备是什么人？他23岁第一次创业，这个时候，大汉正面临着改朝换代，原来风光一时的王朝正逐渐没落，走向衰亡。

那一年，刘备结交了两个老铁，他们分别是与刘备桃园结义的张飞和关羽。我们要知道，在每一场动乱中，其实都存在着联盟、结义的事情，就好比小时候打群架一样，很少有人会选择单打独斗，然而，在动乱和战争中，大多数的结拜兄弟，要么战死，要么被捕，然后流亡，最终成为历史长河中的烟云。

第二次真正意义上的创业，是曹操兵围徐州，刘备带着1000人的嫡系部队去救援，陶谦很大方地给了他4000精锐丹阳兵。然而，好景不长，吕布的出现，让刘备既丢了妻子也丢了权位。

39岁，刘备投在亲戚刘表旗下，这已经是他第四次创业失败了。从39岁到47岁，这7年里，他寄人篱下，过得很不快活。一次在刘表举办的宴会上，他吃饭吃到一半，去上厕所，回来之后哭了。他说："备尝身不离鞍，髀里肉生，日月如流，老之将至，功业却毫无建树，所以不能不悲。"大意就是，我发现我的大腿两侧长了赘肉，这表明我已经老了呀，我这辈子还什么都没有干成，岁月不居，时节如流，我感到很悲伤。当看到这一段的时候，我的内心是很震撼的，不仅震撼于刘备的英雄气概，还感怀一个人在人生起起落落间，不停奋斗，虽毫无建树，还寄人篱下，但始终拥有不甘于落后的精神，这多么可贵难得呀。试想一下，在48岁的年龄，有几个人还能记得自己青春时期的梦想，并始终不忘初心，一直在路上不停地奔跑、奋斗。

终于，在他快50岁的时候，命运出现了转机，一个27岁的年轻人对他放了两次鸽子，但他还是对年轻人言听计从，只因为有人和他说这个年轻人有经天纬地之才，若得此人相助，则能成就一番事业。这个年轻人叫诸葛亮，他给刘备写了一份很厉害的策划案——《隆中对》。

果然，诸葛亮的出现让刘备的事业有了很大的起色，从益州打到汉中。刘备60岁那年，他在金銮大殿上，收到关羽送回的一封封捷报，这个兄弟跟着他干了半辈子，面对曹操的各种诱惑，始终对他忠心不贰，最终杀出曹营，赶来投奔。然而，岁月何曾饶过谁？关云长最后还是被东吴的人杀掉了。被杀掉的人是与刘备桃园结义的兄弟呀，是在他一无所有时就跟着他的老铁呀，我们现在拥有了权力和富贵，而你却还没来得及享受，就死于他人刀下。忍了一辈子的刘备，这口气说什么也绝不能再忍了，然而唯一一次的冲动，让他输得很惨，败光了一半的家底。直至最后，于白帝城托孤，他撒手人寰。

成功也许是无数机缘巧合的堆积，但能赢自己的只有时间，而它最后也不过是杀死自己而已。

刘备的成功，就是奔跑，一直奔跑。

标准能屈能伸

□吴淡如

说真的，我很怕请两种人吃饭：一种是太"安贫"的人——他不是存心挑剔，只是无时无刻不想告诉你他有节俭的美德。虽然知道他并不挑嘴，但我也知道偶尔一次请他吃饭，请得寒酸，他心里必然觉得我不够有诚意，我也觉得自己礼数不周到。

如果请他吃一顿比较好的饭，他就会为了表示自己十分节俭，在餐厅里用所有人都听得见的声音说："天哪！这菜镶金边了！一盘青菜要两百块，把钱折现给我算了，我自己到菜市场买一把菜炒一炒，只要二十块……"

明知他是好意，但请他吃饭，点菜后总觉得自己做错了事，有些尴尬。这个时候，出钱的人实在很难觉得客人的超级节俭是种美德，只会觉得自己十分罪恶。一番好意，成了罪行。

有一次在一家美食餐馆用餐时，隔壁桌坐着一位刚领到第一个月薪水的女生，好意请妈妈和家人吃饭，但场面无比难看。因为妈妈觉得菜太贵了，一边吃一边骂，一边嫌一边训示女生要节俭，出钱的女儿都快哭出来了，同桌的弟妹和爸爸也不好意思露出"好好吃"的德行。

末了，女儿付了账，妈妈在临走时还撂下一句："真是的，这么贵还吃不饱，回去我炒个面给你们吃！"

那个孝顺的女儿事后大概很后悔自己出钱请大家吃了这顿大餐吧。

另一种是太"恋旧"的人，他不是存心挑剔，只是随时想告诉你他有品位。

请他喝咖啡，他一定会说到在意大利某家咖啡馆的咖啡有多好喝；请他吃日本料理，他一定会告诉你哪一家比这家更好吃。他不断把所有的菜肴拿来跟心中的第一名做比较，请客的人只会感觉到自己的品位一再地被嫌弃。

这样的人也很难随时随地感到幸福，因为他们太在意心中的排行榜，品尝到的幸福永远是过去式。除非有"天下第一美味"的东西出现，打败他记忆中的第一名。

标准恒低和标准越来越高的人，都不会在平常的日子里过得太好。标准应该是能屈能伸的。

我也是个"咖啡挑剔族"，自诩喝遍天下好咖啡，但只要眼前这杯咖啡不是太难以下咽的话，我就会告诉自己：在此时此地，你就只能喝到这种咖啡，这已经是这里最好的咖啡了，为什么不好好品味呢？

如果永远给你喝第一名的咖啡，口味单调，失去多样尝试的乐趣，不是很可惜吗？

时间不语，
却见证了所有努力

时间银行：
把时间存起来

□ 黄鹤权

世界再大，有"时间银行"就可以让天涯近在咫尺。乍一看，你是否按捺不住心中的好奇：时间也可以存取？它到底是什么银行？该怎么使用？

所谓"时间银行"，简单地说就是年轻时存时间，年老时享服务。比如，志愿者将服务老年人的时间存进时间银行，当自己年满60周岁时，就可以兑换等时的服务或各类商品。

这是一个志愿服务领域的新概念。现代意义上的第一家时间银行是日本的水岛照子于1973年创立的。20世纪40年代，她预见未来的老龄化社会问题，当时就提出参与者服务他人获得时间积分，可以使用这些积分换取他人对自己服务的方法。

后来，这一概念逐步在日本和美国普及，目前全球已有30多个国家相继建立起超过1000家时间银行。20世纪90年代，时间银行进入中国。随后，时间银行经历了30多年的本土化过程，在北京、上海、武汉等城市社区有了1.0版本和2.0版本的初步探索与尝试。

时间银行成立之初，很多志愿者都是退休的低龄老人，他们在为老服务上发挥了重要作用。但不少城市停留在1.0版本，他们限于条件，仅仅开发了"时间银行"管理系统或者实名制IC芯片卡——义工卡。义工卡具有储蓄和记录志愿服务时间的功能，即在记录储蓄金额的同时，还记录志愿者提供服务的时间。经过数年试点，深圳、北京等城市很快在"熟人社区"的基础上推出2.0版本，那就是时间银行存折，它的优势在于尝试兑现志愿者的服务时间，消费项目有快乐老饭堂、百姓矛盾诊所、一刻钟大管家等，甚至有参观、学习、旅游等福利。

直到现在，有些地方已经把时间银行更新到3.0版本。比如，江苏常州钟楼区锦阳花苑社区采用区块链技术，陆续推出了时间银行的微信公众号和时间币。他们在微信平台上增设了"时间银行"信息处理功能，社区里推出哪些公益活动、居民有什么需求等都可以在平台上发布。志愿者可以直接在微信平台上认领，更加方便"时间银行"各项公益活动的开展和对接。同时，一个志愿者在当地提供服务，能够将时间银行里存储的记录异地转赠给自己或家人，很便捷地实现了时间银行的异地转存和支取。

雷伯就是这样一位3.0版本的受益者。每个人都会有多重身份，父亲、母亲、儿子或是爱人，雷伯也一样。他是生命力如火焰般旺盛的上校，是孤寡老人的儿子，是问题学生的父亲。他告诉我，自己每天都会去领取任务，事情包括但不限于拿药、推老人出去晒太阳、帮老人到超市购物、帮助一对外国人学习中文、把微单相机的照片传到手机上并发朋友圈、整理房间……领到任务后，他会逐一完成。每次入户能为他们各自"储存"1个小时，相当于入账10个积分。

雷伯还告诉我，他账户里有1382个积分，这些积分已经达到最低50积分的兑换流通要求，可以兑换一些实物和服务。上次，他就兑换了采耳和剪头服务，为此存折上扣掉了30个积分。有时候，他还会邀请家人去一些景点参观游玩，也是用积分抵扣的。

"开始参加这个活动只是因为好奇,而现在慢慢走过来,陪伴他们的过程中也能给我赋能,让我温暖。这很有趣,而且建立了一个完全不用货币的关系网络。"雷伯说,"他们得到他们需要的,我得到我需要的。相比赚取货真价实的金钱,我更喜欢做这样的工作,有一种积德行善的踏实感。"

有很多人正在加入时间银行这项志愿服务中。那些感人故事的背后是一个人、一个家庭的艰辛和劳作。它需要大量的入户走访,由很多个打败恐惧、不再左支右绌的瞬间堆成。所以,做大做强这项志愿服务很有必要。但要想持续运营下去,依靠的是信用体系,如何获得大家的信任并长久地运行下去至关重要。

希望在不久的将来,能出台更多的法律,再结合保险制度的加持,辅之以文明风尚的推崇,一点点营造低龄帮高龄、一代帮一代的接力氛围,为爱增值,让老人都可以从心而行、幸福美满,让社会更有温度。

自己的时间表

□高自发

滨海中路的木栈道上有处观景台,台下是悬崖,悬崖上长着两棵高大的泡桐树。春末泡桐开花,紫色的喇叭状花朵挂满枝头,场面十分盛大,每次走木栈道,我都会驻足凝视一番。盛夏时节的一天,再踏上木栈道,看到泡桐树的花都落了,树枝随风舞动,在向世人炫耀它的果子。突然发现,泡桐树的一枝上竟然从容不迫地开着一朵淡紫色的花。在满是果实的树上,这朵花显得十分另类。我想,这一定是一朵沉稳的花,它有自己的时间表,按照自己的节奏开花、结果,它不在乎别的花的生命进程是否超越了自己,它或许根本不会在意别的花已经结出了果实,因为它知道自己也能结出同样的果实,只是时间早晚而已。

和植物一样,每个人都该有一张属于自己的时间表,按照自己的时间表行事准没错。但总有人喜欢按照别人的时间表做事,结果活成了别人。别人工作有了成绩,获得升迁,他不开心,自怨自艾;别人收入增加,赚钱不少,他眼红,愤愤不平。跟别人一比,就把自己的节奏打乱了,诸事都按别人的时间表去做,做的还是自己的事吗?做自己,活成自己该有的模样,就要有一张自己的时间表,按照自己的节奏走,过自己的日子,才会从容不迫。

人生就像一场马拉松,有的人前半程跑得快,但未必能保持始终如一的速度;有的人虽然起跑慢,但中程有耐力,可以蓄积力量后程发力,兴许也能逆袭。无论在哪个时间段发力,都要遵循自己的配速习惯,按照平时的训练去跑。如果跟着慢的跑,则跑不快;跟着快的跑,又容易被拖垮。每个人都要有自己的节奏,只要按照自己的节奏跑,一定会完美地跑到终点。

在充满焦虑的世界里,是活成一朵淡定从容的花,还是活成一个匆忙慌张的生命个体,取决于你是否有一张属于自己且能坚定执行的时间表。

时间不语，
却见证了所有努力

少年的朋友圈里没有家长的位置

□ 孙 欣

英国的夏天是最美好的季节，人们都尽量在户外待着，烧烤、聚会、欢迎和送别，都集中在夏天。带孩子去了一个学院组织的几十人的烧烤，其中有几个同事，当年跟我差不多时候怀孕生孩子。没有几年，曾经的小宝宝都长大了，在一起能说能玩，不像过去，稍微离开父母的手一小会儿，就转头回身扎进妈妈的怀抱里。学院有一间游戏室，房门向吃饭的长桌敞开，里面有好几种游戏，放在那里供人使用。我忙着吃喝聊天，一瞥发现几个小孩不见了。进屋去找，发现他们居然在下国际象棋。一个孩子很耐心地教其他人摆棋子，按规则挪动。别的孩子没有那么耐心，不时把棋子拿起来玩，或者假装兵人打架，教人下棋的孩子就去一个个纠正他们。我在旁边偷偷看着，发现几个孩子（包括我的孩子）在打打闹闹间居然真的学到了一些国际象棋的基本知识。我想，难道这里还有国际象棋课后班？我得打听一下，这是一个把孩子送去上课并让家长得到休息的好机会。

看见教别人下棋的孩子的妈妈，我向她打听哪里有国际象棋班。她回答说没有这种班，她家孩子的国际象棋是另一个孩子教的。她接下来不停感叹：自己教孩子，不论教什么，孩子的第一反应总是拒绝。她和她老公一直在努力教孩子学骑自行车，孩子就是不愿意。她说："你能想象不会骑自行车的德国人吗？"有一天他的朋友来家门口按铃，说"咱们去骑车吧"，孩子自己就乖乖出去了。一下午过去，孩子已经掌握了骑车的本领。孩子之间有什么秘密的交流方式，大人无法得知全貌。

来自朋友们的影响不全是正面的。孩子们天生有抱团挑战权威的倾向，这是好事，也不一定是好事。在他们阅历不深，难辨是非的时候，"反抗权威"也就是挑战父母建立良好生活习惯的尝试。我的孩子每天在学校吃饭，有一段时间忽然抗拒吃蔬菜，说"绿色的食物都很恶心"。他小时候可没这毛病。好在学校也教育要吃"健康的食物"，他对学校的态度还在无条件接受的阶段，本来也不反感蔬菜，再加上一点父母的威权，"绿色的食物很恶心"这个歪理邪说总算被我驱逐了。

孩子们从幼儿园起就开始"混世界"了，他们的交往一开始在成年人的眼皮子底下进行，但交流程度远比父母感知到的要深，越长大越是如此。我有一个朋友，性格开朗，但他自述小时候曾是个畏怯的人，不知该怎么跟别人玩到一起去。为什么会有这样的转变呢？原来是因为他在中学时代交到的第一个朋友。这个朋友学习成绩不佳，但很有活力，在同学中人缘好，他对那个有些畏怯、不会交朋友的孩子说："你要表现得有自信，哪怕是假装有自信也好，装着装着，就真的有自信了。"从此他试着照做，竟然真的像朋友说的那样，逐渐变成了开朗有自信的人。孩子跟孩子讲的"人生哲理"，其中的语言逻辑不一定符合成人世界的思维，但是在孩子的世界中很有效。

以成年人的成长经验推论，少年的朋友圈和成年人一样，也充斥着羡慕、嫉妒、竞争和排挤，甚至更为直白。孩子的甘苦很难与家长分享，必须自己消化。孩子之间也不乏真正的友谊，朋友是支持鼓励和诚实批评的来源。来自朋友的无心但诚恳的言语，可能在未来的生命中支撑自己许多年。同样，学着应付来自同辈小圈子的敌意，得到的经验也会在未来的生活中发挥作用。我们身处形形色色的人之间，自己也是形形色色的人中的一员。在人群中，我们被种种张力拉扯着，得知自己的变形界限在哪里，学着做个"正常人"。而这一切，家长都不必知道，因为少年的朋友圈没有家长的位置。我们和其他孩子的家长，都是悬浮在少年世界上方遥远的云。家长的角色是：孩子需要挣面子时多帮忙，有朋友来访时准备零食饮料，孩子心情不好的时候支持一把，无事时遮遮阴凉。

"很好"和"好狠"

□郑希波

看到一个采访。记者问："你觉得父爱和母爱的区别是什么？"

受访者答："如果桌上有一盘我很喜欢吃的菜，我妈会一直夹给我吃；我爸呢，会一直不吃那盘菜。"

这是一个很具象的答案，但不是唯一答案。我的答案用四个字就可以概括：母爱——"很好"；父爱——"好狠"。

小时候，作为一个"熊孩子"，我被我妈揍的次数根本数不清。但是，小孩子真是个神奇的存在，揍多了，长的不是记性，而是皮的厚度。于是，在童年后期，我妈揍我的时候，我不仅不哭，甚至还偷偷观察我妈的反应。这时候，我才惊讶地发现，每次我妈揍完我之后，她的眼眶都是红的。让我印象更深的是，每次我妈把我揍一顿之后，总会找个机会跟我聊天，还给我准备很多好吃的，似乎每次犯错的是我，但内疚的总是她。

爸爸给我的印象则完全不同。他对我总是冷冰冰的，似乎也不怎么理我，以至于我成年之后，一直觉得爸爸对我从来都漠不关心。直到有一次，我无意间听到爸爸在跟一群老朋友聊天，他竟然把我从头到脚都夸了一遍。我很兴奋地把这件事告诉妈妈。妈妈却告诉我："别看你爸平时不声不响，私底下不知道多为你骄傲呢。"

从小到大，虽然被妈妈揍了无数次，但是我始终觉得母爱"很好"：好在它的直截了当，好在它的无微不至，好在它的暖人心扉。直到长大，我才真正明白，父爱确实"好狠"：狠在它明明汹涌澎湃，却常常无声无息；狠在它明明满腔是爱，却始终冷冷冰冰；狠在它即使承担了再多，也常常闭口不言。这大概就是父爱如山吧。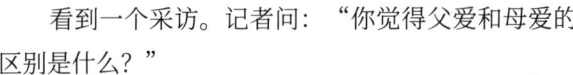

时间不语，
却见证了所有努力

锐刀只割一次草

□金小林

晨读《道德经》，我对第九章中"揣而锐之，不可常保"这句话深有感触：刀刃锤锻得尖锐锋利，其锋刃就不能长期保持完整，也就是说越薄越锋利的刀刃越容易受损。

二十世纪八九十年代的江南山区，农民家里人多养着耕牛。春播后至秋收结束期间，田野四处是农作物，牛是不能放牧的，只可割草喂养。在漫长的割草季里，一把锋利的割草刀成了农民非常重要的农具。

放养时，牛可以吃百草；喂养时，农民则只割一种叫"芒秆"的草。芒秆草的两侧长有密密麻麻的齿，能轻易地割破人的皮肤。据说，鲁班发明锯子就是受此类草的启发。然而，耕牛偏爱这种草，能轻易地用舌头卷食而不受伤，每天要吃上两大捆。

在我们家乡，农民常用两种"7"字形的刀。一种是厚重的柴刀，顾名思义，是用来砍柴的；另一种刀则比柴刀轻薄许多，它有个很有意思的名字——雌刀，大概是因为它的刀身，像女性的身姿一样轻巧吧。雌刀的主要用途便是割草。

农民割草时，左手轻轻拢住一大把芒秆草的腰部，右手挥动雌刀，在草根部快速劈、拉。劈，是为了断草；拉，则能收拢断草。这一劈一拉间，很快就能割起一大摞芒秆草。但若是刀不够锋利，不仅效率低，还容易被芒秆草割到手——

一刀劈下去，左手拢住的芒秆草，其根部未全数断开，五指就得改"轻拢"为"紧握"，右手里的雌刀则需改"劈"为"割"。而在割的过程中，会产生一股很强的拉力，其中一些芒秆草就会在左手的手指和手掌间滑动，此时便会像握住锯子一样被割破手。

工欲善其事，必先利其器。因此，每次割草前，农民都要好好地磨一下刀。

磨刀是个技术活，不能瞎磨。首先是要把握好刀口斜面与磨刀石的角度。角度过小，磨刀效果不明显；角度过大，容易损伤刀刃。其次是要把握好磨刀的时间。时间太短，刀口不够锋利；时间太长，刀口过薄容易卷刃。

割牛草的刀，自然是磨得越锋利越好。然而，任何事物都有两面性。一把刀越是锋利，就越脆弱。每一次，雌刀薄薄的刀锋在割完两大捆芒秆草后，都会伤痕累累。使用最频繁的部位总会变钝，甚至会崩掉一小块。于是，下次用之前，必须重新用磨刀石打磨一下。

一般来说，雌刀磨一次，只能使用一次。柴刀则不同，它使用的诀窍是，四分靠锋利，六分靠力量。所以，柴刀不用磨得很锋利，刀刃也因此不容易受损，自然无须日日上磨刀石。

锋利的刀钝得快，自然磨得也频繁。在农家，一把柴刀的寿命，是雌刀的好几倍……

"揣而锐之，不可常保"这句话，实际上还有另一种常见的解释："显露锋芒，锐势难以保持长久。"比较起来，我更喜欢这样的解释，可指物，尤指人。

我们每一个人都应领悟"锐"与"钝"的平衡之道，在进取中保持谦虚，于锋芒中蕴含韧性，如此方能在人生的道路上稳健前行。

能小复能大

□叶春雷

读《曹操集》,其中有一篇《军策令》。曹操回忆自己当年准备起兵襄阳,于是和工匠一起制造了一种军用短刀,叫卑手刀。当时有个北海人叫孙嵩,字宾硕,到襄阳探望曹操,看到曹操做刀,很失望,对曹操说:"我本来以为你胸怀大志,谁知你竟然和工匠一起在做刀!"曹操淡然回答说:"能小复能大,这有什么可遗憾的。"

我很佩服曹操这种脚踏实地的作风。东汉有一个叫陈蕃的少年,很狂妄地叫嚣过:"大丈夫处世,当扫天下,安事一屋?"所以他的房间里脏乱不堪,像个老鼠洞。但陈蕃的好友薛勤反驳说:"一屋不扫,何以扫天下?"问得陈蕃哑口无言。

薛勤的质问和曹操对孙嵩的答复,有异曲同工之妙。老子言:"天下难事,必作于易;天下大事,必作于细。"曹操一生,做了很多大事,譬如败黄巾军,消灭袁绍袁术兄弟,擒吕布,败乌桓,可谓战功赫赫。所有这些战功,与他能从小事入手的那份细致是分不开的。

《曹操集》收集了许多曹操发布的政令和军令,其中有大事,也有小事。譬如《存恤从军吏士家室令》:"自顷以来,军数征行,或遇疫气,吏士死亡不归,家室怨旷,百姓流离,而仁者岂乐之哉?不得已也!其令死者家无基业不能自存者,县官勿绝廪,长吏存恤抚循,以称吾意。"抚恤阵亡将士的家属,看来是件小事,但曹操毫不放松,要求对这些人中衣食不能自理的,"县官勿绝廪",也就是政府提供粮食救济。大家想想,这件事虽小,但做起来,起到的作用是多么大。将士们一定会投桃报李,在战场上冲锋陷阵,毫无顾忌,因为主帅为他们家属的生活考虑得很周到。即使自己阵亡了,家人的生活也会有保障。所以,曹操说"能小复能大",是非常有道理的。很多小事,换一个角度去看,就是大事。曹操能一举平定北方,和他在这些小事上用心是有莫大关联的。

年轻人胸怀大志,是应该鼓励的,但是,空有大志,而无脚踏实地从小事做起的务实精神,这大志也就成了空中楼阁。我很敬佩特蕾莎修女,她说过一句很有名的话:"我这一生,没有做什么大事,不过是用伟大的爱,去做一些小事。"她把自己的一生都用在了救助穷人身上。她在获得诺贝尔和平奖后的答谢致辞中,有这样一段朴素的话:"我在大街上遇到穷人时,会给他一碗米饭或一片面包,我有一种满足感。因为我已经尽了责任,我帮他解除了饥饿。"

伟大来自平凡,更是来自点点滴滴小事的积累。因为一件件小事,我们的人生才被垫高,我们才变得不凡,变得出众。就像特蕾莎修女那样,我们通过小事改变这个世界,也改变我们自己。特蕾莎修女解除了一个人的饥饿,她让这个世界变得更温暖也更明亮了一点,而与此同时,她获得了一种满足感,一种内心的深深的宁静。她在完成一件件助人的小事中,让自己成为一个大写的人。

时间不语，
却见证了所有努力

漂亮不是你的职责

□豆金楠

我和很多朋友聊过"容貌焦虑"这件事，我们交流各自的经历，骤然发现，不管自诩读过多少书，有多么坚固的独立思想和认知体系，我们都曾或多或少被"漂亮"这一标准伤害过。这种伤害，大多数时候是隐性的，隐于他人不会宣之于口的评价，以及一些不着痕迹的区分。当你试图讲述的时候，会发现它们似乎并不能被放置于具体的事件，而只是情感性的糟糕体验。你知道这里面一定有什么不对，但你很难摆脱它。一个人即使不认可社会上许多关于美的狭窄的评判标准，也很难不被一些负面评价左右或伤害。

美的标准是什么呢？是谁在定义并且区分美与不美？美是值得追求的吗？这是我和我的朋友们在年纪很小的时候就感到困扰的问题，在今天也仍然为之困扰。当我们谈论美的时候，不只是在谈论外貌问题。

我三岁半的女儿最近总是会说："我的眼睛很大！"然后努力地睁大眼睛。

我说："小宝贝，因为你在看环法自行车赛的图片时，一下子就发现了受伤需要帮助的赛车手，所以你的眼睛很大哦！因为你总是能比妈妈更快地找到点读笔、遥控器，所以你的眼睛很大哦！眼睛很大，还因为你总能看到在路面上奔跑的小蚂蚁，在路灯下忙碌的小蜘蛛。说一个人眼睛大，并不只是因为眼睛的实际大小，还因为这双眼睛能发现谁需要帮助，或善于找到需要的东西，或特别留意小而美的存在。所以我说，你的眼睛真大！"

这样说过之后，她总是在有所发现的时候得意地说："我的眼睛很大！"

当三岁多的女孩对自己身体的一部分——眼睛，产生自我凝视并且发起审美判断的时候，就是她审美觉醒的时刻。孩子最初对于眼睛美的定义是物理意义上的大，当我试图用生动而充实的生活细节去帮她拓展美的定义时，也是想帮她升级对于美的理解 美是多元的。

影视剧、广告、社交媒体等，总是对外形之美过分鼓吹，并且乐于塑造让普通人望尘莫及的标准。好像一个人只有把自己套进某种模型，完成对不同身体部位美的改造，才能开启人生的诸多可能。亦有不少人，信奉"颜值即正义"，将外形之美凌驾于其他各种价值向度之上。这其实隐含着一个问题：有的品质或价值向度，是人能以自己为主体去拓展和建设的，比如才华、见识、修养等，着力于此，会让一个人自觉地走上燃烧天赋、实现理想的成长道路；而对单一的美的标准的迎合——变漂亮，却只是以不断进行身体改造为代价，完成社会规训，成为被凝视的对象。

在女儿还这么小的时候，就推动她建立美是多元的这种认识，不单单是希望她摆脱身为女性由来已久的被审视处境，更是想鼓励她主动创造出属于自己的独一无二的生命体验。

如果你不愿意，变漂亮不必是你的职责，但让生命充满意义是我们义不容辞的使命。

不过，身为女性，变漂亮一事似乎总能在不经意间占据我们的心灵，干扰我们最真实的内在体验。

上课的时候，我发现学生小萱经常自顾自地拿出梳子，小心翼翼地梳理她的秀发。短短的一节课，她就如此反复多次。临到下课,我悄悄走到她身边,说:"你来办公室找一下我哦!"

下课后,小萱安静地站在我面前,蓬松的刘海随意地垂在前额。

我微笑着问她:"你知道我为什么叫你来吗?"

她低着头含笑答道:"知道。"

我说:"上次运动会,你素面朝天、长发飞扬,一往无前地冲向终点,同学们在看台上一起欢呼,说你是'地表最美田径女神',你还记得吗?"

她不好意思地低头笑了。

我继续说:"你知道在大银幕上贡献了无数经典作品的大美女苏菲·玛索吗?苏菲·玛索的美为什么能够抵挡岁月,长盛不衰?有人说,是因为苏菲·玛索对自己很美这件事不自知,不以为意。能够在每个年龄段成为美的典范,并不是因为苏菲·玛索对自己的美从不懈怠,而是因为她不在对外表的经营上过度用力,反而在举手投足之间,流露出一种洒脱率真的风度。"

小萱若有所思地听着,说:"我只是比较纠结头发要不要遮住脸。毕竟,我的脸看起来有点大……"

我继续说:"'脸大'为什么是需要掩盖的缺陷呢?我们需要为自己所有不符合流行审美标准的身体部位都找一个藏身之地吗?"

我搜出了蕾雅·赛杜大笑的图片,说:"你知道这个宝藏女孩吗?从跑龙套到成为主角,从名满欧洲到转战好莱坞,从文艺电影到商业大片,到处都留下了她的身影,她是影视界的宠儿。可是,你看,她的牙缝多大呀!她笑起来多美啊!"

小萱出神地看着图片,我继续说:"如果牙缝大被当作缺陷,也许蕾雅·赛杜就不会笑得这样自然。正是因为她没有陷入大众审美的桎梏,她把自己的不同之处当成特点而不是缺点,我们才能看到她自在洒脱的笑脸,被她微笑时牙齿间所流露的童真打动。"

我笑着说:"我要送给你两枚小发卡,把这些遮挡脸颊的刘海、碎发别上去,好吗?"

小萱笑了,说:"老师,我有许多漂亮的发卡,我回头就别起来!"

"好啊!老师想,聪明如你一定明白,还有许多比外表之美更值得追求的存在:对美独特的感受、独立的判断,以及不为美所累的从容。"

我们屈服于某一种美的标准,迎合某一种美的风尚,大概源于根植于内心的需求——渴望被认可。自尊心很容易让我们变成以收到别人的赞美为生的脆弱人类。可当我们频繁地从自身之外寻求他人的肯定时,就会为了别人的目光而鞭打自己——这是否辜负了生命的意义?

美是深不可测的秘密,它可以是任何样子,而不是千人一面的枷锁。

自身有光,就不怕黑暗笼罩

□黄小平

在白天,我们很难发现萤火虫;可在夜晚,我们看见很多的萤火虫像是提着一只只小小的灯笼,在空中飞来飞去。同样,在白天,我们是看不见星星的,只有在夜晚,我们才看见密密麻麻的星星挂在天上。

为此,一位哲学家说过这样一句话:有时,一些东西要想让人发现和看见,借助的恰恰不是光明普照,而是黑暗笼罩。

但我们在漆黑的夜晚,看到萤火虫,看到星星,那是萤火虫和星星自身有光啊!只有自身有光,才不怕黑暗笼罩。

时间不语，
却见证了所有努力

我苦了，你笑吧

□ 牧 羊

"互联网苦学"怎么学

互联网苦学，即用互联网的各种流行元素吐槽自己的"苦事"。让观众哈哈大笑的同时，生活中的不顺也没那么让人苦恼了。

能熟练运用此套学问的网友，便是"苦学家"。

要掌握互联网苦学，首先就要在表达方式上进行改变。要让观众体会到"共苦"的归属感，才能在精准地戳到痛点时，给他们带来"同甘"的爽感。

无论是职场社死瞬间，还是"领导夹菜我转桌、领导讲话我唠嗑"的"升职小技巧"，能用流畅的语言组织还原自己的各种"受苦"场景，并用精准的词句输出，是互联网苦学家的必备技能。

苦学家们总是能用各种形式酣畅淋漓地诉苦，但很少有人见到他们卖惨。

知乎上有个提问："有没有能表达出实实在在悲伤的表情包？"从评论的表情包海洋中回过神来之后，大家都一致发现：没有。

表情包的诞生就是为了娱乐，而悲伤是一件严肃的事情，表情包注定无法成为悲伤的载体。无论表情包中使用了多悲伤的画面，配上使用语境，观众看到的一刹那，心里总是有种想笑的冲动。

悲伤、无奈的表情包，尽管能生动地表现出苦学家们的感受，但也带着不少调侃的意味，让大家的诉苦不至于这么严肃。

而互联网苦学的精髓莫过于：把苦摆出来，大家一起乐一乐。

以前，大家总是遮遮掩掩自己的"糗事"，现在的苦学家们却一点也不在乎。

他们靠着各种各样的短视频特效，和大家分享自己的"苦"。

你不是想看我有多苦吗？那我就撕开自己的伤口给你看；你不是想笑话我吗？我先笑我自己，笑得比你更大声。

互联网苦学家们，用幽默的表达方式吸引大家的注意力，然后用调侃的方式消解着自己的苦事，同时还能博得观众会心一笑，这样想来，自己受的苦仿佛也更有价值了。

"互联网苦学"，不只苦中作乐

互联网苦学的流行，是当代年轻人主动选择的结果。

过去，长辈们总是会说，"年轻人一定要多吃苦"，以至于我们真的受了委屈的时候，也怕被人笑话"不能吃苦"，只会默默忍受。

心理学研究表明：不断经历负面生活事件对人们的自我评价和情绪健康的"磨损"，导致人们长期地认为自己的生活应该有糟糕的结果，并接受现实，不做出改变。

然而，互联网人人发声的环境让越来越多的人看到，这些原以为不得不去面对的困扰，还可以这样被调侃，人们积极应对苦事的心态，也就能逐步建立了。

作为苦学"OG（元老）"，有人吐槽冬天骑车上班"不亚于闯关东，每个月平均要闯44次关东，这个强度李云龙都受不了"。

看到了苦学前辈们在互联网上大大方方地分享自己的"冤种"事迹，新晋苦学家们也开始发帖吐槽："吃苦是福，那我祝你福如东海！"

尽管苦学家们开始逐渐掌握互联网话语权，在网络上高呼"绝不随便吃苦"的他们，在现实中很可能还是唯唯诺诺的。

这或许就是为什么"'00后'整顿职场"的话题会流行：我们希望有人替我们做一些不敢做的事。

虽无力解决现实中的困境，但当代年轻人还是表达出了一种弱反抗的态度："我没法在现实中重拳出击，那在精神上怎么也要占领高地！"

"笑死，我干吗非要吃苦"

每个时代都曾经被称为"最苦的一代"，也曾经都被上一代吐槽"不能吃苦"。

当代青年面对的苦，往往是综合的。与前辈们相比，体力上的苦已经少了很多。身处科技发达、生活有基本保障的时代，他们却还是有源源不断的焦虑。

要有好的学历、不会轻易被辞退的工作、要保持自己和家人的身体健康……大多数人没法也不敢真正地改变现实，于是"互联网苦学"就应运而生了。

事实上，互联网苦学不是批判苦，而是不笃信苦。

我们的美德中本来就有吃苦耐劳，而当代青年在接收各种媒介传达的信息和价值观时，似乎比前辈们更有自我思考能力。

根据《腾讯"00后"研究报告》的调查，Z世代往往拥有更强的自主意识，并能更早地发现自己想要的是什么。越来越明晰的自我意识，让当代青年不愿笃信"吃苦是成功的必要条件"，不为达到所谓的"成功"而做无意义的"自讨苦吃"。

20世纪原创媒介理论家、思想家马歇尔·麦克卢汉曾提出过"媒介即按摩"的理论，即大众可能会在不知不觉中被媒介按摩（塑造）了思想。

以前，媒介总是在塑造艰苦奋斗、吃苦耐劳的形象，但当苦学家们开始掌握了媒介中的话语权，便试图用他们的声音塑造新的认知。

苦学家们发声越多，带来的新思考也越多。

如今，苦学就像是当代年轻人的精神胜利法，吃了苦就要大声说出来，从来便如此也不一定对。大家一起笑一笑，也能获得安慰；万一还能教会别人避坑就更好了。

如果你的生活中也遇到了什么不顺的事情，不妨也尝试运用互联网苦学，也体验一把苦学家们"我苦了，请你笑"的潇洒吧。

三种心态

□伏 琴

刘润在《底层逻辑》一书中，分析过人的三种心态：

第一种是鸡的心态，即"你一定要输"；

第二种是雀的心态，即"我一定要赢"；

第三种是鹰的心态，即"我们要一起赢"。

拥有鸡的心态的人，见不得别人好，拼命打压别人，常常两败俱伤；

拥有雀的心态的人，只想自己好，虽然不会恶意损人，但是单打独斗，难成大器；

而拥有鹰的心态的人，相信大家好才是真的好，不斤斤计较，反而实现了合作共赢。

一个人的格局，决定了他的心态和行为，也决定了他的人生高度。

时间不语，
却见证了所有努力

迟到的严肃性

□ 陶 琦

前几年社交媒体上有一篇帖文，当事人称，她和小孩早上起来晚了，发现迟到已不可避免，反而淡定下来，不慌不忙地洗漱完毕，又干脆向单位和学校请了一天假，母女俩到公园里美美玩了一天。围观众人都纷纷喊"好"，表示以后遇到类似情况，也要遵照此模式实行。相比那些喜欢"鸡娃"的"虎妈"，这个网友走的显然是另一个极端，不明白忽视对一些规则秩序的尊重，会给自己和小孩带来怎样巨大而又深远的影响。

大部分从小就接受社会规训的人，会把守时视为一种责任，如果不慎迟到，会产生很深的内疚感。我幼年时，偶尔有一两次睡过头，上学迟到，都是一路哭着去学校的，觉得犯下了无法容忍的错误，无法面对全班同学和老师的集体注视。老师也会有意培养学生的守时意识，让迟到的人在教室门口站几分钟，形成责任认知，促其以本次迟到为鉴，以后更为合理地规划时间，避免再次迟到。

迟到产生的内疚心理，是一种很有必要的敬畏意识，也是投入自律和形成良性循环的基础。如果心存懈怠，从此就会在想法上出现一条裂缝，并渐渐扩大，最后过渡到具体行为上——轻慢放任、不拘礼法的生活态度将有损一个人的成功，也难以获得他人的尊重。

历史上有过几次因轻视迟到而断送前途的惨痛例子。诗人孟浩然在他生活的时代名气很大，却一生困顿，从来没受过重用。《新唐书》载，采访使韩朝宗惜其才，想把孟浩然推举给朝中众公卿，两人约好一起动身前往京师。到了约定时间，韩朝宗左等右等，却不见孟浩然的身影，以为他出了什么意外，派人去找，却看到孟浩然正在跟人喝酒。来人好心提醒孟浩然："你与韩朝宗有约，怎么还在这里喝酒？"孟浩然叱道："业已饮，遑恤他！"对自己迟到爽约不以为意。韩朝宗闻报大怒，于是不再管他，独自走了。

事情传开，朝野上下都知道了孟浩然是个怎样的人，对他能否守规则做正事的能力，自然也看轻了。所以，唐玄宗后来读到孟浩然的干谒诗："不才明主弃，多病故人疏。"怫然不悦，斥责说："明明是你自己不想出仕，为何却反过来说我嫌弃你？"那一次著名的迟到，直接断送了孟浩然的仕进之路。

美国著名诗人爱伦·坡一生潦倒，也与一次迟到有关。爱伦·坡曾找朋友托马斯帮忙，想在政府机构找个差事混碗饭吃。托马斯很赏识爱伦·坡的诗才，眼见他生活如此拮据，非常同情，便利用自己的人脉关系找到总统扎卡里·泰勒的儿子，让小泰勒推荐爱伦·坡到薪水优厚的费城海关工作。小泰勒答应帮忙，到了约定时间，众人左等右等却不见爱伦·坡来，自感被戏耍的小泰勒很恼怒地走了。原来爱伦·坡喝醉后忘记了这件事，醒来已经迟了，过后向小泰勒道歉，已无济于事，被认为是不自律的人，毫无信誉，不值得帮忙。失去贵人相助的爱伦·坡，没多久即因贫困而死。

虽然以现代人的眼光看，爱伦·坡于窘迫处境下，以才力、气质写诗的成就亦毫不减色，有着巨大的文学魅力，但我认为他的成就是减半了的，他原本可以获得更大的成功，可是因为不自律，成就被无形损耗。社会关系是公平的，一个人若不拿迟到当回事，对他人不具备基本的尊重，那么别人也不会认真对待他。

第二章

扬帆识局
眼观六路，识局，乘风起

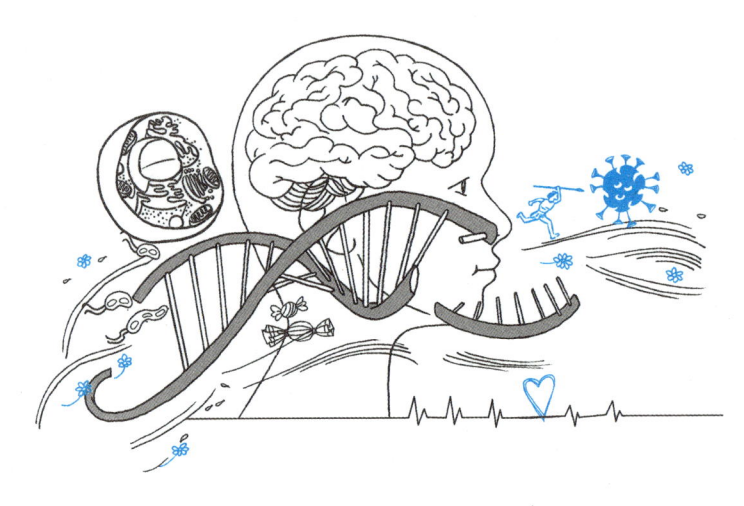

我的梦成真了

□ 简 爱

相信很多人遇到过这样的事情：梦中的事，过了一段时间竟然真的发生了。这种感觉非常奇妙，甚至会让人以为自己有特异功能或者穿越了时空。那么，这究竟是怎么回事呢？

首先，我们要好好反省一下，是自己真的做过那样的梦，还是只是觉得现实中发生的事情似曾相识，好像梦到过一样。如果是后者，那么很可能是大脑"欺骗"了你，其实你没有做过类似的梦。

大脑记东西分为"有意识记"和"无意识记"。"有意识记"是一种主动而自觉的识记活动，比如记单词、记电话号码等。"无意识记"则是指事先没有预定目的、没有经过特殊努力的识记，有些东西就随便存在脑子里了，直到某一天做某件事情的时候，场景里的某些元素刺激了大脑，突然回忆起部分"无意识记"的内容。为了给这段无意识记忆编一个合理的来源，大脑就会告诉你：这是你以前做过的梦。于是，你就误以为自己之前做过的梦真的发生了。

虽然大脑欺骗了你，但是这证明你还年轻。研究表明，60%以上的成年人都有过这样的"既视感"，其中青年时期的发生率最高，想象力越强的人，发生的次数越多。

也许你会说，我清楚地记得的确做过这样的梦，这又怎么解释呢？其实，大多数梦都发生在快速眼动睡眠阶段，按正常人每晚4至6个睡眠周期来说，每晚就可能要做4至6个梦。英国的研究人员曾做过统计，按照平均寿命78.5岁来计算，人的一辈子要做104390次梦，只要做过的梦足够多，总有那么几个能与现实情况对应上。曾有学者统计，不同人的425个梦中，有24个梦在不同程度地"预知现实"。

另外，如果梦的内容足够现实，那么就更加可能发生。虽然人一晚上要做好几个梦，但是醒来后大多数梦都会被遗忘。因为在产生梦境的睡眠阶段，大脑会抑制记忆的形成，表面上睡眠质量很好，从来不做梦，实际上也做梦了。那些天马行空、跟现实毫无关系的梦更容易被忘掉，而那些跟现实有关联的梦更容易被记住。由于你更容易记住跟现实有关联的梦，所以现实中只要遇到类似的事情，你就会马上联想到曾经做过这样的梦。

总而言之，你以为做过的梦成真了，其实它并没有你想象中那么神秘，很可能只是大脑"欺骗"了你。

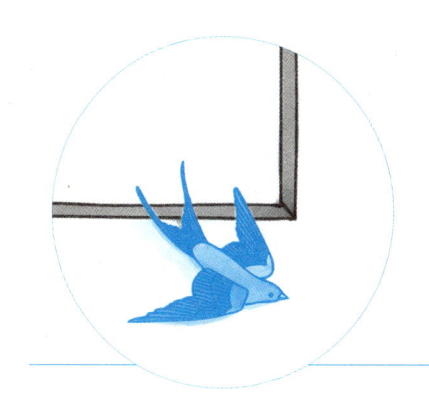

如何利用"鸟笼效应"

□徐思琦

最近，我在整理衣柜时，偶然间从柜底翻出了一套只穿过一次的汉服。因为朋友送给我一套古风发饰，我配了一整套的汉服。从那以后，古风鞋子、斗篷陆续出现在了我的衣柜里。再次看到它们的时候，我脑海中不禁蹦出一句话：我可能被"鸟笼效应"俘虏了！

"鸟笼效应"是人类难以摆脱的十大心理之一，是指当你某一天得到一件物品之后，会准备更多的东西来与之相配。这个著名的心理效应背后还有个有趣的故事，是关于心理学家詹姆斯和他的朋友物理学家卡尔森的。有一天，詹姆斯和卡尔森打赌，说卡尔森一定会养一只鸟。一开始，卡尔森不以为然。可当詹姆斯在卡尔森生日那天送了他一只鸟笼以后，去卡尔森家拜访的朋友都以为卡尔森曾经养过鸟。在这过程中，卡尔森一直解释，最后无奈之下，卡尔森真的买了一只鸟。

很多人也和卡尔森一样，曾经或正在被"鸟笼效应"俘虏。尤其是在网购盛行的时代，年轻人成为网购大军的主力，特别是大学生。猎奇心理和大学校园包容万象的现实状况，使得越来越多的大学生成为"剁手党"。而网购的便利更促进了"鸟笼效应"的发酵。

几个星期前，我出门和朋友逛街。朋友说她想买支好用的笔，来配上姐姐送给她的精美笔记本，这样她会爱上做读书笔记，从而喜欢上读书，而不只是看书。我打趣她肯定是被"鸟笼效应"俘虏了。朋友却笑着说道："为什么不反过来利用'鸟笼效应'呢？"

朋友接着解释道："当我看到姐姐送的精美笔记本，自然想在上面写些有意义的东西。这时，我觉得不如顺着'鸟笼效应'去行动。当我们拥有一本精美笔记本，就会想买一支顺滑好用的笔，下一步还会想买一本喜欢的书，然后开始做读书笔记。"

我头一次听说能反过来利用"鸟笼效应"。不过，这不禁让我回想起中学时期，我似乎也利用过"鸟笼效应"。有天路过书店，我买了一本杂志，看到了杂志上刊登的征稿函，于是我手痒地开始写作，然后便喜欢上了写作。看着文字一个个从指尖跳跃出来，我的心情就格外愉悦。之后，我买了一本精美的笔记本，专门记录我的灵感。越来越多的杂志、报纸出现在我的书房，而我的写作热情也越发高涨。

那次和朋友逛街以后，我开始尝试利用"鸟笼效应"。我购买了一块小清新的桌布来装饰我的书桌，又买了一本精美的笔记本来记录我的灵感。等一切准备就绪，我便开始再次投入写作。

究竟如何才能在许多事上摆脱"鸟笼效应"，甚至反过来利用"鸟笼效应"呢？

生活中难免出现各种"鸟笼"，但是我们可以分辨它们。如果是不符合实际情况的，单纯捆绑我们消费的"反向鸟笼"，我们要学会及时止损，保持一颗断舍离的心。如果是激励我们向上发展的"正向鸟笼"，我们可以明确目标，适当购物或装饰，激励自己朝着目标前进。这时你会发现，"鸟笼效应"其实也没那么可怕。

关东煮的吸引力法则

□曾诗颖

你听说过吸引力法则吗？吸引力法则指的是思想集中在某一领域的时候，跟这个领域相关的人、事、物就会被它吸引而来。

有一种我们看不见的能量，一直引导着整个宇宙规律性运转，因为它的作用，地球才能够在46亿年的时间里保持运转的状态。也正是因为它的作用，太阳系乃至整个宇宙中数以亿计的星球，才能留在各自的轨道上相安无事地运行。这样一种能量引导着宇宙中的每一样事物，也引导着我们的生活。

准确来说，吸引力法则属于一类理想化的心理暗示。在一定程度上，它所取得的积极结果归功于合理的思想和行动步骤。

第一步的关键词是"想要"。明确自己想要的东西、想做的事，不混于流俗的"都要"，不倾向繁杂无序的频率，而是向宇宙发射出清晰的信号。便利店前，嵌在不规则方格里蒸腾着热气的关东煮，经过高汤的沸煮，在冷空气中氤氲出诱人的香味。在令人眼花缭乱的食物里，选出自己想要吃的食物实属不易，但想要的迫切心理必能冲破选择恐惧症的阻碍。穿过冷风，我会小跑到关东煮摊位前，选上一份浸透汤汁的豆泡、煮得令人口齿生津的萝卜，再加上牛肉丸或是爆汁鱼丸。注视着店员将汤汁加入杯中，接过杯身都已经温热的一杯满满的关东煮。

第二步的关键词是"相信"。相信想要的东西是自己的所有物，无论是带着希望的一般将来时，还是怀着肯定的现在进行时，让信念如十年之树在土里深深扎根。在提出要求的那一刻，我们的心理暗示就会让我们将它划入已经成功收货的订单分类中。刚拿到咕噜咕噜直冒泡的关东煮时，记得相信自己已经成功下单啦。自己选择的已经成为自己拥有的，自己选择的就是最好的，相信每一个在冬日享用关东煮的消费者都会回以开怀大笑："那可不！"

除了满足口腹之欲，关东煮还给人带来一种更深层的灵魂上的信仰：不管是多么寒冷的冬日，你都有机会手捧一杯热气腾腾的关东煮，让浓汤慰藉身体里每一个被冻坏的细胞。也就是说，一杯简单的关东煮象征着每个裹得严严实实的过路人对冬日温暖付的定金。不需要"双十一"等特惠满减活动，关东煮加入购物车就像打开未知吸引力的智能开关，响应已成，温暖自来。人们想在热腾腾的关东煮中汲取热量，也想解放自己那久困于逼仄生存空间的疲乏麻木的灵魂。

第三步的关键词是"习惯"。若想要的东西是一个刚下单的商品，那么极速送货会让每一个购物者都心情愉悦。而我们可以选择性地记住"收货"的这种感受，将这种感受模拟兑现。捧在手心的关东煮可以帮助我们在身体已经暖和的前提下，寻求心灵上的暖和，"假装"自己就是理想中"冬日可爱"的自己。习惯这种温度，温暖自己，抚慰身边的人，直到身边的人也在冬天被我们身上的温暖所触动，习惯我们那百分百的相信态度。我们如果习惯了这样的习惯，认知、心理、行为都会潜移默化地向着愿景变化。

一杯热腾腾的关东煮就能产生一种特定的频率，吸引同样的频率，引发共振。我想，这和关东煮身上凝结着的文化有很紧密的联系。如在《关东煮店人情故事》这款游戏中，关东煮的身影常常出现在夜幕笼罩下的日本街道，关东煮店是形形色色的人们穿过黑黢黢的周围得以望见的明灯。作为游戏中的"深夜食堂"，"我"作为关东煮店老板倾听了许多客人的故事，在他们不停的抱怨中抽丝剥茧得到事实真相。

在现实生活中，关东煮店也不囿于一个只是给人提供吃食的定位。显然，关东煮往往被寄予了超越普通食物的情感。太多福店铺仍旧售卖日本传统味道的关东煮，怀旧的情怀犹如寂静大海里耸立的灯塔。而中国夜市中推着小车的关东煮小摊、便利店前暖黄灯光笼罩着的关东煮锅，都给结束忙碌的人提供一个心灵不再流浪的地方。从日本到中国，关东煮在年轻人圈子里掀起一股美食推荐热潮。事实上，这也反映了年轻人的心理缺失。而要填补年轻人的心理缺失，或许吸引力法则可以搭配关东煮食用，作为精神养料。

不过，吸引力法则当然不是一种念出指定口令就能实现的魔法，也不是出于幻想一蹴而就的捷径。一杯温热的关东煮让我们胃部舒服以后，难道就一定能温暖我们的心窝吗？答案是不能，但吸引力法则失效并不代表吸引力法则无效。吸引力法则能够提高成功的概率。我们若学会合理运用吸引力法则，就能够充分运用心理暗示的强大力量，在信念上给行动提供指引。

让我们跟着关东煮，一起打卡吸引力法则：我是一个十分幸运的关东煮，失去的东西一定会以另一种方式回到我身边。

警惕理性的无知

□孙　锋

你的面前有一个成功的方案：如果不照着做，每天的失败率是0.5%；照着做，每天的失败率就降到0.05%。

你会不会每天照着做？理性思考一下：照着做，每天有99.95%的概率会迈向成功。就算不照着做，每天也有99.5%的概率不会失败。99.5%和99.95%，差别有那么大吗？

然而，如果我们换个方式算笔账，你可能会有不一样的决定。这里有两群人，分别各1万人，一群人按成功的方案做，另一群人不按方案做。一年下来，照着做的那群人最终剩下8300多人；可是不做的呢？仅仅剩下1600多人。

我们很容易陷入"理性的无知"中，并且在信息越自由的环境中，越容易陷入。一件小事能改变整个计划的可能性极小，为了这件小事去投入大量的时间和精力似乎"太不划算"。所以我们明知偶尔上课"划水"不对，但还是抵抗不了向下的牵引力；明知碎片化的阅读会让我们无所适从，还是每天花大量时间刷短视频……

再怎么微小的概率，一旦累积起来乘以倍数，就会变得显著。每个人每天在路上遇到车祸的概率，微乎其微。可是道路上有这么多人、这么多车，数量累积之后，再微小的概率乘以巨大的倍数，就是2023年全国175万起交通事故。

深度思考、怀疑自己、保持理性，用系统的知识对抗无知，才有可能走向成功。

零糖社交：年轻人的"君子之交"

□ 禤支兰

走进超市饮料区，我们不难发现，在种类繁多、颜色各异的饮料瓶上齐刷刷地印有并突出"零糖"二字。虽然零糖饮料标榜不含糖，但通常是指没有传统的糖分，如蔗糖，而含有其他替代甜味剂。随着生活水平的提高和健康知识的普及，人们开始有意识地避免摄入过多糖分，以防危害健康。

最近，饮料界的这股"零糖风"吹到年轻人的社交圈，出现了一个新兴概念"零糖社交"。在我们的社交活动中，也存在像糖浆一样黏糊糊的、甜腻腻的东西，比如虚假的赞美、过度套近乎、以自我为中心、窥探他人隐私等。零糖社交像一股清风，一扫社交场上的黏腻氛围，让社交回到真实、轻松、自由平等、无负担的清爽轨道上。就像喝零糖饮料一样，这种社交模式既能让人享受社交的乐趣，又不会给人造成负担。

零糖社交是一个有趣的新概念，但早在两千多年前，古人就提出了类似的说法，比如《庄子》里的经典名句："君子之交淡若水，小人之交甘若醴。君子淡以亲，小人甘以绝。"意思是，君子之间的交情平淡如水，不尚虚华，但是能够长久保持亲近；小人之间的交往像酒，甘甜、浓烈，但往往会因为利益冲突而断绝关系。这与零糖社交不谋而合，都主张平淡真诚，摒弃虚伪客套。

与君子之交不同的是，零糖社交更加注重个人的内心体验，鼓励人们在社交中保持个性与独立，不讨好他人，避免产生社交压力。

在互联网时代，社交的边界不断拓展，人们可以随时通过手机、电脑、智能手表等设备访问社交媒体，社交的内涵也更加丰富。群聊、朋友圈的分享与回复、短视频平台上的交流与互动等都成为社交的一部分。

与传统的面对面社交相比，互联网社交没有时空限制，悄无声息地占据着人们更多的时间和精力，由此产生的过度社交和信息过载也是一种社交"糖分"。此外，互联网社交中的"糖分"还有很多，比如加了层层滤镜的照片、精心策划并展示的生活片段、经过筛选的留言、各种形式的炫耀、真假难辨的段子等。它们就像一勺勺糖，让这个充满点赞、评论和转发的社交空间变成一杯高糖饮料，人们即使小抿一口，也觉得甜腻无比。

社交媒体的这种浮华与虚实混杂，容易让人陷入高糖社交的泥潭，跟风追求表面的光鲜与认同，而忽视了社交的本质是真情实感的连接，是身心的放松，是自我的表达。

把零糖社交运用到社交媒体上，意味着追求一种更清爽的社交方式，比如保留真正有价值的、能带来正面影响的信息流，关注传播有益内容的自媒体账号，减少无意义的互动，不盲目与他人比较，专注自己的成长与进步。

零糖社交看似十分潮流，又充满个性，其实它的内核是年轻人对社交最朴素的期待，希望去掉繁杂的套路，让社交变成一件简单的、愉悦的事情。

喝零糖饮料是为了身体健康，进行零糖社交则是为了精神健康。不管是面对面社交还是互联网社交，我们都应该以轻盈的姿态投入其中，精简无效互动，关注真正重要的人和事，让交流变得高效而有意义。如此一来，我们会在零糖社交中收获别样的甜蜜。

好故事的秘诀

□李南南

在好莱坞的剧本评估里，一直有一个首要考虑项，叫作"惊奇元素"。也就是说，你的剧本能不能用一句话，概括出一个让人感觉惊奇的元素。假如这个惊奇元素成立，你的剧本就能进入下一步；如若不成立，则不能立项。

几乎所有的好故事，都能找到这样的惊奇元素。

比如，一个男人含冤入狱，在牢里十多年，用一把小鹤嘴锤，挖出了一条通道，最终逃出生天。没错，这是电影《肖申克的救赎》。

比如，一个年轻人同时爱上了很多姑娘，这些姑娘也爱他，但是，最终他发现这些姑娘都是他同父异母的妹妹。估计你也猜到了，这说的是《天龙八部》里的段誉。

再比如，一个小男孩为了救出母亲，决定向神宣战，并劈开了一座大山。这说的是《宝莲灯》。

所有惊奇元素，本质上一定要满足两个条件：第一，能用一句话说清楚；第二，颠覆了你通常的想象。只用一把锤子，怎么可能挖通监狱呢？同时爱上的四五个姑娘，怎么可能都是他妹妹呢？一个小男孩，怎么可能向神宣战呢？惊奇元素一定要简洁，且颠覆常识。不仅电影如此，大多数畅销书也都具备至少一个惊奇元素。

比如，《人类简史》的惊奇元素是，过去我们都觉得智人之所以能在进化中胜出，能战胜尼安德特人，是因为智人更聪明、更强壮。事实上，尼安德特人不比智人笨，虽然个子比智人矮，但是力气更大。智人之所以胜出，不是因为智力，而是因为想象力。是想象力，让智人能够在更大范围内形成一个共同体。

如果你要去应聘，想用一句话吸引面试官，也可以借鉴惊奇元素。比如，你本来想说，你很会培养人才。你可以换个说法，"我有个管理心得，大家都觉得人才是培养出来的，但我认为不是，人才是在一个好的机制里自己成长出来的，我很擅长打造这样一个好的机制"。有这么一句带点颠覆感的话，就会使你更容易被记住。

**时间不语，
却见证了所有努力**

将错就错，
反而身价翻番

□ 小 樊

一声抱怨成就经典摇滚——披头士Helter Skelter

Helter Skelter（《螺旋滑梯》）这首歌可谓披头士乐队最为癫狂的作品之一，有评论家称它对后来的硬摇滚和重金属有着启蒙的作用。但这首歌有个明显的"bug（缺陷）"，来自鼓手林戈·斯塔尔。

当时林戈·斯塔尔为这首歌曲足足录了18次之多，只有最后一次才被采用为成品。但就在这最后一次的录音中，林戈·斯塔尔实在受不了了，录音途中大声抱怨了一句："我的手指已经起泡了！"这句话被录进了最终的歌曲中，而这句抱怨连同这首歌一起流传了50余年，至今仍然是歌迷们津津乐道的话题之一。

著名建筑的建成竟是因为拿反了图纸——摩西桥

摩西桥是一座建在"水中"的桥，从远处几乎看不到这座桥，似乎在河水中并没有桥一样。这是因为建造摩西桥的荷兰建筑公司工人拿反了图纸。

摩西桥最初是作为连接城市和碉堡城墙的一道防线，却阴差阳错地成了世界上第一座融在河里的桥。走在上面就像在和湖水捉迷藏一样，你要是弯着腰过桥，别人根本就发现不了这桥上有人。

而在这座桥修建好之后，设计师才发现其中的失误。但设计师认为这样的设计反而更有意思，也让摩西桥因为这个"小错误"变成了一座闻名世界的建筑。

误入镜头的猫咪——《教父》

《教父》被大家誉为"男生一生中必看的电影之一"。相信看完的人，除了对马龙·白兰度丝丝入扣的表演折服，一定也对教父手中的猫咪记忆深刻。在他的出场画面里，他抱着一只猫，瞬间给这个身处阴暗的狠戾教父镀上了一层柔和的光环。

而这只猫咪其实是一只流浪猫，在拍摄期间它偷偷溜进了片场，恰好成为教父手中的道具，也恰巧成就了一个阴狠却有着柔情的教父，也成就了一部经典。

你以为的纹饰其实是烧开裂了——开片纹

开片纹是釉面自然裂开造成的，由于烧制时温度过高发生膨胀，之后又迅速冷却收缩导致釉面开裂。

釉面开裂其实是一种技术错误，但是到后面烧瓷技术人员发现，由于每一件瓷制品开片的纹路各不相同，引发了一种独特的审美。宋朝后期开片纹变成了一种非常独特的技术，后逐渐发展成一种工艺性的开片效果。

"有心栽花花不开，无心插柳柳成荫"，虽然在理解上并不是出错才造成了花不开柳成荫的现象，但是转念一想，那些成荫的柳树，不恰恰是另一种更好的结果吗？或许那些"错误"，正在成就下一部经典之作。

碎瓶子也有春天——"破碎"艺术家德弗里斯

对于破碎的花瓶来说，即使再完美的修复也无法恢复最初的样子。所以，它们就只能是被丢进垃圾桶吗？

毕业于伦敦著名的中央圣马丁艺术与设计学院的布克·德弗里斯却认为，一件工艺品的艺术价值，绝对不会因为它被损坏或有瑕疵而受到影响，相反，经过修复或者再创作，它一定会焕发出新的生机。

这些意外被打碎的花瓶并没有因为错误的行为而变得一文不值，相反在德弗里斯的手中，它们变成了另一种形态的艺术品。

出丑获赞

□ 赵盛基

石曼卿，北宋文学家、书法家，才华横溢，风趣幽默，人称"石学士"。

有一次，他游览完开封府的报慈寺之后，准备打道回府。马夫早就牵着马在门外等候，随从扶他上马。谁知，他还没坐稳，马惊了，扬起前蹄"咴儿咴儿"嘶叫。事发突然，马夫没能控制住，随从也措手不及，结果，石曼卿被重重地摔落马下，四仰八叉，随从和马夫都大惊失色。

愣神之际，四周游人呼啦一下围了上来，都凑过来看热闹。"让朝廷官员如此狼狈，这下马夫可倒霉了，石学士不会轻饶他。"众人一边喊喊喳喳地嘀咕，一边等着石曼卿大发雷霆。

马夫好不容易控制住了马，然后战战兢兢地站在那里，等着挨罚。

在随从的搀扶下，石曼卿一骨碌爬了起来，拍了拍身上的土，然后对随从说："来！扶我上马。"随从赶紧把他重新扶上了马。坐稳后，他也从惊吓中回过神来，随后向马夫要来了马鞭。马夫心想，这顿抽是逃脱不了了，就直愣愣地站着一动不动，做好了挨抽的准备。

谁知，石曼卿并没抽打马夫，而是将马鞭轻轻地在旁边挥了一下，然后对马夫说："幸好我是石学士，如果是个瓦学士，岂不把我摔碎了？"轻描淡写，只用三言两语就化解了尴尬。说完，他自己先笑了。马夫如释重负，也笑了起来，紧张的心情顿时烟消云散。紧跟着，随从和所有围观的人都笑了起来，并纷纷给石曼卿点赞。

出丑还能获赞，足见其扭转乾坤的能力。当然，人们称赞的不是他出了洋相，而是他的睿智、幽默，更多的是他的大度、容人。

周公旦，辟谣三招

□李 正

在信息爆炸的今天，无论是网络空间，还是现实生活，谣言常常无孔不入。我们有时是谣言圈外的吃瓜群众，但偶尔也会身处风暴中心，成为流言的目标。那么，面对中伤与误解时，到底该如何走出困局？

我想，周公的人生经历，可能会给予我们一些答案或启示。毕竟，他是中国史书中最早被谣言所笼罩的人。

周公，本名姬旦，是周文王姬昌的第四子，武王姬发的亲弟弟。早年曾跟随二哥姬发，伐纣灭商。在西周建立之初，他就已经是辅佐武王姬发，处理全国政务的核心大臣了。二哥姬发与四弟姬旦，兄友弟恭，合力治国，不承想意外发生了。

西周建立仅三年，姬发突然病重，命悬一线。当时，国内东方各部落尚未完全臣服；族内武王亲子姬诵，年仅13岁，难以服众。于是，为确保大局稳定，姬发决定传位给四弟姬旦。面对武王的传位，姬旦选择拒绝，并保证自己一定力保姬诵顺利继位，坐稳天下。

最终，武王死后，儿子姬诵继位，是为周成王；弟弟姬旦，成为周部落的族长，摄政天下，被人们恭称为"周公"。

"周公辅佐成王"，原本是一个非常美好的兄友弟恭、叔侄相宜的故事，却招致谣言四起，有人说"周公要谋害成王，阴谋篡位"。

面对流言，周公该怎么办呢？主动退出，把权力交给13岁的侄子吗？如此一来，周公的名声虽能保住，但天下立刻就乱了。于己有利，于国无功，这显然是一个错误的选择。

周公无私，于国无利，虽天子而不为。经多番考虑，他做了三件事。

第一，不公开辟谣，但要让亲人放心。

周公本就大权在握，关于"谋逆"这种谣言，只要不放权，任何公开辟谣，都会被对手利用，然后越描越黑，所以他并没有公开坦白心迹。可有些话，不讲也不行，沉默有时会让原本信任你的人同样心生疑虑。于是，周公私下向关键的两个人表明了心迹。一位是太公望吕尚，姜子牙的历史原型；另一位是召公奭，周文王的庶子，周公同父异母的弟弟。

这两位都是西周建立时有大功，为人正直，且在朝中有威望的人。周公的大致意思是，我之所以摄政，是因为担心天下尚不安定。如今武王走得早，成王年纪还小，主少国疑。我真是为了周朝的建国大业，才迟迟没有放权的。吕尚和召公奭被说服，周公成功摄政。

第二，造谣靠语言，而辟谣只能靠行动。

周公本人无法放权，却主动把儿子伯禽派往鲁国担任诸侯，以实际行动证明，自己这一脉子孙，未来只会做诸侯，不会僭越天子。随着伯禽受封于鲁国，谣言逐渐消散。

周公做的第三件事就是恪守本心，做好自己本该做好的一切。

周公摄政期间，军事上，三年东征，平定叛乱，消除不安定因素；政治上，二次分封诸侯，确保政局稳定；制度上，制礼作乐，以礼乐制度约束天下贵族，巩固国家秩序。随后，于洛邑修建大城"成周"，宣示周朝建国大业就此完成。最终，周公摄政7年后，主动将政权归还给20岁的成王姬诵。

至此，一切谣言不攻自破。7年的诽谤与中伤，非但没有击倒周公，反而让他无比坚实地、一步步成功地缔造了西周的锦绣天下。

如今的我们，虽然不会承受像周公那样巨大的谣言风暴，但偶尔也会面临朋友的误解、同事的中伤。这种时候，与其自怨自艾、百口莫辩，倒不如像周公一样，用解释，安定小范围的人；用行动，告知大范围的人；恪守本心，做好我们本该做的事。

肥瘦之间

□ 童　年

读刘震云的小说，看到一句"肥肥一河水"，不由感叹"肥肥"二字用得真好。自小在江边长大的我，立马能想到春夏之交，江水日渐丰腴上涨，随波荡漾，好像时不时要扑过堤面，浸染人鞋袜的景象。

其实"肥水"不算创新用法，古语用"山寒水瘦"来形容土地贫瘠，或象征秋冬的枯索凋敝。有"瘦水"，自然就有"肥水"。"瘦水"虽然没有"肥水"的活泼雪亮、讨人喜欢，却最适宜进入宋元文人雅致的水墨画。

说到传统书画，"肥""瘦"除了给水做定语，也常用来形容书法的风格。宋徽宗赵佶非常喜欢瘦的字，以至开创了瘦金体；"颜筋柳骨"为人称道，也都是偏瘦的字；杜甫说"书贵瘦硬方通神"，无疑他欣赏有骨力、挺拔瘦削的字。不过苏轼表示反对，他说"杜陵评书贵瘦硬，此论未公吾不凭"。苏轼的字就是矮矮的、扁扁的、肥壮的。苏轼的朋友黄庭坚讥讽苏轼的肥字是"石压蛤蟆"，而苏轼曾说黄庭坚的瘦字是"树梢挂蛇"。

用肥和瘦形容水、形容字，都不及形容花多。李清照的字典里若没个"瘦"字，才名恐怕要减损一半。李清照有个"三瘦词人"的雅称，源自她的三个名句：

知否，知否？应是绿肥红瘦。

新来瘦，非干病酒，不是悲秋。

莫道不销魂，帘卷西风，人比黄花瘦。

人瘦，黄花瘦，海棠花更瘦。一时之间，竟不知该怜人还是惜花。

时间不语，
却见证了所有努力

聊天爱发表情包
是一种"社交糊弄"

□卡 生

豆瓣上有一个叫"糊弄学"的兴趣小组，现在有34万成员。小组的创立者"摸鱼的阿汤"这样定义"社交糊弄"——以看起来不敷衍的方式，应对生活中难以推脱的事情。小组的签名是"人生苦短，糊弄一下好像也无妨"。

的确，社交生活中如果万事较真儿，恐怕会活得十分辛苦。反而是一些相对中性的回复，既展示了朋友之间的关心与关注，还不会因为和朋友意见不合而争执。在我年轻时，很在意人与人之间的价值观是否相符，对朋友的挑选标准十分严苛，所以一些我在意的人，反而是我常常得罪的对象。现在想想，有的事情何必如此较真呢？

有一个叫"沟通纽带归属"的理论——社交是一件费力的事情，关心他人需要能量，倾听他人也需要能量。每个人的能量是有限的，应该把能量让给那些有价值的事情。"社交糊弄"的出现实际上是一种无奈之举，其产生的原因分别有"对话题不感兴趣""不愿意接受负面情绪""工作繁忙""单纯不想回复"，等等。

"糊弄小组"里深入浅出，罗列了种种被迫社交的对话场景，让倦怠的年轻人轻松掌握"糊弄"这门学问的真谛。入门级的糊弄可以总结为"同义反复"，即抓住对方说话的关键词并重复以表示对对方观点的认同："你这个说法太好了！""的确很有道理啊。""真的就是这么一回事。"进阶版糊弄会更强调情绪认同，比如多使用感叹词，以及一连串的"哈哈哈哈哈"。最高阶的糊弄具有对谈话的好奇，比如提出："然后呢？""后来怎么样了？""你是怎么解决的？"在提问和反问中让对方获得强烈的倾诉满足感。

表情包属于"社交糊弄"的典型案例，而且在长期的使用过程中，表情包的糊弄含义变成大家秘而不宣且彼此默认的"共识"。职场中，下属排队给上司发"大拇指"未必是真心夸赞，或许只是"收到"的代名词。"露牙的笑脸"也并不一定是真的觉得好笑，只是表示礼貌性回复的终结词。而那些朋友之间有时候爆发的你来我往的宠物斗图，或许只是朋友之间无聊之余互相撒娇、卖萌的一种趣味。

"糊弄"这个原本贬义的词语在年轻人的调侃中成为一种"学问"流行起来，背后原因到底是什么？

韩炳哲的《在群中》说过，智能手机给了我们更多的自由，但是从中也产生了一种灾难性的强迫，即交流的强迫。在社交互联还不那么便捷的时候，我们所需要面对的社交关系是相对单一且面对面的。但在社交互联的今天，社交被提速，呈现出碎片化、多向度，定义也变得更宽泛。很多时候，社交倦怠后诞生的"社交糊弄"实际上是针对"无效社交"的一种解绑。在某种程度上它有着部分积极的意义，但在私人的亲密关系中，"糊弄"并不是解决问题的办法，并时常会翻车，反而增加了社交关系的不满与隔膜。

我有个习惯性向我吐苦水的朋友。比如，她的男朋友忘记他们的纪念日，竞品公司来了一位有手段的对手，发小和她借了钱没有还，等等，所有故事她都喜欢逐条发微信与我聊聊，在我工作繁忙时，打开微信，几十条信息轰炸后，我甚至不知从哪一句开始回复。尽管我知道，她没指望我帮忙，更像是日常宣泄。

一开始，我展示了我的共情和积极关心的态度，但事态越来越不可控，她向我吐露对生活的不满甚至成了一种习惯。我思考再三，决定和她好好聊聊"如何找到新的方式解决生活的困境"，尽管这位女友后来与我的关系渐渐冷淡，但是我并不后悔。我采用了并不糊弄的方式向她袒露了我的倦怠，这是我人到中年出于"社交自由"的选择。"糊弄"的底层逻辑依然是对社会关系的维护，然而，人生知己不过二三，又何必贪多？

藏 念
□CC

有一个小故事出自《庄子·渔父》。

有个人在路上行走，无意间看见自己的影子和足迹，以为是鬼怪，非常害怕。

他吓得飞快跑起来，不料跑得越快，足迹就越多，影子追得越紧。

于是他更加拼命狂奔，最后筋疲力尽而死。

杀死这个人的，并非所谓的鬼怪，而是他的念头。

正如《新唐书》里所说：有心者有所累。

庄子早在几千年前就看穿了，这世上最消耗人的东西，其实就是人的心念。

他在《庄子·达生》里也说过类似的故事。

有一次，齐桓公乘坐马车去山林打猎。

在半途中，他突然感觉眼前一花，好像有什么东西闪过。

他以为遇见了鬼，心中慌乱不已，连忙让车停下来，然后询问身旁的管仲：

仲父，你刚刚有看到什么奇怪的东西吗？

管仲摇了摇头：我什么都没看见。

听了这话，齐桓公更加深信自己遇见了邪祟，不然为何他人见不到，自己却看见了呢？

回到宫中后，他越想越不安，饭也吃不下，觉也睡不好。

很快，他就病倒了，还整日失魂呓语，如同草丛里受惊的走兔一般。

庄子说：为外刑者，金与木也；为内刑者，动与过也。

凡事思得太多，虑得太过，就如同给自己的精神上刑，必然会伤及自身。

唯有藏起多余的念头，摆脱过重的心绪，我们才能逃离精神苦役，让内心回归平和。

"门当"缘何"户对"

□杨学涛

"门当户对"这个词可以说是人尽皆知，简单说就是门户相当、条件对等，最早出自元代著名剧作家王实甫的《西厢记》第二本第一折："虽然不是门当户对，也强如陷于贼中。"但是，也有人认为这"门当"和"户对"指的是装饰大门的两个物件，今天我们就来看一看它们到底是个啥，以及它们为什么曾经如此重要。

这里要特别说明一下，建筑专业里既没有"门当"，也没有"户对"，今天我们使用这两个称呼，只是沿袭大家习惯性的说法。

先说"门当"。大家可能听过一个童谣，"小胖子坐门墩儿，哭着喊着要媳妇儿"，这个"门墩儿"就是门当，就是大门左右两边的石头，用来给门框和两扇门板当枕头，起固定和装饰作用。

常见的门当造型大致分成两种：一种是圆鼓形，另一种是方形。最早，鼓形的门当用于武官的府邸，方形的门当用于文官的宅院。圆鼓象征着这家主人征战的车轮，滚滚向前势不可当；方形像是印章，也像是秀才们赶考时身上背的书箱，方方正正。

门当又叫抱鼓石，而抱鼓石是一个家庭有功名的标志，最初只有官宦人家才能安装。一些老的平民建筑也有抱鼓石，一般都是清代中后期才出现的。这是因为清中期以后买官卖官开始泛滥，有钱的商人靠着钱也有了政治资本，所以抱鼓石就越来越多了。

说完了门当，接下来我们再看看啥是"户对"。户对指的是传统民居门楣上面或者门楣两侧的圆柱形、六角形等形状的木雕或者砖雕，其实就是门簪。

门簪有功能性，可以用来加固联楹和中槛，也就是门楣，但更大的作用是装饰，这簪头雕刻的吉祥花纹或者"富贵平安""吉祥如意"等吉祥文字，简直就是喜上眉梢的实物版本。

门簪一旦成为固定的装饰，接下来就一定会产生阶级差别。但是，相比这抱鼓石和门簪，用来表示"门当户对"更重要的物件显然是作为脸面的"门"。

从大类上看，门主要分为屋宇式和墙垣式两种，顾名思义，屋宇式指的是门盖得和屋子一样，是一座完全独立的、像个方形盒子一样的单体建筑。而墙垣式的形式很简单，没有梁柱，只是在门扉两侧砌两个墙垛，顶上起脊柱瓦，所以也称为"随墙门"。简单说就是门嵌在墙里，没前没后。

从门的不同可看出一户人家的阶级、职业、社会地位等，这里面门道就更多了。所以简单总结：门当户对原本不是建筑构件，但因为石墩儿和门簪都是偶数，又是大门口最显眼的装饰，同时它还有等级之分，久而久之，就被人附会成了两个专有名词。相比而言，门才是更能体现门当户对的大脸面，至于在讨论婚姻的时候是不是应该以门当户对为前提，那就是另外一个并非建筑的问题了。

为可爱 IP 买单的年轻人

□李心怡 焦钰茹

2021年9月，这位玩偶界的顶流蹦蹦跳跳、摇着大尾巴横空出世，至今，它的毛绒玩偶依然是每次开售都秒空。玲娜贝儿的一举一动仿佛具有人的情感，粉丝和这类人格化的可爱IP互动更有实感。

2023年9月28日，玲娜贝儿生日前一天，当晚10点，许多人来到上海迪士尼乐园大门口排队。第二天早上7点30分，大门刚开，等了一整夜的人们，拖着疲惫的身体，展开赛跑，争着冲向玲娜贝儿的"家"。

在不理解的人眼中，这些行为只能用"疯狂"形容。

遇见玲娜贝儿之前，陈晨觉得生活很无聊。上班下班，和朋友逛街拍照，没有精神寄托。工作繁忙，人际关系复杂，人生没有成就感……种种原因让她长期情绪低落。

穿着一件柠檬黄色的小裙子、有着毛茸茸的粉色皮肤的玲娜贝儿在那个夏天吸引了陈晨，它漂亮、温暖、可爱，能安抚陈晨焦虑和低落的心情。

当时，陈晨每工作两三天就休息一天，这一天是属于她和玲娜贝儿的日子。

每次去看玲娜贝儿，陈晨都会准备礼物，中秋节快到了，就准备桂花、月饼和玉兔；夏天来了，就准备西瓜、向日葵。她还会精心穿上和玲娜贝儿同色系的衣服，当玲娜贝儿穿上中秋系列衣服时，她就会穿汉服或旗袍，漂漂亮亮地和玲娜贝儿合照。

她会拍视频记录见面，剪辑素材，发布在社交媒体上。她全身心投入到让自己开心的事情中，且小有成就，社交媒体账号积攒了2万多粉丝。粉丝们会在评论区留言，夸她视频剪得好、穿的衣服好看或是表达同样对玲娜贝儿的喜爱。

这些时刻，陈晨的所有烦恼和焦虑都消失了。

生活和工作中遇到烦恼时，她喜欢独自消化，不愿意向家人、朋友过多倾诉。见玲娜贝儿一面，这些负面情绪就能排解，"通过获得满足感和愉悦感，产生情绪价值上的升华，我觉得可能会比抱怨好"。

1995年出生的陈晨自称"贝儿妈妈"，"在我心中它就是一个小宝宝的形象"。"它非常善良，非常活泼，善于发现，勇于探索。"

心理学上将对毛绒玩具的依赖称为"软物依赖"情结。在人们的童年时期，毛绒玩具被称为"过渡物件"，用以抵御焦虑和寂寞。这些可爱IP本是一个个虚拟和静态的形象，但一个人对其赋予爱，它们就"活"了过来，甚至具备治愈能力。

在乐园里，人们可以暂时抛却现实中的烦恼，收获力量后，人们还是要走出乐园，去面对真实的生活。

陈晨用"温暖、力量和希望"来形容可爱IP对自己的意义。在一条视频里，她给玲娜贝儿带去一个小夜灯当作礼物，她告诉玲娜贝儿，当你在丛林里探险时，可以打开这盏夜灯。看到这份礼物，玲娜贝儿手舞足蹈。她们紧紧拥抱在一起。

2分钟互动后，陈晨将回归自己的生活。不过没关系，她知道下周自己还会拥有这样的一天。

时间不语，
却见证了所有努力

你是不是"积极废人"

□ 昔 央

你身边一定有很多这样的人：周末的早晨，为了晒太阳、读书、约会、喝咖啡，设了无数个闹钟，从8:30到10:30，每隔十分钟闹铃响一回，还是睡到了下午1:30。

觉得自己实在是太胖了，立志"每天奔赴健身房，月瘦15斤"，去了几回，健身卡压在抽屉的一角落满灰尘，每个休息日必吃甜品，隔三岔五来顿火锅烧烤。

18岁那年，信誓旦旦地在手账本上列举了"27岁之前要完成的100件事"，大学期间稀稀拉拉地完成了十几件没什么技术难度的事，从毕业那年拖到现在，早已忘了那剩下的八十几件事到底是什么了。心里不免遗憾，但迟迟没有采取行动。

"积极废人"们热衷于给自己定目标，但永远做不到；尽管心态积极向上，行动却极似废物。他们往往会在间歇性享乐后感到恐慌，时常为自己的懒惰而自责。如此往复，恶性循环。

为什么我们会变成"积极废人"？总的来说，就是能力达不到、实践力差，无法接受自己的差劲，却又急功近利，渴望迅速改变现状。"积极"是外在表演行为，"废"才是一个人的本质。

当我们看到身边的同事、朋友正在通过个人的努力和坚持，过上了自己想要的生活，再回过头来看看自己的懒惰和逃避，失落的心态显露无遗。

这时候我们会突然产生一些正向的行为，这种行为基本上持续不了太久，俗称"三分钟热度"。

收到来自外部的正向启迪原本不是一件坏事，但我们往往会忽略一些东西。比如达到一个目的的进展和过程，我们缺少耐心，太过急躁；比如面对朝九晚五、节奏重复的生活，我们迫于生活经济的压力和负担，迈出改变那一步的勇气时有时无。

那"积极废人"的人生就此完蛋了吗？倒也不至于。只是从"废"彻底转变到"积极"，有漫长而艰难的一段路要走。

当我们提到"如何避免成为一个积极废人"的时候，似乎总能给自己列举出一大堆类似心灵鸡汤的急救方法，但这反而让我们在"废"的道路上越跑越远。

逃离"废"的第一步，也是至关重要的一步，就是接受自己的"废"。第一步完成了，接下来我们才有信心调整自己的心态，合理规划自己的时间。

"不把自己看得太重要，发现并接受自己的短板"，似乎就能意识到自己的"废"，而人的短板中最基础的便是懒惰。

接下来就是避免装腔作势式的努力了。早上起不来？倒不如睡到自然醒，给自己一个过渡的时间。8:30的闹钟，我今天10:30才起来，明天必须9:30起来，以此类推，慢慢接近目标，让身体和习惯拥有记忆。

减肥一时兴起？不必过分节食，减肥一周可以奖励自己来顿火锅，如此下来四周，体重也会产生变化，总好过节食20天之后发现自己什么都想吃，暴饮暴食一朝被打回原形。

外界诱惑太多，私人时间不如试试断网。消除现代性，是拒绝诱惑的最好办法，拖延和间歇性吃喝玩乐都会随之消失。

教授的时间观

□ 彭 妤

中国读书人从来惜时，王贞白《白鹿洞二首·其一》中有名句"一寸光阴一寸金"，朱熹在《偶成》中隔着时空应和"一寸光阴不可轻"，杜荀鹤在《题弟侄书堂》中也写道"莫向光阴惰寸功"。古人如此，近代诸多教授、师者更是"上承传统，下启新风"，以点滴时间呈现出万千气象。

程郁缀曾任北京大学社会科学部部长，白天要全身心投入冗杂的行政事务，备课和写作只能利用"三余"时间。"三余"之说是程教授自己总结的：夜晚乃一日之余，双休日乃一周之余，寒暑假乃学期之余。他将书斋命名为"三余斋"，还说："退休乃人生之余，到时候改名'四余斋'。"

梁漱溟教授不仅学问精深，扶持后辈之心也炽诚如火。对来访求教者，无论年长年幼、位尊位卑，他都竭诚相迎，鞠躬揖别，既不吝惜时间，又不吝赐教。随着年岁越来越大，他不得不在门上贴出手书的"敬告来访宾客"字条："漱溟今年九十有二，精力就衰，谈话请以一个半小时为限，如有未尽之意，可以改日续谈，敬此陈情，唯希见谅，幸甚。"有拜访者细看，那"一个半小时"的"半"字，是梁先生后来加上去的，不禁感叹："先生真可谓'仁义之人，其言蔼如也'。"

曾执教于北京大学、厦门大学、兰州大学的著名历史学家顾颉刚教授，是出了名的惜时如金。他早年每日工作都在14个小时以上，每天要写作数千字。他外出拜访朋友，必定带上手稿和笔纸，如果朋友不在家，需要等待，他就干脆坐在朋友家誊抄稿子。有时因事耽误一天没有读书写字，他便觉得这一日白活了。因太过劳累，往往数月或一年下来，他总要病一场，但他戏称生病是"纳税"，心甘情愿以数日之病换得一年之工作时间。

"一个人的生命不是用时间计算的，而是用质量。"这是北京大学著名历史学家刘浦江教授的座右铭。他践行这一座右铭到了极致，把全部时间和精力都给了做学问、带学生。他说："为了能够做好学术事业，宁愿少活10年。"一语成谶，他因积劳成疾，逝世时年仅54岁。在离世前的病榻上，他抱着改了一半的学生论文，竟是满怀歉意。

傅斯年先生曾任北京大学代理校长，关于时间，他有句名言："一天只有21小时，剩下3小时是用来沉思的。"他去世后葬于台湾大学，校园里有口"傅钟"，每次上下课只响21声。

时间观其实就是天地观、世界观、生命观。无论是古时诗人，还是近代学者，都在向后世言传身教：你把时间花在哪里，人生的收成和境界就在哪里。

懒人的凉风求索史

□纪习尚

羽扇、麦扇、槟榔扇、福寿扇……清代王廷鼎的《杖扇新录》中收录了十八种扇子，但它们都要靠人力摇动，手动风来、手停风住。有没有一个两全其美的办法，不必劳累筋骨也能时享凉风呢？从古至今的"懒人"们，为此做了很多探索。

机械风扇在西汉时期就出现了。《西京杂记》载，西汉时期的长安，有一个叫丁缓的巧匠，曾制作出长燃的"常满灯"、可放在被褥中使用的"卧褥香炉"、九层高的"博山香炉"等，都非常精妙。但他最让人称奇的发明，还是"七轮扇"。将七个直径超过一丈的大风轮连在一起，只需一人在旁拨动，七个风轮就全部转动起来。这时，阵阵凉风袭人，屋里的人甚至都打起了寒战。古人解放双手、乐享凉风的尝试，从这时就开始了。

唐代出现了流水驱动的"扇车"。《唐语林》记载，唐玄宗曾建造一所凉殿，安装有扇车，"座后水激风车，风猎衣襟"。一个叫陈知节的官员反对，认为这是奢靡浪费。玄宗为了说服他，特意请他前来体验。陈知节被安排坐在一个石榻上，四周有水帘飞洒下来，座位几乎要结冰，寒冷让他颤抖起来，谁知玄宗又命人送上了"冰屑麻节饮"。他勉强吃下几口冷饮，肚子很不舒服，几次请求才被获准离开。经过玄宗这么一捉弄，估计陈知节再也不敢提反对意见了。

宋代一些富贵人家，也装有扇车。刘子翚《夏日吟》中说："君不见长安公侯家，六月不知暑。扇车起长风，冰槛沥寒雨。"说的是长安的富贵人家，夏季室内有扇车带来凉风，再加上冰块降温，丝毫感觉不到炎热。清代，圆明园四十景之一的水木明瑟也装置有一架水力风扇。将园内的溪水引入殿中，水流动时带动风扇旋转。凉风阵阵的水木明瑟成了清代皇帝避暑的好地方，又称"风扇房"。乾隆皇帝曾题诗："林瑟瑟，水泠泠，溪风群籁动，山鸟一声鸣。斯时斯景谁图得，非色非空吟不成。"

后来又出现了"拉绳风扇"。清内务府档案记载，1724年大暑节气前8天，雍正皇帝要求制作一架风扇；4天后，内务府将制作好的"楠木架铁信风扇一架，上按小羽扇六把"，送进了宫中。雍正皇帝随即开箱试用，觉得凑合着也能用，只是木架子高了些，羽扇也小，使用起来不很方便。于是几天后，他又下旨，要求"再做一份，架子矮着些，按大些的羽扇"。内务府接旨后抓紧制作，赶在大暑之后的第二天，送到了雍正处。这一次，雍正对风扇本身很满意，表扬说："尔等风扇做得甚好。"但是又觉得宫人们在房间里拉动风扇，影响他休息。于是这位想法特多的"甲方"提出了新需求：制作两架"拉绳风扇"，一架放在东暖阁、一架放在西暖阁；将绳子从床底下穿出墙外，由宫人在墙外拉绳。根据同类风扇的图片推断，雍正定做的这种拉绳风扇，底座是一个长方形的木箱，木箱顶面装有铁葫芦一只。一根铁条从葫芦里穿出，围绕着铁条装有六只小羽扇。使用时，将长绳绑在葫芦腰上，拉动绳子，就可以让风扇转动起来，设计可谓精巧。

此外，还有用布条制作的"手拉风扇"，很受商家的青睐。清末民初的不少餐厅、理发店、浴室等将它安装在室内，用来吸引顾客，类似前些年的"冷气开放"。这种风扇，是将布片钉在木条上，几组木条用绳子串联起来，悬于房梁。使用时由专人拉动绳子，布条随之摆动，带出凉风。手拉风扇多由小男孩拉动，孩子力气小，时间不长就累了，师傅感觉到风小下来，总要骂几句。著名画家贺友直的漫画《手拉风扇》，就描绘了这一情景：浴室中，一名大汉躺在藤椅上休息，而旁边拉风扇的小男孩已经昏昏欲睡。由于制作简单，成本较低，在我国的一些地区，直到20世纪50年代还在使用这种手拉风扇。

今天我们再也不用为"风"烦恼了，除了电风扇、空调，人们还喜欢拿着微型风扇，随走随吹。"懒人"们看到这样的场景，一定会羡慕不已吧。

不可或缺的"少"

□李 俭

生活中，许多的人对"多"字颇感兴趣，以至于为了"多"字，劳心费神。更有甚者，为求"多"铤而走险，付出惨痛代价。

其实，与"多"字相反的"少"字，在生活中也是不可或缺的。把握好这个"少"字，对人的身心是很有益处的。

嘴上话少，自然祸少。嘴上话少，一谓口头讲话，二谓以书面形式提出意见或发表观点。我们固然并不赞成"三缄其口"，但以心直口快、心口如一为自豪，不分场合、地点，不看说话的对象，不管三七二十一，乱说一通，也会招惹是非。口无遮拦，说错了话，说漏了嘴，如同泼出去的水，是很难补救的。特别是人多的场合，一旦失言，你的话就可能伤害到某个人，给自己招来祸端。正如《淮南子·主术训》所言"口妄言则乱"，让人无谓陷入困局。古往今来，多有因言语不慎而遭遇坎坷者。宋代苏东坡，其才千古公认。然其一生屡遭贬谪、流放，与其快言快语密切相关。故此，每每开口或落笔之前，定要三思而后言，益害相权，思之是否益人，是否益事，是否益世。

腹中食少，自然病少。我国早已告别缺衣少食的岁月。不过，国人实现小康奔向富裕后，在饮食上却是不那么注意了，"病从口入"变得严峻起来。高血压、高血糖、高血脂的患病率逐年增高，更为可怕的是，在儿童和青少年中，糖尿病的患病人数也在增长。一部分人不讲时间乱吃、不限数量海吃、不分品种通吃，吃坏了自己的健康。科学膳食，腹中食少，病从口入的概率就会减少。

心上欲少，自然忧少。虽然人有七情六欲，但凡事皆有度，凡事皆有限。一部分人什么都想要，什么都想占，房子大了还想再大，钱财多了还想再多；官位有了，还想发财；有着俸禄想外快……如果不加节制，放开欲望的闸门，势必欲壑难填，后果不堪设想。有道是：没有奢望免得失望。减少欲望、节制欲望，自然忧少。

为什么有人宁愿吃生活的苦，也不愿吃学习的苦

□衷曲无闻

为什么许多人宁愿吃生活的苦，也不愿吃学习的苦？

今天看到一个高赞回答：生活的苦可以被疲劳麻痹，被娱乐转移，最终变得习以为常，得过且过，可以称之为"钝化"。而学习的苦在于，始终要保持敏锐而清醒的认知，这不妨叫"锐化"。

的确，生活的苦不需要动脑子，是生活质量降低，而学习的苦，是一种积极的向上的生活态度，它需要增量的付出，积极的作为，甚至还需要检验。我们难以沉浸于学习，是因为成长和进步，每一步都不好走。

人生最大的悲剧在于，学习的时候还没有经历真正的生活，等到尝到生活的苦时，再想学习已经没机会了。好在，虽然我们没法重返17岁回到教室里学习，还是可以通过阅读，从另一种视角审视自己、审视人生、审视这个世界，从而实现人生更多的可能性。蔡康永曾说过这样一段话：为什么我常鼓励大家读书？因为我们的人生非常有限，阅读可以拓展我们的经验，看到别人的人生是什么样子。一有机会看到别人的人生是什么样子，就会培养出一种抽离的能力。

培养抽离的能力，能够让我们跳脱当下的痛苦跟挫折，比较容易面对失败。这种能力不会从天上掉下来，是靠着我们不断去摸索别人的人生，累积足够的信心，知道世上不是只有我一个人活着，还有无数活的可能。

当年我因为高考失利，考入一所很糟糕的二本院校，曾一度觉得我的人生彻底完了。

身边的人，大多都不学习。我的定力不足，不知不觉就丧失了对未来的憧憬和思考。

图书馆的借阅证我差不多大一期末才第一次用上。

看了一些余华的书，开始思考人生的意义；看了叶嘉莹的书，爱上小诗小词的韵味，便决定来年选修古诗文创作课程；看了《曾国藩家书》，明白自己经历的所谓苦难，都只是擦伤而已。

那段时间读书，完全没有功利心，不是为了发家致富，也不是为了高人一等，而是认清自己的渺小，看见自己从未见过的人生，与伟人先贤们共鸣，从中选择正确的三观。

一本书不一定能让你走出困境，不过至少会让你知道，从古到今跟你有同样烦恼，并且同样在寻找答案的人有很多，你并不孤单。

读书的意义，便是踩在巨人的肩膀上眺望这个世界。你憋在心里的情感，竟然有个人替你说出来了，于是你觉得无处可说的挫败和孤独又减轻了一分。

哪有人生不经历钻心的疼痛，哪有人生不需要跨过一道又一道的坎，你能做的无非是带着一颗伤痛的心，依然坚定地去追逐理想，并且坚信，一切都会过去。

我们从小到大读的书，如同从小到大吃的饭，一时半会儿看不出什么，直到成年后，前者成了我们的精神，后者成了我们的骨血，两者都融入我们每一个细胞。

读书的目的，不在于一劳永逸，走到人生巅峰，而在于，当你被生活打回原形，陷入泥潭时，给你一种内在的力量。

我们的气质大多藏于书中，就像一把把开山刀，每每拿起来挥舞，就能在你内心开垦出一片新的旷野，从而腾得出地方种植更多作物。到了秋天，心灵便可在广阔无垠的大地上忙碌着收获思想。

而思想，或许是这个世上最后一件可公平分配的东西了，它驻扎在每一个人的脑海中，不分贵贱，也无法用财富交易，因而躲过了掠夺。

兴致勃勃，才是高级

□ 紫 云 宛 蓉

很多人遇到过不去的事，第一反应是丧一把给大家看看。

淘宝上有很多文化衫，胸前写的都是极丧的话。丧文化在这个时代大行其道，似乎只要你敢丧，你就高级，只要你敢悲观，你就深刻。

这是很多人破解这个世界的流量密码。但其实，说丧气话的时候，内心是不甘的。

很多人崇敬王阳明，大概因为他生命力极其旺盛。1508年，36岁的王阳明遭遇了生命中的至暗时刻，他因仗义执言惹怒了宦官刘瑾，被关进大牢打了四十大板，随后被贬为贵州修文县龙场的驿丞。但王阳明并未一蹶不振，而是积极面对生活。

刚到龙场时，他的前任提醒他：一、不要和陌生人说话，当地不是土人就是歹人；二、空气有毒；三、防野兽；四、自食其力；五、心态要乐观。而本要照顾王阳明的几个仆人都病倒了，于是他反主为仆，给他们做饭，唱小曲儿给他们逗乐开解，带着他们适应全新的生活。没有住所就自己找山洞栖居，没有粮食，就开荒种菜，食用野果野菜充饥，还和当地百姓交朋友，邀请他们听自己的讲座，教他们读书识字。后来，他甚至让人打了一口石棺，时不时躺进去品读《易经》，思考人生意义。

谁能想到，著名的"龙场悟道"就发生在这里呢？王阳明的本事就在于，能够在恶劣的环境中处处找到乐子，脚踏实地地感悟生活。你看，面对生活的击打，兴致勃勃，才是高级。

一上车就困，其实是你被"催眠"了

□ 瑾 睿

不知道你有没有注意到，很多人上车时精神抖擞，坐一会儿车就开始昏昏欲睡，有的人甚至会睡觉，直到到站前才醒，时间把控可谓十分精准。你是不是觉得很神奇？其实这是可以从科学的角度来解释的。

一上车就犯困，竟是被行驶中的车"哄"睡着了。人们日常维持身体平衡主要是依靠由半规管、椭圆囊、球囊组成的前庭器官，它能够感受到身体的运动状态，再根据身体状态调节重心平衡。在坐车时，人们身体处于不停摇晃的状态，为了维持重心平衡，前庭器官就要不停地调节重心平衡。但长时间的调节重心平衡会让前庭器官感到疲惫，当它干不动时，人们也开始感到疲惫，困意来袭。

为了论证汽车行驶时的振动会让人犯困，英国曼彻斯特大学的研究人员做了一项实验。研究组做了一个虚拟驾驶舱，将道路的崎岖程度与驾驶模拟器同步，模拟真实的驾驶环境。参与实验的15名志愿者分别进行了2次测试，在第一次测试中模拟器没有振动，在第二次测试中模拟器保持低频振动。

实验结果表明，在15分钟内，志愿者开始感到困意，昏昏欲睡；30分钟内，志愿者困意明显，保持清醒和认知变得困难。当时间接近60分钟时，志愿者的睡意达到峰值。研究人员斯蒂芬·罗宾逊教授说："当人们感到疲劳时，就会开始打瞌睡。我们发现，汽车座椅发出的轻微振动可以让人的大脑和身体平静下来。而且，即使是那些休息良好、身体健康的人，在这种稳定的低频率振动下也会逐渐产生睡意。"

原来，这是我们被车辆发出的声音"催眠"了。你是否注意到，车辆行驶时会发出一种轻微的声音，其实这是一种"低频噪声"，频率和人们犯困时脑电波的活动频率差不多。相信很多人都有过失眠的经历，失眠时，人们通常会听一些舒缓的音乐或者白噪声帮助自己快速入睡。实际上，车辆行驶时产生的"低频噪声"和人们用来助眠的音乐或白噪声原理相同。所以，车辆行驶时发出的这些声音，其实都是在"催眠"你。

再者，车内环境相对封闭，人坐久了，会感到比较闷。人呼吸时会产生二氧化碳，坐在相对封闭的车内环境里，呼出的二氧化碳会稀释氧气浓度，时间久了，大脑会因为缺氧而昏昏沉沉。测试表明，在初始二氧化碳浓度为400百万分比浓度的完全封闭的车内环境中，当二氧化碳浓度达到3000百万分比浓度时，人们会严重嗜睡，而当二氧化碳浓度达到5000百万分比浓度时就非常危险了。所以从安全角度考虑，人们尽量每隔半小时到1小时的时间就开窗换气，尤其是司机，更要保持清醒，注意行车安全。

另外，就是我们大脑里的垃圾太多了。一上车就困是受到大脑腺苷的影响，大脑腺苷会抑制下丘脑中神经元的兴奋单元，让神经系统由活跃状态进入睡眠状态，大脑腺苷越多，人就越容易感到困倦。原来，在人们工作或学习时，大脑的能量来源是三磷酸腺苷。在整个供能过程中，三磷酸腺苷还会逐渐水解成二磷酸腺苷和单磷酸腺苷，最终水解成大脑腺苷。

所以人们刚起床时是最清醒的，随着起床时间越久，大脑工作时间越久，大脑腺苷的浓度也会随之升高。当大脑腺苷浓度达到一定值时，大脑的睡眠区域会被激活，通常是在人们苏醒12～16个小时后。看到这里，你是不是有些担心，大脑产生那么多大脑腺苷，怎么办？别着急，当人们进入睡眠后，大脑就会开始清理大脑腺苷。这样，在第二天睡醒后，人才能重新充满活力。

说到这里，我必须提醒那些喜欢熬夜又要早起的朋友，你们留给大脑清理大脑腺苷的时间太短了，所以没有清理完的大脑腺苷就会堆积在大脑里，大脑只能在你们空闲的时候见缝插针地清理大脑腺苷，安静的坐车时间就是一个很好的时机。所以，如果你们一上车就开始狂打哈欠，真的要好好反思一下是不是总熬夜。

有趣的是，针对"一上车就困"的情况，还有人发现了商机。香港一家旅行社推出睡眠巴士之旅，提供全套睡眠装备，车程5小时，全程76千米，游客可以在睡眠中乘坐双层巴士环游香港。旅行社首次售卖睡眠巴士的票，就全部售罄。发起人表示，这个灵感来自朋友晚上睡不着，但乘坐巴士可以睡得很好的经历。

最后我想提醒一句，车内环境其实并不太适合深度睡眠，一来乘车时间不固定，很容易扰乱人们正常的睡眠节奏，变成晚上清醒早上困的恶性循环；二来睡着时身体处于放松状态，如果车辆急刹，人很容易受伤；三来是有可能坐过站，那就糟糕了。想要真正睡好觉，养足精神，我还是建议少熬夜，早睡早起。

一次震撼的搬运

□ 高　忠

蒯祥是明朝的宫殿设计师，自从朱棣下令建造故宫后，无论遇到多大的困难，蒯祥都想方设法解决。

一次，工匠们在北京房山发现了一块长16.57米、宽3.07米、厚1.7米、重量超过200吨的大理石。当他们告诉蒯祥后，他觉得将这块大理石运到故宫，将会让皇家气质更上一个层次。

然而，工匠们都认为重量超过200吨的大理石，根本无法从房山运到故宫。可蒯祥认为一定要调动各种力量把这块大理石搬到故宫。可是无论人畜怎么努力，大理石就像长在地上似的纹丝不动。

到了冬天，蒯祥看到泼在地上的水结成冰后，灵机一动，他认为将200吨的大理石放在冰面上滑行，一定会减轻人畜的负担。可是，又一个困难扑面而来。如果温度稍微有点儿高，泼在地面的水就渗到地下了；如果温度太低，盛在桶里的水又倒不出来。为了解决这个难题，蒯祥命人从房山到故宫每间隔一里地挖一口井。到了冬天，蒯祥先命人将超过200吨的大理石置于木架上。然后命人从井中取水泼在地上结成冰，以此减小木架和地面的摩擦力。最后用上千头骡马和人力，协调起来向故宫前进。1个多月后，终于将大理石运到了故宫。这块大理石，就是后来24位皇帝曾经走过的云龙阶石。

时间不语，
却见证了所有努力

打仗也得讲礼

□清风慕竹

中国素有"礼仪之邦"的称谓。春秋时期，礼成为贵族文化的首要标志，它如同空气般无所不在。衣食住行需要依礼，言谈举止需要遵礼，就连征伐打仗都要做到彬彬有礼。打仗，可以失败，但不可以失君子风度。

守诚信，不相诈

公元前638年，宋国与楚国因争霸而爆发了战争，双方在泓水（古河流名，故道约在今河南柘城西北）大战。

史学家左丘明在《子鱼论战》里是这样描述这个故事的：两国交战，宋国实力偏弱，但占据了有利地形，布好了阵地，取得了先机，楚国的军队则需要渡过泓水。在楚军渡水过半时，宋国的司马子鱼建议："敌众我寡，应该在敌人未渡河的时候，先发制人，率先出击。"宋襄公回答："不可以。"等到楚军全部渡过河，尚未列好阵势时，子鱼又劝宋襄公，应趁乱发起攻击，又被宋襄公拒绝了。直到楚军排好阵势，宋襄公才下令进攻，结果不出子鱼所料，宋军大败。混战中，宋襄公大腿受了重伤，他的贴身护卫官也战死了。

对于这样的结局，宋国人都责怪宋襄公没有听从子鱼的话。宋襄公却答道："作为君子，在打仗的时候，不再伤害已经受伤的人，不俘虏头发斑白的老人。古代用兵的道理，不凭借险隘的地形阻击敌人。我虽然是亡国者的后代，也不攻击没有排成阵势的敌人。"

对此，东汉何休在《春秋公羊传解诂》中解释，春秋"重偏战而贱诈战"。所谓偏战就是双方选好一个地方，约定好时间，各居一面，排好阵势，正面交战，不玩偷袭。

想来宋襄公未必不懂得战争中趁虚而入、先发制人的道理，只是他身上有一股浓浓的贵族气息，仗可以打不赢，但不能丢了规矩，失了风度。

守规则，不相轻

据《左传》记载，鲁昭公二十一年（公元前521年），宋国发生内乱，公子城和华豹率领各自的军队展开了大战。

两个人所乘驾的兵车在赭丘相遇。双方一见面，华豹手疾眼快，一箭射向公子城，公子城身子一偏，躲了过去。公子城刚想弯弓搭箭，华豹已搭箭上弦了。公子城一见，不屑地大喊道："你这个人太不讲武德了，一人一箭，你射完不让人家还手，太卑鄙了！"

华豹听到后，就放下了弓，等着公子城射击，结果被公子城一箭射死了。

华豹是愚蠢吗？历史上没有人嘲笑他。史书中因信守战争的规则而给予了他充分的肯定，认为他以生命维护了武士的尊严。

守礼节，不相辱

周定王十八年（公元前589年），晋国中军将郤克率军与齐顷公率领的齐军在鞌地（今山东济南附近）会战。

齐军失利，齐顷公乘兵车败退，在华不注山（地处今山东省济南市区东北角）遇到了晋军将领韩厥。韩厥望见了齐顷公车架上的国君旗帜，便奋力追赶。危急之中，给齐顷公驾车的邴夏说："君上，快下令用箭射那辆兵车上中间的人，那是个君子（意指他是最高指挥官）。"齐顷公虽然面临巨大的危险，却还是没有接受邴夏的意见："明知他是君子，还用箭去射他，这不符合作战的礼仪和道义。"于是，齐顷公下令射杀了韩厥的左右两个陪乘。

韩厥失去了左膀右臂，仍指挥晋军穷追不舍。跑到华不注山边上的华泉时，齐顷公战车的骖马（驾车时位于两边的马）被路边的树枝挂住，几次发力都没能摆脱困境。危难之时，齐顷公的车右逢丑父与他对换了位置。不多时，韩厥率领的晋军就把他们团团围住了。此时，韩厥下了战车，走到齐顷公的车驾前，恭恭敬敬地行拜见礼。叩拜了两次，再奉上一杯酒和一块玉佩，客气地说："下臣不幸，恰好遇见了您，因为国君的命令不能逃避，因此不得已才参加战斗。"假冒齐顷公的逢丑父大模大样地接受了韩厥的参拜，并接过酒和玉佩，然后故意装作发怒的样子，呵斥身边的齐顷公赶快去给自己找水喝。齐顷公以取水为名，最终得以逃脱。

哪怕对敌国的君主，也要像对自己的君主一样恭敬有礼，韩厥丢失了擒拿齐顷公的奇功，但没有失去应有的礼节，在历史上为我们留下了一个优雅的身影。

春秋时期的战争礼，是特定时代的产物。这些礼仪中流淌着一种精神信仰，即不会为了眼前的一些利益而背信弃义，不择手段。他们看起来很傻很天真，不懂得权衡变通，但他们对于信义、道德和规则的尊崇与坚持，是今天的人们最为仰慕和渴望的东西。

无形的束缚

□赵盛基

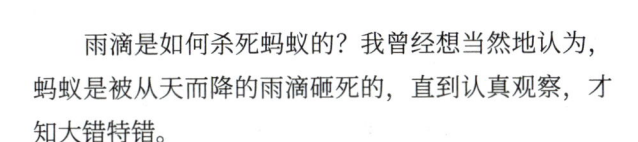

雨滴是如何杀死蚂蚁的？我曾经想当然地认为，蚂蚁是被从天而降的雨滴砸死的，直到认真观察，才知大错特错。

天降大雨，雨滴像断线的珠子砸向地面，蚂蚁竟毫发无损。雨滴可是从数千米高空落下，何况它比蚂蚁还大。殊不知，蚂蚁的外骨骼是由甲壳素构成的，能够承受自身体重55倍多的重量，抗击打能力足够强，小小雨滴是砸不死它们的。

雨停了，我在落叶上发现了几只蚂蚁，雨滴将它们一个个包裹起来。透过晶莹剔透的雨滴，我清楚地看到，被困住的蚂蚁在里面拼命挣扎，试图挣脱水滴的控制。雨滴具有极强的弹性，随着蚂蚁的挣扎，一会儿拉长，一会儿变圆，就是不破裂。原来，水的表面张力发挥了作用，将蚂蚁困在了里面。

蚂蚁多么渴望太阳快快出来啊！太阳出来，水分蒸发，蚂蚁就解困了。然而，天公不作美，直到蚂蚁被困死，太阳也没露脸。

成串的雨滴都没将蚂蚁砸死，一滴水却将它们置于死地。可见，要它们性命的不是强势打压，而是无形的束缚。

时间不语，
却见证了所有努力

一发牵忧心

□ 听月生

杜甫在《春望》中说"白头搔更短，浑欲不胜簪"，或许是因为他忧国忧民，内心焦虑且苦闷，在重重的压力下，头发少得连簪子都要插不住了。不拘小节的李白也有脱发的忧愁，他在照镜子时看到曾经黝黑的头发稀疏了，不禁悲伤地咏叹"秋颜入晓镜，壮发凋危冠"。性格坦率的白居易常常将脱发的烦恼写进诗句，如《叹发落》《嗟发落》等。他还在《因沐感发，寄朗上人》中说，"乃至头上发，经年方一沐。沐稀发苦落，一沐仍半秃"，怕脱发而连头发都不敢多洗，甚至想一年洗一次头发。

困扰诗人们的脱发问题在拥有最好医疗资源的王公贵族中也有出现。魏文帝曹丕，可以掌控魏国，却无法掌控自己的发量。《外台秘要》中记载，魏文帝曹丕在三十岁时，发脂如泉，脱发不止，四处寻医问药。清代的慈禧太后，在四十多岁时，脱发严重。太监李莲英为慈禧洗头，一把一把的头发落在手上，他本打算悄悄地带走，没想到被慈禧太后发现了，挨了一顿板子。脱发让慈禧太后的发际线后移，她只好戴镶满金银珠宝的帽子以掩盖她后移的发际线。宫中的太医们为此煞费心神，研究了一系列的药物来治疗慈禧太后的脱发问题。

关于脱发的记载最早见于《黄帝内经》，书中用"发堕""发落""毛发残"来描述症状。"脱发"一词最早见于北宋的《本草图经》，但直到清代的《医林改错》才第一次将"脱发"作为正式的病症名，一直沿用至今。

"身体发肤，受之父母，不敢毁伤，孝之始也。"古人如此看重身体的完整性，有了脱发问题，自然一丝一毫也不敢怠慢。那么他们又有怎样的应对办法呢？

最简单的方法要数戴假发或者戴帽子。战国时期就有关于假发的记载，《庄子·天地》中有云，"有虞氏之药疡也，秃而施髢，病而求医"，其中的"髢"就是假发。《晋书·舆服志》中记载："帻者，古贱人不冠者之服也。汉元帝额有壮发，始引帻服之。王莽顶秃，又加其屋也。""帻"就是古代平民用来裹头发的布。汉元帝刘奭的刘海很浓密，只好用"帻"来绑。而权臣王莽头顶秃了，无发可束，不想让人看到，就对"帻"进行了改良，在"帻"的基础上加了个"屋"，并在"屋"下放置填充物用来模仿发髻隆起的样子。

古人还用"以形补形"法。相传曹丕为了治疗脱发，花重金寻名医。有个中医针对他的脱发症状开出了药方——马鬃膏，就是用马脖子上浓密的鬃毛加上其他药材熬制成膏状，涂抹在头上。长出一头如马儿鬃毛般浓密的毛发就是曹丕乃至所有"秃头人"的梦想。期许是美好的，至于最后的效果如何，已无从考证。类似的"以形补形"法倒层出不穷，像用乌骨黑鸡的油搅药抹头上生发的人，貌似也对浑身长满茂密毛发的乌骨鸡心生羡慕。

也有一些人在"洗发水"上下功夫。前面提到的慈禧太后，在太医的指导下，用榧子、核桃、侧柏叶煎水洗头，好让头发不掉落。古代还有一些民间的土方，例如用猫屎洗头，用羊粪洗头，这种"洗发水"管不管用暂且不说，光是它的味道，就足以让人望而却步了。

第三章

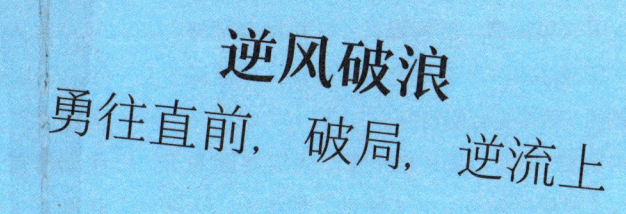

逆风破浪
勇往直前,破局,逆流上

做人如铜钱

□叶春雷

做人恰如铜钱，内方外圆。

内方，用《菜根谭》的解释是："落落者难合亦难分，欣欣者易亲亦易散。是以君子宁以刚方见惮，毋以媚悦取容。"说白了，内方的人，才能远离小人，交到真朋友。

外圆，用《菜根谭》的解释是："执拗者福轻，而圆融之人其禄必厚。"言外之意，外圆，才能减少与外界的摩擦，活得更轻松自在。

古代的铜钱，之所以内方外圆，大约就因为天圆地方吧。《道德经》言："人法地，地法天，天法道，道法自然。"所以一个人的生活原则，也应该取法"天圆地方"的自然法则，做到内方外圆。这大约就是"天人合一"观念的最好体现。

内方，就是要坚守原则，有所为有所不为。有所为容易做到，有所不为则难。晋代的陶侃曾担任管理鱼梁的小吏，有一次他送给母亲一罐腌鱼。没想到，陶母将罐子口封好，还给了前来送鱼的人，并给儿子写了封信责备他："你当了小官，就把公家的东西拿来送给我，这不但没有好处，反而会增加我的忧虑。"陶母教子有方，陶侃官越做越大，但始终保持清廉的本色，而且特别节俭，就连造船时产生的木屑和竹头，也舍不得扔掉。桓温伐蜀时，要组装战船，陶侃保留的竹头就派上了用场，它们被做成竹钉使用，因此节约了成本。

这样看来，内方，才能在事业上走得更远，少栽乃至不栽跟头。而管宁割席的故事，则说明内方才能辨识真正的友人，远离小人。华歆曾经是管宁的朋友，两人一起读书，但时间长了，管宁发现华歆贪慕荣华富贵，为人贪浊，就果断与他断交。如此看来，内方才能保持自己人格的独立，让自己的人际圈，始终风清气正，自然不会被人牵着鼻子往邪路上走。

外圆，则会让人灵活处事，少与人摩擦，从而更好地融入这个社会。

古人说："智欲圆而行欲方，胆欲大而心欲小。"就说明行为刚方，还需智慧圆融辅助。读《三国演义》，大家无不为祢衡的悲剧命运扼腕。祢衡是个非常有才华的人，但他的毛病也很明显，那就是一味刚方，不知韬光养晦，所以他敢于在朝堂之上裸身更衣，击鼓骂曹，实在是胆大包天。曹操借东吴黄祖之手杀他，也就在意料之中了。有才华的人，容易锋芒毕露，这就说明缺少点圆滑。所以与其空叹怀才不遇，还不如改改自己的性格，用圆融的智慧，包藏住毕露的锋芒，也许，就有人愿意将橄榄枝抛给你。

《菜根谭》还有一句话，很耐人寻味："处治世当方，处乱世当圆，处叔季之世当方圆并用。"其实，无论处于什么样的时代，都须方圆并用才对。方，凸显一个人的人格底色，用一个字概括，就是"正"。做正派人，行正派事。圆，凸显出一个人的胸襟气度，用一个字概括，就是"权"。顺时而为，灵活机动。内方外圆，才能守得住，行得稳。

《孙子兵法》用木石之性比喻战争策略，用于为人处世，也很恰当。"木石之性，安则静，危则动，方则止，圆则行。"而一个内方外圆的人，就像木石一样，能静能动，能方能圆，能进能退，能屈能伸。做人有这样一种伸缩自如的弹性，那么，人生中一切难题，就可以迎刃而解。

名厨和画家

□ 李治邦

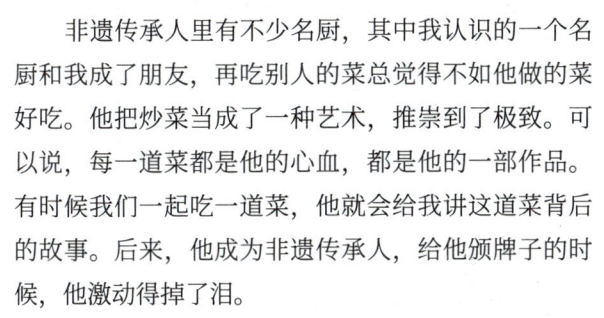

非遗传承人里有不少名厨,其中我认识的一个名厨和我成了朋友,再吃别人的菜总觉得不如他做的菜好吃。他把炒菜当成了一种艺术,推崇到了极致。可以说,每一道菜都是他的心血,都是他的一部作品。有时候我们一起吃一道菜,他就会给我讲这道菜背后的故事。后来,他成为非遗传承人,给他颁牌子的时候,他激动得掉了泪。

名厨最为遗憾的就是儿子不喜欢炒菜。他总想让他的技艺成为儿子的技艺,但儿子喜欢的是美术。他儿子的国画,画得相当好,已经论尺寸挣钱了。说起来,天津的津味炒菜是非遗项目,而国画也是非遗里一朵盛开的花。他们父子的故事对我一直有触动,我用了足足一个多月的时间,想把这两种非遗融合在一起写成小说。我一般都是想好了开头和结尾才开始创作的,但这次陷入了盲区,很多时候写不下去。因为两个人的命运确实找不到一个契合点,不知道究竟怎么样的结局才深刻。

这个名厨算起来已经是第四代了,他家前三代都是名厨,特别是他的爷爷,炒过的菜都进了教科书。他觉得到他儿子这一代算是彻底断了传承。我就跟他说,你可以教徒弟,不一定要教你的儿子。他很苦恼,因为这是代代家传,不传儿子,就愧对了祖宗。因为一直想不通,他总跟儿子吵架。他跟我说过一句话,深深触发了我的创作灵感。他说,他的儿子还是不知道什么是饿,真是饿透了就懂得吃的重要性。他还说,儿子之所以这样,是自己惯的,从小就缠着父亲做好吃的,父亲就成了他的厨师。

我和名厨的儿子经常去他父亲的饭馆吃饭。名厨说,他儿子嘴馋,每次去吃饭,他都忙里偷闲给我们露两手。他说津菜虽然不在八大菜系,但其文化内涵很丰富,也是天津人的一种创作。比如罾蹦鲤鱼,能把鱼鳞做得那么香甜脆口,就说明天津人有独到的做法。这样说起来,他的炒菜里也蕴含着天津的文化。因为他觉得民以食为天,炒菜就是那片天。

我曾经跟名厨的儿子聊过,他很迷恋中国画,特别是工笔。他给我讲过很多画画的痛苦和幸福。他说,工笔画应该是中国画最高的一种境界,需要你一笔一画地精心描绘,花费的工夫也很大。记得他曾经在英国伦敦举办过一次画展,效果相当不错,卖得也挺好。当地一个画油画的对别人说,自己一个月才画一张,他三天就画一张,还不如他卖得好,心里不平衡。他笑着对我说:"他们哪知道我下了多大的功夫,画中国工笔画背后的付出和努力是一般人想象不到的,我曾经为了画好一条线,整整画了一年。"这句话也启发了我的创作灵感——他跟他父亲一样,都是想把自己追求的东西做到最好。

画画和炒菜看起来风马牛不相及,但是这两个人都是在坚持追求自己的最高目标,都是讲究艺术的极致。其实,把中华传统的东西发扬光大,是他们共同的追求和信仰。

时间不语，
却见证了所有努力

为0.1秒
蛰伏50年的院士

□ 梁水源

2024年4月8日晚，《感动中国2023年度人物盛典》播出，中国科学院院士、著名力学家俞鸿儒榜上有名。当晚，俞鸿儒精神矍铄，神采奕奕，拄着拐杖上台领奖。谁能想到，96岁的俞鸿儒院士曾为了0.1秒蛰伏了50年，潜心研究风洞技术，成为我国高超声速风洞奠基人。

1928年6月，俞鸿儒出生在江西上饶一个普通的商人家庭。他经历了战乱年代，目睹了家国被毁，立志投身科研以报国。28岁那年，他考入中国科学院力学研究所，跟随导师郭永怀从事激波风洞的建造。1958年，中国科学院力学研究所成立激波管组，年仅30岁的俞鸿儒担任组长。"钱没有、条件没有，干吧！"导师郭永怀的一句话，提醒俞鸿儒，做这类工作，就得有省钱的本领。

当时的中国经济基础薄弱，电力短缺，无法效仿国外风洞的发展路线。俞鸿儒并没有退缩，而是选择了成本更低的氢氧燃烧驱动方式。但这种方式极易发生爆炸，危险程度非常高。"气体不得了，一个静电就会爆炸，充气过程中有小灰尘，碰出火花就爆炸，防不胜防，有一次把房子都炸掉了。"俞鸿儒说，爆炸后，钱学森、郭永怀说："只要人不受伤，在失败中摸索出经验，发生意外由我们担着。"这也让俞鸿儒有了试错的勇气。

然而，这项研究是场持久战，短期难见成效。不过，从1958年开始，中国科学院力学所十多年没要求俞鸿儒写计划、写进度，这让俞鸿儒体悟到，"只要看准方向，尽全力往前走就行，宽松的环境比多给经费更重要"。在前辈的鼓励支持下，在一次次试错和复盘后，俞鸿儒带领团队终于为我国风洞研究"炸"出了一条新路。1969年，我国第一座大型高超声速风洞JF-8激波风洞建成，其性能堪比国际大型激波风洞，造价却极其低廉。

那时，我国研制的导弹、火箭、人造卫星等重点型号飞行器，陆续进入攻关阶段，急需大型风洞的检验，JF-8激波风洞的建成恰逢其时，为各种重点型号的飞行器试验发挥了重要作用。JF-8激波风洞的建成，不仅淬炼出一批批的航天重器，也磨炼了俞鸿儒潜心钻研的意志。20世纪80年代，为了开展高超声速飞行试验，发达国家纷纷筹建大型自由活塞驱动高焓激波风洞，但这种风洞费用高昂，操作起来也很困难。俞鸿儒经过调研后，颠覆性地提出，用爆轰驱动的方式来产生高焓实验气流。

由于爆轰驱动的危险性极高，这种想法遭到了一致反对，觉得他的想法太疯狂。"我不怕反对，没人反对可能是平庸的工作。"俞鸿儒说，他没有因为别人的反对而放弃，而是继续心无旁骛地搞研究。研究初期，因严重缺乏资金支持，经历过一段比较艰难的岁月，但俞鸿儒并没有气馁，他始终记得导师那句话："没钱干出大事，才是本事。"1998年，俞鸿儒带领团队终于建成了世界上第一座爆轰驱动高焓激波风洞JF-10。然而，已进入古稀之年的俞鸿儒，心中还有个更大的计划要去完成。当时全世界都认为激波风洞的试验时间只有几毫秒，俞鸿儒却提出要建高超声速复现激波风洞，并达到100毫秒的试验时间。唯有这样，才能真正在地面完全复现高超声速飞行条件，攻克悬置近60年的世界级难题。

有心人，天不负。2012年，在俞鸿儒的指导下，我国建成了国际首座复现高超声速飞行条件的超大型激波风洞JF-12，从而获得0.1秒的活动数据。而为了这0.1秒的数据，俞鸿儒为之奋斗了半个世纪。超大型激波风洞JF-12，是国际上最大、整体性能最先进的激波风洞，实现了从"模拟"到"复现"的跨越，为我国航空航天重大任务研制提供了关键支撑。隐身战机歼-20，"神舟"系列飞船，"东风"系列导弹……这些国之重器横空出世前，都曾在风洞中经受考验。

"工作要一代一代接下去。人的时间有限，谁也不能干一辈子，这个工作没人接手可不行。"现在，96岁的俞鸿儒淡泊名利，扶持后辈，甘做铺路石。一生择一事，一事终一生，促使俞老甘愿为祖国的科研事业奉献一生的，是心中科研报国的坚定信念。

走自己的路

□蔡志忠

在我三四岁时，爸爸送给我一块小黑板，教我写字，所以我从4岁起就开始写字、看书。我从这块小黑板上，找到了我的人生之路，那就是画画。所以那时，我立下一个志愿：只要不饿死，我就要画一辈子。直到今天。

生活要饿死我还蛮难的，因为只要有一间房子可以住，我就可以一直在屋里画画。我每年有360天都在工作，每天工作16小时到18小时，但我的一生里，都在做自己最喜欢、最享受的事情。

所以后来，我得出一个结论：当一个人找到自己最喜欢、最拿手的事物，并且把它做到极致时，那么无论他做哪一行，都一定会成功。在做的时候，还要对自己有要求，每一次都要比上一次做得更好、更快。

当一个人找到自己最喜欢、最拿手的事情，把它做到极致，越做越快，越做越好，就会变得非常厉害，厉害到是一般人的一百倍，甚至一万倍。如果我写自己的墓志铭，一定是"这个人一生所走的任何一步，都是他要走的；一生所做的任何事，都是他要做的"。

其实，每个人都可以活出自己，走自己的路才会愉快，才会做得好。做别人的手，听别人的指示去工作，能有多大的成就呢？要做自己想做的事，你的能力才能发挥到极致，因为除你外，没有谁比你还了解自己。除自己外，还有谁更懂自己的能力呢？

所有有关自己的事情，除了自己，别人都不会懂。同样，每个人对幸福的定义都不同。有的人以住在深山为幸福，就像日本有一个家庭，住在静冈县，他们家从600年前就学会了做拉面，传人600年都不离开村庄，每天卖150碗拉面。对这一户的每一代传家者来说，在山上待一辈子就是天堂。

时间不语，
却见证了所有努力

感悟"卡瑞尔公式"

□ 胡建新

威利·卡瑞尔年轻时，曾是纽约一家钢铁公司的工程师。一次，他去安装一台瓦斯清洁机。经过一番努力，机器勉强可以运转了，但远远没有达到公司承诺的质量标准。他对自己的安装失败十分懊恼。几度焦虑后，他想出了一个能够从容解决问题的办法，这就是后来被人们广泛认同的"卡瑞尔公式"。

这个公式主要分为三步：第一步，找出可能发生的最坏情况——自己丢掉差事，或者老板把整台机器拆掉，让自己赔偿所有损失；第二步，自己接受这个最坏结果，或另找工作，或赔偿损失；第三步，集中时间和精力，平静地去改变和改善自己设想的最坏情况。经过几次试验，他在原来的机器上加装了一些设备，终于使问题迎刃而解。

"卡瑞尔公式"的精髓在于，当你接受了最坏结果，就能集中精力解决问题。这个公式与卡耐基的观点不谋而合。卡耐基在《人性的弱点》中说："不管是群体还是个体，在面对至暗时刻时，最应该做的事情，就是问自己三个问题：最坏的结果是什么？如果最坏的结果成为现实，自己有没有做好准备？怎么做才能把损失降到最低？"先把最坏结果考虑清楚，然后千方百计地去寻找规避或减轻最坏结果的办法，往往能够在山重水复中找到柳暗花明。举凡贤明之士，大都深谙此道。当年楚汉相争时，韩信背水而战，让官兵做好"置之死地"的最坏打算，将士们拼死一战，终于打败了赵军。

遇事做最坏的打算，实际上是一种前瞻性、预防性的积极姿态，它不仅有助于人们理性应对生活和工作中的各种风险和挑战，而且能够增强人们正确对待各种意外情况的心理素质和应变能力。它的好处包括但不限于以下四点：其一，可以避免过度失望。当事情的发展步入预想的最坏轨道时，由于事先考虑过最坏情况，人更加容易接受现实，以免遭遇最坏结果时情绪低落、情感悲伤。其二，可以促进理性思考。有了面对风险和挑战的最坏打算，能保持清醒和冷静，沉着而理智地评估和处置最坏结果。其三，可以培养风险意识。遇事做最坏打算，并不是消极的处事态度，而是一种防患于未然的风险意识。毕竟，生活多变，世事难料，即使是再有把握的事情，也可能出现意外结果。其四，可以增添人生勇气。凡事只想好的结果，不做坏的打算，常常是很多人焦虑、失望的主要原因；如果做了最坏打算，就不怕出现最坏结果，纵然最后彻底失败了，亦有足够的心理准备，不容易产生绝望情绪。

在日常生活和工作中，人们常常对各种挫折和失败心存恐惧，不愿或不敢去想各种最坏的情况和结果。一旦遇到最坏的情况和结果，每每惊慌失措、手足无措，心里乱了方寸，不知如何处置。倘若一开始就做最坏打算，反而会从容应对，从而取得比较理想的效果。一位知名女演员讲述过自己的一次难忘经历：她第一次当制片人时，由于没有经验而忧虑不堪，常常辗转反侧、彻夜难眠，后来思考了一个问题，就跳出了焦虑的怪圈。这个问题便是：如果真的失败了，将会产生什么样的影响？无非就是自己的努力没有成果，不过是少挣了一些钱、耽误了一些时间而已，但可以吸取失败教训，没有什么好怕的。这样一想，就有了继续干下去的勇气和激情。

外国电影《湮灭》中有这样一句台词："人类最古老、最强烈的情感是恐惧，最古老、最强烈的恐惧是对未知的恐惧。"未知为何最令人恐惧？就因为它是未知的，不知道将来会发生什么情况；就因为它不是可预知的，无法做任何打算，便不知道当意外情况和结果出现时该怎样去应对和处置。在原始社会，原始人很少在夜晚外出活动，因为没有亮光时，世界的一切对于他们来说都是不可知的。现实社会中，很多人患有焦虑症、恐惧症，整日忧心忡忡、惶恐不安，其中一个重要原因，就是不知道将来会发生什么，没有做最坏打算。倘若做了最坏打算，很多时候就没有什么可焦虑和恐惧的了。

尤为重要的是，凡事做了最坏打算，往往能够从容不迫地思考和寻求解决问题的办法，从而游刃有余地规避或减轻最坏结果，使一切尽在预料和掌握之中。所谓"有备无患""备豫不虞"，就是这个道理。

敢于胆怯

□ 高宗飘逸

小时候我们都曾读过《胆大的苍蝇》这篇寓言，它所喻示的道理，连七八岁的孩童都能理解，与其说苍蝇是被猎人打死的，不如说它是被自己自不量力的"大胆"害死的。

苏东坡在《章惇书绝壁》中写道："章惇尝与苏轼同游南山，抵仙游潭，潭下临绝壁万仞，岸甚狭。子厚推轼下潭书壁，轼不敢。子厚履险而下，以漆墨濡笔大书石壁上曰：'苏轼章某来此。'"

面对悬崖绝壁，章惇敢舍命"涂鸦"，而苏轼不敢，可见章惇"胆量过人"，苏轼胆量"尚小"。章惇拜相之后，施严刑峻法，控制言论，着实做出了一番成绩。然"能自拼命者，能杀人也"，被苏轼不幸言中，章惇为推新政，力排异己，"贬斥旧党，流放诸臣"，使生者颠沛流离，对死者"追贬夺谥"，心狠手辣，残酷至极，被《宋史》划入"奸臣"之列。而"胆小"的苏轼，虽屡遭贬谪，却因对生命充满敬畏，对生活无限热爱、胸襟广阔、善待天下、豪爽奔放、光明磊落，深受当世与后世人们的敬仰与拥戴。

如果说"胆大"只需抛开一切，不计任何得失，肆意而为的话，这种"胆大妄为"执行起来也许并不难，可后果往往会让人付出惨重代价；而"胆怯"却要求你考虑周全，谨言慎行，戒急用忍，因此"敢于胆怯"才真正考验你的勇气、才能和智慧，它会把各种潜在危难消解在萌芽中，提升你的生活质量。如此说来，"敢于胆怯"可是一门大学问，人人都需要认真研习。

时间不语，
却见证了所有努力

惜"赞"如金

□ 赵 畅

当手机里储存的朋友圈越来越大时，礼节性地点个赞，便成为一种不成规矩的"规矩"、不是默契的"默契"。

然而，看似"礼节性"的点赞，若处置不当，难免会衍生些许尴尬。比如，点赞延后，就会被误解成"不重视"，殊不知延误的原因各有各的不同。然而，有的人才不会顾及这些，他们只希望能够立马获得"点赞"性反馈。

既是"礼节性"的点赞，那有的人当然会唯快是"点"。面对众多的信息，为了快速应付，有的瞄一下标题就开始动手"点赞"。而一快，有时难免露出破绽，以致遭质疑、被打脸。而且，这样的点赞，有的人并不接受。

而更让人啼笑皆非的是，面对一些"正话反说""调侃戏说""张冠李戴"之类的标题信息，若仅仅从标题中捕捉文旨，则必然会出尽洋相。诸如有人患病受伤、遭逢"水逆"、受骗上当之类，不明就里而给"点赞"者，也不乏其人。

微信点赞之所以闹出诸多笑话，既因为海量信息导致阅读者精力不济应付了事，也因为"点赞"者不够谨慎而致使频频出错。如何走出这个两难的境地？"惜赞"，或许是一种不错的路径选择。

原则上，只要能够达到让朋友圈同仁、同道理解和接受，并按对等原则进行相互"点赞"的目的即可。在我的朋友圈里，就曾见到过这样三则：一个说，"因近期公务、家务繁杂，暂且不再安排每天早晨问安'点赞'"；另一个则言，"大家彼此都忙，以后每天清早问好'点赞'就固定在每周周一，希望借此给你一周带去好心情"；还有一个讲，"没有'导语'的微信，我一般就不'点赞'也不评论了"。这般明确无误的"告知"，也说出了很多人的心里话，不仅不让人有任何反感，反而因双双减负、解放而变得轻松、自由。

当然，"惜赞"也不等于不要"点赞"。毕竟，这个功能是实现大家信息互通、思想沟通、情感连通最直接、便捷的载体。在不影响你的时间、精力的前提下，有的放矢地运用"点赞"这个微信功能，有时也能起到事半功倍的效果。比如，我有一位同事，他每天一大早都会给我发来由一首诗、一个表情组合的"早安、问候"的信息。最初，我也没有当回事，觉得与其他人所发信息大同小异而已。然而，有一天当我得悉这个问候信息中的花，是他每天晨起后风雨无阻亲自拍摄而成，一首诗也是他遵循珠联璧合的原则而精心挑选的情况以后，我再也不敢缄默。每天早晨只要一打开手机，看到他发给我的簇拥着满满温馨的原创微信，我便见花如晤、读诗舒颜。自然，不管再忙，我总是会在第一时间给予由衷的

"点赞"——为他的热心、诚心与匠心。

"惜赞",有时也要因人因事而异,做到该"点赞"时就"点赞"。比如,我有几位文友,他们才高八斗,经常有精品力作发表,而只要他们晒到微信朋友圈里,我总是立马"点赞";比如,与我年岁相仿的一些老同学、老同事,有的经常会结合自己的人生经历发表一些富有正能量的感慨,为此,在共情共鸣中我也是不吝"点赞"。我有位学生在一家单位做保安,平日喜好文学、读书,写得一手好文章,可前不久因单位效益不好下了岗,其虽一度情绪低落,但很快就走出了人生的低谷——不仅找到了新的工作岗位,还为此写了一首励志长诗。当我在微信朋友圈发现以后,自是感动不已。为此,我不仅给予了一个大大的"赞",还像当年为师之时批阅作文一样,回复了一大段"点赞"性的"批语"。

所谓"惜赞",说白了就是要做到"有所赞而有所不赞",有时要惜赞如金,有时则应泼赞如水。

蛋挞陷阱

□欧阳晨煜

蛋挞是一种内外反差极大、软硬兼有的甜点。一口咬下去,千层松脆的酥皮外壳托着柔嫩的蛋心,如此口感悬殊的组合搭配在一起竟然格外和谐。这使得蛋挞俨然成为甜蜜和温暖的具象化表达。然而,在经济学里,蛋挞远远没有这么甜蜜。

1989年,一位旅居的英国人和华人太太在澳门共同创立了一家糕点店,通过不断创新,推出了澳门版的葡式蛋挞。没想到,顾客反响热烈。在看到这家店因为售卖蛋挞而生意火爆后,周围许多糕点店开始模仿。一夜间,街上开满了售卖蛋挞的店铺。可是,这场热潮并没有持续多久,几个月后"蛋挞热"迅速衰退,许多店铺纷纷倒闭。

经济学家看到这种现象后,给了它一个专业术语——"蛋挞效应",指在一段特定的时期内,由于某个行业忽然爆火或兴起,很多同类型的公司纷纷跟风入场,然而由于他们只是简单复制、模仿,产品缺乏特色和竞争力,不久就迅速地迎来"倒闭潮"或"衰退潮"。

这就是蛋挞设下的甜蜜陷阱。人人都以为可以追上浪头,轻松地学习某个产业或技术,并从中获利,却忽略了市场实际的需求。

在生活中,蛋挞就好像人人趋之若鹜的流量,它拥有诱人的金黄色外表和浓郁的香气,可以轻而易举地吸引许多人。然而,当你仅凭一知半解的冲动敲开它坚硬酥脆的外壳时,就会发现里面的蛋液如此柔嫩,一旦缺乏了强有力的保护和支撑,就会破碎、流淌,无法成形。

时间不语，
却见证了所有努力

怎样才算拥有一段旅程

□ 佚 名

旅游是一种典型的体验式消费品，对于这一点，中国古人早有非常成熟的论述。

比如与朋友夜游赤壁的苏轼，就即兴将一般意义上的实物与一段旅程做了精彩的对比：对于实物而言，是"天地之间，物各有主；苟非吾之所有，虽一毫而莫取"，换句话说，要想消费它，必须以实质性的占有为前提。

而江上之清风，与山间之明月，却是我们通过感受与体验就能拥有和消费的，"耳得之而为声，目遇之而成色，取之无禁，用之不竭，是造物者之无尽藏也"。

从这个角度解读，苏轼那篇了不起的《前赤壁赋》不啻是一曲写给体验经济的颂歌。

顺着苏轼的思路，我们还可以进一步探究：人可以拥有一间房屋、一件电子产品、一个家庭，这里"拥有"二字的含义清晰而明确，甚至有严格的法学定义作后盾。

但是对于像"旅程"这样的体验式消费品，我们究竟在什么意义上拥有，这或许能引发一些有趣的思考。

哲学家告诉我们，拥有的最极端方式（同时也是最古老的体验式消费）就是吞吃：原始人相信，假如一个人吞下其崇拜的动物，那么他就能与之同化，获得该动物象征的力量和品格。

饱餐一顿之后，"权威、制度、理念和图像都可以被内心吸收，永远保存在五脏六腑之中"，无人能够夺走。

我时常想，在不少现代人对待旅游的态度中，其实还闪烁着类似的原始智慧，他们也一心想把风景中的珍奇、壮美、静谧吸收到体内，永远保存在脏腑之中，只不过他们"吞吃""同化"风景的途径从食道换成了相机的镜头；对这一类游客来说，不带相机就没法旅行，因为它不只是诸多装备中的一件，更是旅行的终极目的和归宿——这些人通过相机来拥有自己的旅程。

比起"吞食式"旅游者，更进一步的，也许就要算"集邮式"旅游者了。

全球各处旅游目的地是他们的收藏品，每到一个新地方，相当于集邮家又拿到了一件珍稀的小型张或首日封。

法国人司汤达曾说："收藏癖令人偏狭、善妒。"原本具有开阔眼界、陶冶性情功效的旅游，在不少情形下反而变成了津津于矜夸攀比的炫耀性消费，这不能不让人钦佩司汤达的先见之明。

17世纪以后，西欧的富裕家庭大多会出资让年轻人在成年前跟随导师，深度游览欧洲大陆，见识各地的文化瑰宝、风土人情。这种旅行往往长达几个月，甚至几年，后来被定名为"壮游（Grand Tour，字面意思是'大旅行'）"。

父母认为，只有经过壮游的历练，孩子的教育才算真正完成。

从我们的话题看，壮游也算得上人们"拥有旅程"的一种方式：年方弱冠的少年第一次真正走出家门，长时间漫游异国，经受文化熏陶，领略世间风貌，这段旅程对于他们今后的人生来说无疑是极为宝贵的财富。

父母的出资转化成了子女的文化资本，旅行在这里具有重大的投资意义。

说到底，我们拥有旅程，其实与我们拥有其他各类实物的方式没有太大分别：对于旅程，我们可以吞食消化，可以积累收藏，甚至还可以投资获益。

只不过，我们与旅程的关系会产生更为深刻的自我影响：我们怎样拥有旅程，也就把自身塑造成怎样的人。

填坑力

□倪西赟

小时候，看到伯父每次去田地里干活，除了该用的工具，总要多带一把铁锹。遇到坑坑洼洼的路，伯父就会停下来，认真地把坑一点点填平。去田地里的路，多是泥土路，下场大雨就把路冲得没了形。人走过，独轮车碾过，还有村里的牛羊走过，泥土路变得泥泞且坑坑洼洼。村里的人走过这些路，要踮着脚，或者蹦着跳着躲过这些坑。可独轮车就没有人那么灵活了，常常陷在坑里，甚至歪倒在路旁，推车的人一脸无奈。我以为伯父只是顺路填填坑，偶然填填坑，也就没在意。只是后来，伯父哪怕不干活，只是去田地里瞧瞧，也要扛着把铁锹，看到坑洼的路，也要填一填，修整一番。这让我看不懂。

一天，我问伯父："您想当好人？"伯父摇摇头。我又问："为什么别人都不填坑，非要您来填坑？"伯父淡淡地说："为了自己好走路啊。"

为了自己好走路——就这么简单？我当时很不理解。

长大以后我才发现，前进的道路上并非一路平坦，会有很多个"坑"在前面。是绕过去，跳过去，还是把坑填了？每逢想起伯父那简单的话，我会竭尽全力把"坑"填了，哪怕是花了我一些宝贵的时间，浪费了我不少精力。

比如刚入职场那会儿，我的上司和同事并非都是"善人"，也并不都是"能人"。在工作中有时很自以为是，有时特别短视，有时会因判断失误而决策错误。这就是工作中留给我的一个"大坑"，因为如果我不执行就提出这个决策是错误的，上司会认为是我执行力不够；如果执行了，就是错上加错，会把事情搞得越来越糟。当我面对这个"大坑"时，我不是绕过去，跳过去，视而不见，而是要找方法去解决，把坑填了，哪怕不是很完美。这样做，最重要的是"为了自己好走路"。

多年后我也做了上司，也常常遇到下属为我挖的一个又一个"坑"。我发现后不是责怪下属，处分下属，而是毫不犹豫地协助下属一起把"坑"填了，并且认真填好。我这样做的目的不是让下属尊敬我，而是让下属更快地成长，成为我得力的助手、干将，让我的工作更加得心应手。我协助下属"填坑"，看似是为了下属的路更加好走，同时也是为了自己将来的路更加好走。

无论在职场还是在生活中，每个人都应该具备一定的"填坑力"。"坑"填不好，事就黄了；"坑"填得好，路就顺了。你的"填坑力"有多强，你就能走多远……

精神长相

□张冬青

北宋哲宗元符二年，大文豪苏轼由惠州再贬谪儋州，年逾花甲，重疾缠身，在生活困顿、内心煎熬时纵笔："寂寂东坡一病翁，白须萧散满霜风。小儿误喜朱颜在，一笑那知是酒红。"须发皆白，满身风霜，英雄难掩垂暮。然而，诗人借三子苏过之口自嘲，曲笔一抖，诗境荡开，生出灿烂，酒后的醉容"虽红不是春"，却永久定格了洒脱放旷的东坡那一抹饱经世故而存天真的笑容。

这是令人仰慕的精神长相。

然而，人生海海，"每个平凡而普通的人，时时都会感到被生活的波涛巨浪所淹没"，路遥在《平凡的世界》里这样生动地描摹。我们恐怕都是海海人生中的一粒沙，面对生活的磨砺，作为平凡人，内心都会有微澜，投射到身体语言上，便是情绪。

我们身边有很多人，像行走的情绪垃圾桶，柴米油盐的一地鸡毛、管教孩子的鸡飞狗跳、工作的暗无天日、未来的一片茫然……随身荷载满满的负面情绪，随时倾倒情绪垃圾。经过的人闻到了腐败的气息，不良情绪快速复制传播，你无形中就会被情绪黑洞消耗能量。更有甚者，情绪暴躁、情绪失控，像一枚危险无时不在的情绪炸弹，让人望而却步。

情绪，就像机械的操作系统，是保持运转的底层逻辑。而稳定情绪的能力，才是它最卓越的实力。

一个成年人，稳定的情绪是自爱也是爱人的能力，只有随时保持情绪觉察才能做到情绪自洁。在自我管理上，很多人抱怨天资平庸、时运不济，放纵消沉，怒而无节；在对他人的管理上，无视被管理者的情绪，怒而过夺，喜而过予。这些都不是稳定的情绪管理。常言说，能控制好自己情绪的人，比能拿下一座城池的将军更伟大。的确，一个人自我博弈，是理性战胜情绪的无声厮杀，不见硝烟，旷日持久。我们经常会看到树干上有粗粝隆起的树疤，那是大自然赐给植物自我修复的秘密武器。而成年人没有观众的情绪消解则是一把未出鞘的剑，引气封喉，将藏起来的崩溃锻造成心灵的勋章。

当时不杂、当事不杂是拒绝精神内耗、重建精神秩序、达到精神自治的高标。

杞人忧天、伯虑愁眠，似乎已成为现代人的通病。在快节奏、高压力的当下，拖延症、焦虑症、疲惫症把我们围堵得水泄不通。想想看，你是否经常为一件小事左思右想而不得要领，是否明明可以三下五除二就完成的任务偏偏拖延好久也不能下决心去开始，是否一整天什么都没干却感觉心情疲惫异常？这就是典型的精神内耗。过多的无效的思虑像一块块积木越搭越高，越摞越上瘾，让人从自我搭建的精神幻象里不能抽离，这种无谓的情绪劳动是世上最亏本的生意，除了搅乱生活节奏、干扰工作效率，一无益处。

晚清政治家、文学家、四大名臣之首曾国

藩推崇：物来顺应，未来不迎，当时不杂，既过不恋。这与庄子"至人之用心若镜，不将不逆，应而不藏，故能胜物而不伤"有异曲同工之妙。庄子讲修养高尚的智者的心就像一面镜子，不藏一切恩怨是非，来者即照、去者不留，所以能行事果决，随物而应。曾公说人就应该好好活在当下，不为眼前所牵绊，不为将来所忧患，也不因过往而苦恋，如能以通透的性情与清净无尘的心态处世，当下便是最好的圣境。

体貌之相经不起时间的噬琢，倜傥风华终会隐没于尘烟；心灵之相却会在时间的长河里历经淘洗，明媚生辉。精神自治的人才配拥有精神长相，这是一种令人仰望的气场，它决定了一个人的精神厚度和精神力量。

林语堂说："一个心地干净，思路清晰，没有多余情绪和妄念的人，是会带给人安全感的。因为他不伤人，也不自伤；不制造麻烦，也不麻烦别人。"一切福田皆源心地。愿我们播种良善，做一个情绪稳定、精神自律的人，阅过万千凌厉，内心依然向暖；脚下荆棘丛生，眼里星辰闪耀。

钝感比敏感更重要

□ 丝 竹

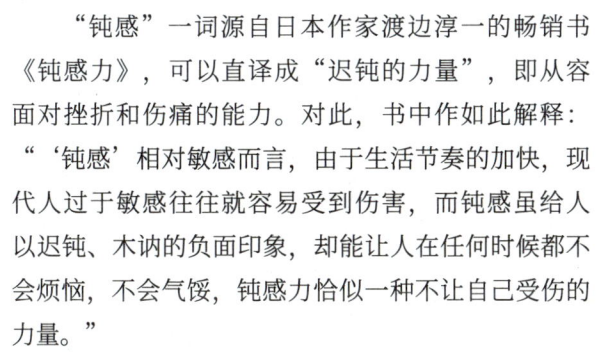

"钝感"一词源自日本作家渡边淳一的畅销书《钝感力》，可以直译成"迟钝的力量"，即从容面对挫折和伤痛的能力。对此，书中作如此解释："'钝感'相对敏感而言，由于生活节奏的加快，现代人过于敏感往往就容易受到伤害，而钝感虽给人以迟钝、木讷的负面印象，却能让人在任何时候都不会烦恼，不会气馁，钝感力恰似一种不让自己受伤的力量。"

反思当代年轻人的现状，特别是在职场中、在与别人交往的过程中，很多人常常会因对方的一句话、一个动作产生情绪波动，觉得自己备受"伤害"，从而陷入无限的精神内耗中。但如果你拥有钝感力，则不会对别人的话有太多揣测，反而会稳定自己的情绪，宽容对待他人和自己，让自己的内心变得更平静，从而摒弃一切杂念专心做好自己的事情。对健康而言，钝感也是非常有益的，拥有钝感的人做事不会总是思前想后，即使别人说了些不中听的话，他听完后也马上就能抛诸脑后，这样能让自己全身的血液顺畅流淌。

我们在日常生活中可以有意识地训练、培养自己的钝感。比如调整自己的思维，当自己胡思乱想的时候，赶紧叫停，放大格局，你会发现有些人和事根本微不足道。此外，凡事不要冲动，可以"慢半拍"处理，给自己一个缓冲时间，思考事情的最佳解决方法，尽量避免错误的发生。脆弱敏感的"玻璃心"也能通过不断自我强化，练就成一颗拥有"钝感力"的强大心脏。当有了自我调节能力、控制力，做到了"不以物喜，不以己悲"后，我们才能更好地适应新环境，融入社会。我们不妨以积极开朗、从容淡定的态度对待生活。

时间不语，
却见证了所有努力

暂不允许归航

□徐九宁

初中毕业后，我考入了县城里的一所重点高中，而我的不少同学则选择了上中专，尤其是师范类的。那时读中专是包分配的，毕业后，便能端上所谓的"铁饭碗"，拿到工资。而我更愿意读高中，然后上大学，获得更多的知识，所以选择了上高中。

可到了县城里的高中后才发现，一切跟我料想的不一样：十几个同学共住一个寝室，又吵又闹，有几个室友素质还较差，晚上从来都不打开水，渴了，就倒我水瓶里的，还很霸道，不讲理，让我无法适应。

更糟的是，高中的学习和初中的不一样，节奏快，要求高，让我跟不上，因此觉得十分痛苦和焦虑，晚上睡不好，白天也没什么精神。

我开始打退堂鼓了，不想再读高中了，我想回去复读，然后考一所中专，听说，中专学校的住宿和学生素质要比我们这里好。

于是，我给父亲写信，尽情述说自己在学校里的痛苦，表达了想回去的想法，盼着父亲能回信同意。

因为心思不在学习上，成绩自然好不了。半个月后，第一次单元测试开始了，除了语文尚可，其他学科我考得都十分不理想，这更坚定了我要回去复读的信念。

终于盼来父亲的回信了，可他并没有同意我退学，而是写道："儿子，你可以回来，但不能跟我住在一起，你知道，爸爸最看不起逃兵的。"

虽然父亲不同意，但我依然不死心，固执地我行我素，国庆节到了，我干脆把行李和书全带了回去。

到家后，我再次跟父亲说了自己要退学的事。父亲是初中学校的副校长，他说，在家千日好，在外一日难，他不能强迫我留在高中里。"你可以回来，但不能在爸爸的学校里复读，更不能跟我住在一起。"他对我说，"你可以去邻镇的大江中学复读，住在那里，所有的退学和复读手续你都要自己去办，且不允许说我是你爸，你爸大小也是个校长，当逃兵的爹，我丢不起人。"

父亲的话，如一盆冷水浇在我的头上，我知道他是绝不会退让的。而我在大江中学一个熟人都没有，怎么去重新弄到学籍复读呢？

假期结束后，我只好灰溜溜地重新回到县城，继续读高中。因为知道无路可退，我只能主动去调整适应，渐渐地发现室友们也并非那么难处，学习也没那么难了。半年下来，我完全适应了。

两年半后，我考入了省城的一所大学，极大地开阔了眼界，大学里也学到很多东西，毕业后留在了省城，有了一份不错的工作，如今，我早已适应了城市里的生活。我要感谢父亲。

从我的经历看，有时候父母心狠一些，让帆船在外历练一番，暂不允许归航，或许是对的。

靠捡烟头发家的公司

□计玉兰

杰克是一位环保主义者，在美国匹兹堡市经营着一家服装辅料公司，主要把一些回收料进行加工后用于服装、毛绒玩偶的填充物。

刚开始，凭借合理的进货渠道和优惠的原材料价格，杰克获得了很多客户的订单，生意非常红火。可是，随着这几年大环境的变化，原材料价格一路飙升，按原先的合同价格履行，公司就会亏本，另外，房租、工资、水电费等各项费用压得杰克喘不过气来，他试图跟客户沟通重新定价，虽然情况有所缓解，但还是不能彻底解决问题。

有一天，杰克在公司附近的公园散心，看到随处可见的烟头就捡了起来，他边走边捡，一会儿工夫就捡了半袋子，这个过程让他暂时忘记了压力。接下来的几天，杰克都去公园捡烟头，烟头越捡越多，几天工夫就装满了两个大纸箱。看着蓬松的烟头，杰克突发奇想对其进行了一番研究，发现随手就能捡到的烟头竟然浑身是宝，便产生了回收烟头的想法。

接下来，杰克便开始着手此事并起草了方案递呈相关部门，当地的环保机构正在为烟头降解时间长又对环境有害的事情苦恼，便同意了杰克的请求，定期把从整个城市回收的烟头送到杰克的公司。解决了烟头的来源后，杰克带领员工改进了机器设备，又对员工进行了短暂的培训后，便正式开始回收烟头并进行加工的业务。

工人们将烟头里残留的烟灰清理干净，把外层的纸撕掉，留下里层的醋酸纤维并把它们捣碎，在化学溶液中浸泡25天，以便彻底清洁里面。经过清洗、消毒后的醋酸纤维非常干净，跟使用前一样，而且手感十分柔顺，还非常蓬松有弹性，可以用于服饰的里料或成为毛绒玩偶的填充物。

除此之外，它还可以与真丝等其他材料混合后制作成复合丝，或是与醋酸短纤维混合加工成无纺布，可应用于手术包扎材料，而且不会跟伤口粘在一起，是一种高级的医疗卫生材料。

烟嘴包裹纸则用研磨机打碎，并用有机黏合剂混合处理，待纸浆沉淀后用纱网过滤掉水分再晾晒，因为里面富含尼古丁，在燃烧时能有效驱蚊，因此，干燥后的纸片将被制成蚊香片出售。另外，残余烟草就出售给附近农场用于堆肥。

利用烟头生产加工的商品质优价廉，一经推出就受到人们的喜爱，杰克每天接到很多咨询合作的电话，公司又回到了生意兴隆的时代，久违的笑容又出现在杰克的脸上。

回收烟头的举措，不仅使公司起死回生，短短1年间就赢利了100多万美元，还解决了烟头回收的环保问题，真是一举多得的好事情。

在接受采访时，谈及回收利用烟头而发现商机的经过，杰克感慨万千："生活中从不缺少创意和商机，而是缺少发现创意的双眼，与其迷茫不知所措，不如擦亮双眼用心体会，从一些容易被人们忽略的小事处着手，说不定会有意外的收获。"

时间不语，
却见证了所有努力

只卖半个蛋筒的零食铺

□计玉兰

伊莱贾自大学毕业后就在纽约市一条繁华的步行街上经营着一家新概念零食铺。店内薯片、巧克力、瓜子、糖果、蜜饯等商品应有尽有。

伊莱贾总是千方百计地优化进货渠道，寻找全国各地的特色食品供应给顾客。由于零食的品类齐全，价格合理，加之步行街上的客流量很大，零食铺的生意很好，进出店铺的客人络绎不绝，为此伊莱贾非常开心。

这样的状态持续了半年多，翻新零食品类的工作越来越难做，选择的空间也越来越小。为了吸引顾客，伊莱贾引进了不少进口的零食，可是收效甚微。光顾零食铺的顾客依旧很多，但是很多顾客没有找到心仪的零食空手而归。这种情况出现得越来越多，以至于光顾零食铺的顾客也在日益减少，营业额下降到往常的一半。为此，伊莱贾心里很着急。

有一天，伊莱贾送走几位年轻学生顾客后，就结束了一天的营业。他忧心忡忡地走在他们后面，心里盘算着用什么办法恢复零食铺的生意。前面的年轻学生边走边吃还不忘打打闹闹，其中一位说："蛋筒最好吃的是它的'屁屁'，威化中包裹的巧克力，吃起来很美味。"另一位也急忙附和："是的，是的，薯片最好吃的是把碎片倒进嘴里的瞬间，还有西瓜最好吃的是切成两半后，瓜瓤中间挖出的那一勺，还有……"听着他们不经意间的聊天，伊莱贾突然有了想法，如果把蛋筒底部尖角的巧克力专门做成一种零食，那一定很受大家的欢迎。

伊莱贾一路小跑回家，连夜查找相关资讯并起草方案，第二天一早就联系生产厂家商讨相关事宜。从选料、加工、生产，到包装设计，再到销售宣传，前后历时几个月，又对方案几经修改后，蛋筒底部尖角的巧克力终于上架销售了。

蛋筒底部尖角的巧克力外形是一个小的圆锥形，像女生食指1节那么大小，外层是威化，里面注满了巧克力，每一小袋中装有7~8个，包装袋上印有吃着蛋筒底部尖角巧克力时很满足的动漫形象。伊莱贾把商品陈列在门口显眼的位置，还设计了专门的海报配上"蛋筒最好吃的是哪个部分，谜底就在这里"的广告语，安排两名女店员穿着卡通服在店门口做宣传，邀请顾客试吃。

顾客们驻足上前看热闹，对这款零食爱不释手，纷纷拿出手机拍照留念，有人还把照片配上"这是我的青春回忆""初恋的味道"等文字一起上传到互联网上。经过大家的宣传，伊莱贾的新概念零食铺吸引了四面八方的顾客，一时间成了远近闻名的网红店。

伊莱贾把这些"疯狂的零食爱好者"的名字都印到包装袋上，成立了社团，邀请他们献计献策。随后，又推出了薯片碎、泡泡棒棒糖等新产品。零食铺又恢复了结账队伍排到楼梯口的场面，自信的笑容重新洋溢在伊莱贾的脸上。

在接受《每日邮报》采访时，谈到自己改进创优的思路，伊莱贾感慨万千："在听到年轻学生的聊天之前，我从来没有过把蛋筒底部尖角的巧克力做成一款零食的想法。生活中其实不缺创意，缺少的是发现创意的慧心，我们与其陷在难题中苦恼，不如打开心扉，用心感知世间的美好，说不定在不经意间灵感就会出现。"

一场 30天不抱怨的比赛

□沈畔阳

我自认生性乐观，为此朋友邀请我进行一场30天不抱怨比赛，我毫不犹豫地答应了，心想这有什么难的，完全可以做到。为此我们制作了表格，不论谁抱怨了什么都在相应位置上画个"×"。第一天下来我非常吃惊，朋友抱怨了两次，我则多达11次：太热、太冷、交通太堵、前面那个司机不会开车、忙得什么都没时间做、物价又涨了、孩子总是不听话……这些不过是我大声说出来的。第二天我小心了很多，因为自己毕竟号称是乐观太太啊，默念着我们的比赛，不论想说什么话都考虑一下再说出口，同时也感觉这个比赛并不那么简单，甚至有了打退堂鼓的想法。然而一天下来朋友的抱怨是零，我的成绩也有所好转，所以下决心继续。比赛结束，尽管我的抱怨次数从未归零，可是这个比赛让我受益匪浅，不仅说话慎重了很多，而且对于自身和周围世界的看法有所转变。

首先，想法会创造现实。为了不抱怨，我必须用不同眼光看待周围的一切，好比每天在同一条路上开车，突然注意到路两侧有以前从未看见过的美景。睁开眼睛把一天的每个时刻都看作成长、感恩的机会，就不会再一成不变地看待周围的一切，而是感到一切都发生了变化——原来以为是低矮树丛的地方却是花园；以前只看到墙，现在发现上面爬满青藤而且有漂亮的门。真的是改变了观察事物的角度，所看到的事物就会有所变化。

其次是言为心声。说什么怎么说，都是可以选择的，对于我来说，这次不抱怨比赛最难之处在于监督和改变自己的说话方式。尽管我是个心理医生，还是个很有耐心的教师，非常注意批评他人的方式，却发现不仅过度自我苛求，而且对于指出自己不足的人毫不客气。我以前说话不分场合，现在意识到抱怨不仅与场合还与对自己的看法有很大关系——为什么要那样说而不是这样说？为什么总是感觉心烦意乱收获不大？为什么他人和你讲话时你却心不在焉？例子很多，这次比赛前我经常自说自话，完全不顾及他人的感受。控制住自己说话的内容和说话的方式，教会我不仅要考虑对他人说什么，还要注意对自己说什么。一旦注意了自己的言谈举止，就会变得更加开放、富有同情心，同时也在他人身上看到同样的表现。

最后，要时刻提防负能量。出于生存本能，大脑容易察觉具体情况中的负面、不确定因素，例如担心物价上涨而储存过多食品，但这样一来也容易落入对生活充满疑虑和偏见的窠臼，即使在物价不会上涨的情况下也变得杞人忧天。我是个完美主义者，总想控制周围的一切，结果常常由于力所不逮未必能够行得通。

这30天不抱怨比赛给予我的最大启示在于：一方面，抱怨是种习惯，要想改变它确实不那么容易，每个时刻都要督促自己做出选择，这30天仅仅是个开始。另一方面，正因为它不过是个习惯，只要意识到其不利之处多加注意，战而胜之是完全可能的。抱怨从来于事无补，有所成就的往往是谨言慎行、意志坚定、砥砺前行的人，愿你我共勉。

时间不语，
却见证了所有努力

在墙上绘就梦想

□谢茜茜

"以前没想过，刮腻子还能走上世界舞台！这次我真的为国争光了！"站在世界技能大赛的舞台上，22岁的马宏达激动得热泪盈眶。2022年10月23日，他摘得"抹灰与隔墙系统项目"比赛的金牌，实现了中国在该项目上金牌"零"的突破！

马宏达从小就爱画画，爱干手工活，动手能力也不错。中考后，工匠出身的父亲建议成绩不理想的他学一门技术。他也有志于此，于是进入浙江一所技师学院开始学习建筑装饰。

入学第二年，学院发布世界技能大赛梯队选拔"招募令"。马宏达幸运地通过选拔，开始为这项顶级赛事备战。每天早上8点，他总会准时出现在实训室内，一练就是7个小时。每天与水泥、石膏板、瓷砖为伴，他浑身上下沾满了腻子粉和粉尘。一双5厘米厚的钢头鞋，他穿了不到两个月就磨破了底……很多同学吃不了这个苦，他却一直坚持着："既然选择了这条路，那就好好干。"

练就一身真本领后，马宏达成功进入世界技能大赛的团队，并确立了"抹灰与隔墙系统项目"方向。这个项目跟通俗理解的"刮腻子"相似，但专业性与艺术性高了许多，操作误差往往不能超过1毫米。

马宏达辛苦训练了两年，直至让每一个动作刻进肌肉记忆里。遗憾的是，他在第45届世界技能大赛选拔赛上落败了。面对技高一筹的对手，他看到了自己的不足，更加坚定决心："总有一天，我也要成为代表中国出战的那个人。"

此后3年里，马宏达全身心投入训练。他抓住一切机会向老师请教，训练时还凭借1.8米的身高优势，仔细观察旁边选手的操作工法和工具摆放习惯，取长补短。另外，世界技能大赛的很多技术文件都是用英文表述的，为了取得事半功倍的效果，他在每天训练结束后，又坚持跟着翻译认真学习英语。有段时间，除了吃饭、睡觉和训练，他几乎都在背诵英语短句，英语水平进步飞速。

五年磨一剑，靠着这股钻研劲儿，马宏达逐渐练就了扎实的技术和稳定的心态，终于如愿成为第46届世界技能大赛选手。

到达比赛所在的法国波尔多市，马宏达来不及放松一刻，就立马投入赛前准备。赛题是提前一天公布，施工时间紧不说，他偏偏还遇到了拦路虎——一种国内没有的6毫米石膏板。起初，他打算用常规方式固定石膏板，却出现了石膏板面层断裂等问题。在紧张激烈的赛场上，一丝一毫的失误都可能影响选手的发挥。好在马宏达心理素质很强，他当机立断，切换工序，调整工艺，重新制作了墙面，最终在这个环节名列第三。

到了最后一个比赛模块，马宏达要运用石膏技术在一面空白墙面上自由创作。他构思的作品中，最复杂也是最难的地方在于画面中的一根羽毛和鸽群是3D的，要在墙面呈现出立体效果。为此，他不敢有半点马虎，手拿镘子一点点抠着细节，没承想还是出了意外。

波尔多市气候潮湿，马宏达抹的墙体底层一直干不了。到了最后关头，当他要去粘贴做好的浮雕小鸽子时，不小心把鸽子掉落在地上，摔成了4瓣。他一颗心猛地悬了起来，连场外的老师也为他捏了一把汗。他深吸一口气，迅速让自己平静下来，然后找出502胶水，打算将鸽子粘起来。"嘀嗒、嘀嗒……"时间一分一秒过去，当计时员提醒他只剩最后一分钟时，他还没粘好鸽子的翅膀。"冷静！越是紧要关头越不能慌！"他沉着地继续着手中的动作。终于，比赛结束的哨声响起，他也赶在最后一秒稳稳地将完整的鸽子贴到墙面上。只见一幅精美的作品呈现在所有人面前，红色的埃菲尔铁塔与蓝天交相辉映，顶部中央是一根卷起的白色羽毛，被群鸽环绕。"做得好！""漂亮！"霎时间，现场响起了雷鸣般的掌声。

时间从不辜负努力。凭借垂直、水平、尺寸误差都不超过1毫米的精湛技艺，马宏达如愿收获了金牌。"刮腻子"刮成世界冠军的新闻传回国内，迅速引发网友热议："行行出状元。""任何事情做到极致都很了不起。"……人们看见了马宏达的高超技艺，更看到了他的执着专注、精益求精。

"领奖那一刻，我把五星红旗披在身上，我向世界证明了中国技术！"马宏达自豪地、坚定地说，"作为青年工匠，我会继续打磨技术，在墙上绘就梦想。"

一张白纸收后蜀

□玖 玖

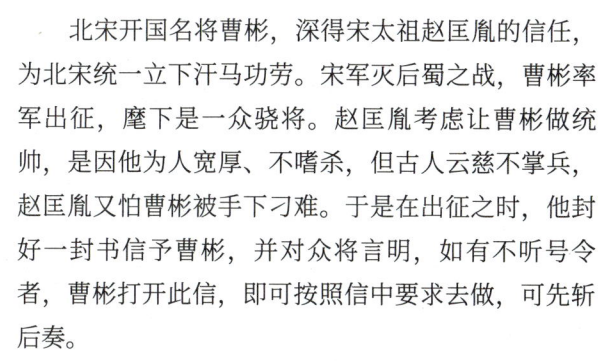

北宋开国名将曹彬，深得宋太祖赵匡胤的信任，为北宋统一立下汗马功劳。宋军灭后蜀之战，曹彬率军出征，麾下是一众骁将。赵匡胤考虑让曹彬做统帅，是因他为人宽厚、不嗜杀，但古人云慈不掌兵，赵匡胤又怕曹彬被手下刁难。于是在出征之时，他封好一封书信予曹彬，并对众将言明，如有不听号令者，曹彬打开此信，即可按照信中要求去做，可先斩后奏。

不过，直至曹彬胜利班师，这封信也不曾派上用场。曹彬将此信归还赵匡胤，赵匡胤命人打开书信，里面竟是白纸一张。见曹彬面露疑惑神色，赵匡胤解释道："有朕旨意在，相信不会有人违背军令。万一有人作乱，你打开此信发现是一张白纸，一定会报予

朕知。这并非对你不信任，而是防止你一时意气用事。"

在对待曹彬领兵出征的问题上，赵匡胤既替统帅曹彬着想，又为众将操心。在赵匡胤看来，众将领有可能挑战主帅的权威。同时，尽管曹彬心善，但他依旧担心曹彬一时火起，对将领痛下杀手，所以才想出了这么个办法：用一张白纸助宋军将帅齐心协力，圆满凯旋。

理想的企业规章制度，要从整个团队着眼，既要保证管理层的执行力，又要保障一般员工的利益。如此，一个团队才能拧成一股绳，不断进取，创造佳绩。也许，这就是"一张白纸收后蜀"的故事带给我们的启发。

不躺平的鄂尔泰

□ 李 正

鄂尔泰，生于清康熙十九年（1680年），满洲镶蓝旗人，西林觉罗氏。早在清太祖努尔哈赤时期，鄂尔泰的祖先就带着族人投靠了努尔哈赤，被封为世管佐领。但他的父亲鄂拜，走的是文官的路子，官至国子监祭酒。鄂拜注重教育，鄂尔泰6岁开蒙，昼夜背诵"四书五经"；8岁学习儒家义理；10岁便开始写作阐述圣贤理念。据《襄勤伯鄂文端公年谱》中记载，鄂尔泰"自幼言笑不苟，从不知有嬉戏事"。意思是说，鄂尔泰从小刻苦读书，不苟言笑，更不爱玩闹。

19岁那年，鄂尔泰考中举人。未满弱冠便已学业有成，本该是前途光明，命运却在此时给了他一场考验。21岁时，父亲鄂拜去世，家中失去了经济来源。摆在鄂尔泰面前只有两条路：一是继续考科举，之后走文官之路，但眼下无人养家糊口；二是世袭佐领的官职，入宫当侍卫，担起养家的责任。最终，他选择当御前侍卫，而且一干就是17年。

如果换成旁人，可能就选择了"躺平"，毕竟宫廷侍卫也是"旱涝保收"的稳定工作，一辈子就这么下去，虽不能大富大贵，但也能过得不错。可真就这样，前面那20年的刻苦读书算什么，童年的理想又算什么。鄂尔泰不甘心。

鄂尔泰相信科举是外在机遇，读书是内修己功。即便时机不在了，功夫也不能放下。于是，在17年的侍卫生涯中，当其他同事都按点上下班、巡逻站岗时，鄂尔泰却是"每直内庭时，出怀中所携，古文、时文各一册，手不释卷，竟夜忘寝达旦"。他仍在读书和学习。

鄂尔泰的坚持，最终在康熙五十五年得到了回报。当时，康熙在翰林院组织了一次临时考试，鄂尔泰主动请缨参加，写就的文章极其出色。康熙阅后，脱口而出："朕见其所作，跃跃不能自掩。"他发现鄂尔泰是个人才，便让他去慎刑司任职。自此，鄂尔泰告别侍卫生涯，转任文官，开启了新的仕途生涯，也开启了新的人生。

如果鄂尔泰的人生到此便结束，那无非又是一个"机会总是留给有准备的人"的俗套故事。实则不然。

慎刑司员外郎官职虽不大，却是主抓满洲权贵违法行径的一线司法官员。此时的鄂尔泰，倘若对某些权贵睁一只眼闭一只眼，很可能会结交到一些达官贵人，轻易求得升迁。但他非但没动过歪心思，结交什么人，反而因秉公执法得罪了不少人。也正是如此，打动了当时的雍亲王胤禛，也就是后来的雍正皇帝。

康熙六十一年，康熙命胤禛代自己到东郊主持祭祀大典，胤禛归来时，突然有急事需要用一笔银子，他的属下便自作主张，到鄂尔泰家中去借。没想到，鄂尔泰以"皇子应珍惜时光读书养德，不可交结外臣"的理由给驳了回去。这件事给雍亲王留下非常特殊的印象，认为鄂尔泰原则性强。雍正继位后，特意召见他说："汝以郎官之微，而敢上拒皇子，其守法甚坚，今命汝为大臣，必不受他人之请托。"

此后，鄂尔泰便一路"开挂"：雍正元年，被任命为江苏布政使，三年升为广西巡抚，四年授为云贵总督加兵部尚书衔……十年，鄂尔泰又被内召回京，受封为保和殿学士——这也是清代由地方总督授任大学士的第一人，跃居首辅地位。在雍正年间，深得皇帝赏识和信任的有二人：鄂尔泰和张廷玉。这在雍正帝的遗诏中也能体现："将来二臣着配享太庙，以昭恩礼。"

鄂尔泰之所以备受重用和赏识，主要是他能够统揽全局，是雍正新政改革的设计者和推行者。而他能够提出具有针对性的切实改革措施，一方面源自其长期深入一线工作，了解实际情况；另一方面，是他始终坚持学习、饱读诗书的结果。这在当时非常难得。此前，满人大部分都善于打仗，像鄂尔泰这样博学多才的非常少见。一些满族高官，甚至大字不识。比如，有一个满族署督查郎阿，一点汉文也不懂，只能靠幕府协助处理事务。

回首鄂尔泰的一生，当侍卫的17年，如果放弃了读书，那么翰林院考试时一定没法申请同考，如此就无法在慎刑司任职，也就没有雍正的赏识和重用。每个人的人生轨迹虽各不相同，但多多少少都会遇到艰难和灰心时刻。在那些难挨的日子里，如何做抉择非常重要，如果选择"躺平"，放弃理想，放弃原则，就不可能迎来新的机遇，更不可能遇到不一样的人生。

不管怎样，彻底"躺平"的人生，并不值得一过。

不要对你的故障视而不见

□ 蒋一俊

客机机长伊里延多是个有着6100小时飞行经验的印度人，副驾驶叫雷米，累计飞行时间2275小时，二人都是经验丰富的航空人。然而，2014年12月，他们驾驶的飞机失事了，机上162名乘客和机组人员全部罹难。

对于飞行员来说，最可怕的莫过于飞机上同一个小问题反复出现，结果麻痹了飞行员的意识。调查人员从维修记录上发现，在这次航班失事之前的一年之内，同样的飞机故障出现过23次，但都没有得到重视。因为机长已经习惯靠自己的经验良方"成功"处理小故障了。就在失事之前，飞机先后4次出现故障，在处理第4次故障时，机长有些急躁地离开座位去拔开关，殊不知重置开关在地面和飞行中有很大的区别，这最终导致空难发生。

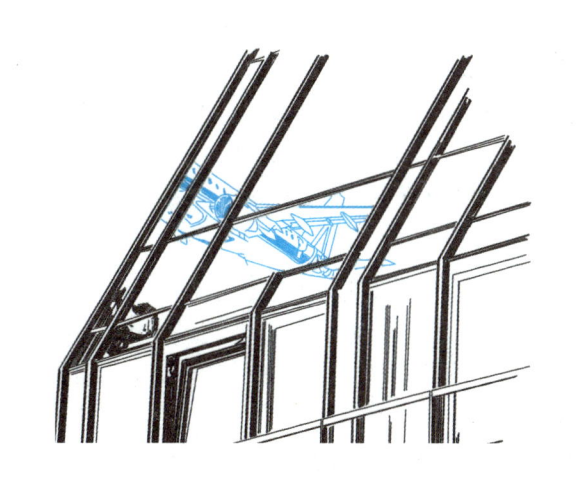

一个故障出现了23次，也就是说可能有23次选择的机会，但最终是怎样的结果呢？或许有些人就是这样，以为靠经验主义就可以自信地过一生，结果中途就害人害己。

时间不语，
却见证了所有努力

醒 活

□ 郭华悦

面食要做得地道，就得醒面。

有的人，对着面粉心急火燎地一阵忙碌，和面揉面，或切或蒸，一气呵成。但做出来的面食，容易黏腻烂糊，口感欠佳。要让面更筋道，其实很简单，提前和面揉面，静置一晚，这个过程叫醒面。醒过的面，就像被唤醒一样，变得柔韧，做出来的面食筋道，不黏腻。

要唤醒的，不仅是面，还有茶。

有的茶，如黑茶，压缩成饼之后，经年存放。茶的香味，也如同茶饼一样，在存放中陷入了沉睡。懂茶的人，知道在这样的时候，如果直接泡煮饮用，未免暴殄天物。因为此时的茶香，还未来得及释放。

所以，在存放与饮用之间，有时还得多一道程序，就是醒茶。将茶饼撬散，平铺开来，吹吹风，透透气。缓上一两天，茶也缓缓醒来，重新有了原本浓烈的气息。此时，再用沸水冲泡茶叶，浓烈的茶香弥漫开来，久久不散。

红酒亦是如此。一瓶红酒，要深得其中滋味，有时也要醒酒。将酒缓缓倒入醒酒器中，轻轻摇晃，仿佛是在将沉睡的酒香唤醒。经历了这个过程，再用舌尖品尝每一滴美酒，顿时就有了不一样的感触。

如此看来，醒的过程，其实就是缓。缓一缓，让食材的原味，从沉淀的状态慢慢恢复，从而散发出来。

食材如此，人亦是这样。生活中，人往往有了阅历才明白，有时事未如愿，并非不够快。相反，是失之于快。人云亦云，人行亦行。见别人风生水起，自己也亦步亦趋，生怕慢一拍，从此就被远远落下。可越是着急跟风，往往就越是事与愿违。

有些事，心急火燎一阵追赶，不见得适合自己。三思而后行，可能会有不一样的体悟。做出判断之前，不妨将自己静置。缓一缓，想一想，让头脑清醒一些，了解清楚自己的特质，才可判断别人的事业之路是否适合自己。

人要盘活自己，也得经历"醒"的过程，不要急于求成。一个"醒"后的人，于人于己都会有清晰客观的判断。之后，选择适合自己的路，释放独属于自己的香，才能收获沉甸甸的果实。

吃东西，一味狼吞虎咽，往往难得个中真味。人生也是如此，缓一缓，醒一醒，想一想，更懂个中滋味。

学会"浅尝"二字

□ 蔡 澜

吃不饱的菜，最妙。

豆那么细小，一颗颗吃，爱惜每一粒的滋味，也爱惜了人生中的一切细节。虾一定是吃不冷不热的，温温地上桌，才是最佳状态。鱼和饭的温度应该和人体温度一样，过热和过冷都不合格。

水平的要求，是逐步地提高，从便宜的，吃到贵的。原则上，应从淡薄吃到香浓。学会"浅尝"二字。

活着，大吃大喝也是对生命的一种尊重。最过瘾的莫过于放纵自己。偶尔放纵自己，是清福。

有灵性的人，从食物中也能悟出道理。

一般的所谓烹调，一定拼命加工调味，我做了几十年厨子，发现原来调味愈简单，愈能把材料的感觉吃出来。让客人吃到原汁原味的东西，才叫料理。

当然，也不是全部活生生拿出来吃，我们加热来处理时，尽量适可而止。

对于鸡蛋，还有些趣事。20世纪60年代，黑泽明还是不太爱吃鸡蛋，但检查身体之后，医生劝他别多吃，他忽然爱吃起来，一天几个，照吃不误。

黑泽明说："担心更是身体的毒害；想吃什么，就吃什么，长寿之道也。"黑泽明活到八十八岁，由此证明他说得没错。

饭后侍者拿出意见书，要我们填上，我本来推却，被人劝后，写上"有趣（interesting）"。友人的小儿子问："写'有趣'是什么意思？"我回答："将吃的东西做成你意想不到的物体，创意十足，是有趣的。"

其实我老师冯康侯先生曾经说过，他在广州的花艇上吃过各种水果，但都由杏仁、红豆等做出来，这种想法早已存在。不过，我们要吃薯仔就吃薯仔好了，要吃荔枝就吃荔枝，干脆了当更是率真。基本美食都是一代代地传下来，一定有它不可取代的存在价值，分子料理经不经得起时间考验，是一个问题。

如果有人问我好不好吃，我则说不出所以然。当主人家热情，你又不想太直接发表意见时，最好的评语，就是有趣。

我有一天坐晚上的飞机，深夜的飞机多数会遇到气流，这次很厉害，飞机就一直颠、一直颠。

颠就让它颠吧，而我就一直在喝酒。

旁边坐了一个大佬，一直在那儿抓，一直怕，一直抓，一直怕。好，飞机稳定下来以后，他看着我，非常满意地看着我。

他说："喂，老兄，你死过吗？""我活过。"

"既上了船，就做船上的事吧。"——有一次跟人上了"贼船"，我极不耐烦，大肆唠叨时他教的，学会了，知道了"不开心不能改变不开心的事，不如开心"的道理，所以一直开开心心，受益匪浅。

时间不语，
却见证了所有努力

取别人之长，未必能补自己之短

□任万杰

德布罗意进入巴黎索邦大学学习历史，为了有所成就，他先后读了很多历史方面的书，可是成就一般。为此，他向第一名的同学取经，学习人家的小字条记忆法。可是，他对历史的兴趣不高，而且记忆力不行，所以成绩还是不行。为此，他感到非常苦恼。

朗之万是当时著名的物理学家，德布罗意多次听过朗之万的演讲，渐渐与朗之万认识了。带着自己的困惑，德布罗意找到朗之万，问："我很努力，也学习了别人的长处来弥补自己的短处，可是效果为什么不明显？"

朗之万说："有一只青蛙，一直怕自己被蛇吃。它心想，青蛙被蛇吃，主要是因为青蛙在地面上，如果青蛙有了翅膀，蛇就吃不着了。为此，青蛙向鸟学习如何生长出翅膀。最终，青蛙长出了翅膀。就在青蛙高兴的时候，一条蛇过来了。青蛙想飞翔，可是它不会飞。这时，青蛙想起跳跃，可是它已经不会跳跃了，被蛇轻松吃掉了。青蛙是这样，人也不例外，不要老想着取长补短，找到适合自己的才是最好的。"

从此，德布罗意改变了方向，开始研究物理，立刻展现出物理方面的才能，成为波动力学的创始人、物质波理论的创立者及量子力学的奠基人之一，并于1929年获得诺贝尔物理学奖。

我们为了成长，总想着取长补短，其实取别人之长，未必能弥补自己之短，适合自己的才是最好的。

做人如蝉

□李永斌

蝉蛰伏于地下三年，奋力破土后不顾一切往高处攀爬，忍着剧痛破壳而出。它的翅膀在疾风的强劲摧残下迅速变硬，于高温的蒸烤中瞬间获得能量，它把所有磨难和挫折巧妙地转化为蓄势待发、一飞冲天的动力，借着黑夜的掩护，张开看似薄弱却异常有力的翅膀，向着早就应该属于自己的那片天空冲去。它在最长的等待后又以最短的时间演绎了完美蜕变。这幕剧精彩绝伦，让人啧啧称奇。

细想人的一生，与蝉何等相似。除去娘胎十月，漫长的求学之路，是养精蓄锐，汲取养分的蛰伏期；进入社会工作，向着目标进发，路遇坎坷波折，越挫越勇，与蝉蜕变之前的磨难经历如出一辙；目标终于实现的一刹那，仿佛在诠释着蝉一飞冲天般的雄姿，畅快淋漓。

做人当如蝉，坚忍、拼搏、自信，终有华丽转身、完美蜕变的那一刻。

猎　场
□ 草　予

看动物世界里的猎捕，很难只做一个弱肉强食的看客。纪录片的价值在于真实的力量，它提供一种自然的原始的真实，让人去感受。

在这样的真实里，渐渐若有所思：

其一，猎物从不唾手可得，几乎所有猎手，皆是千锤百炼的经验习得者。惯性以为，鹰捕鼠、豹猎鹿、狼捉兔，只需依靠本能，乖乖继承就好。事实是，每个猎手都是白手起家，所谓的本能，是履历、是实践。有了一技之长，才算功成一半，在猎物到手之前，可能还要忍受苦寒或者炎热，长途奔袭或者命悬一线。而且，善勇还需善谋，猎场如战场。

其二，猎手和猎物之间，是一场胜负难料的较量。据动物学家观测，大多数猎捕，成功率只有一半，甚至输家往往是捕食者。所以碰上强大的对手，哪怕是天敌，也别害怕。能逃就逃，该反抗就反抗，总之，先别低人一等。

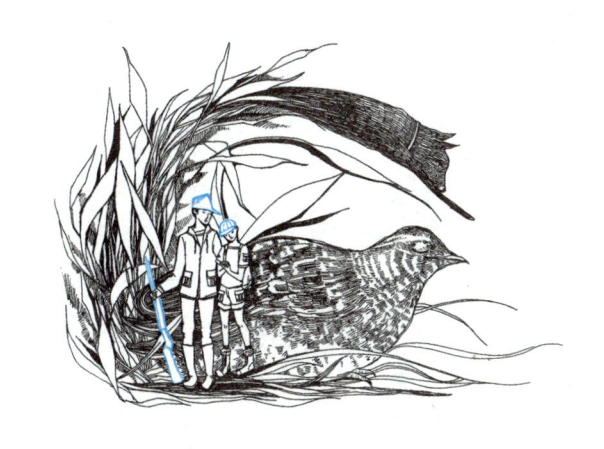

其三，螳螂捕蝉，黄雀在后，所有的动物都处于一个无形的无边无沿的恢恢之场。在猎场中，每个动物都是猎手、猎物、旁观者等多重角色。它们并非时时在追，也非时时在逃，有时，它们也对另一场猎捕作壁上观。

在猎与被猎的猎场之外，更多的时候，它们都处在一个更大的生活场中。

寡　辞
□ 乔　苓

话少也有好处，经常会被认为更持重。《世说新语》里有一个故事，王子猷兄弟三人一同去拜访谢安，子猷和子重大多说些日常事情，子敬只不过简单寒暄了几句。三人走后，在座的客人问谢安：三位贤士谁较好？谢安认为最小的子敬最好。客问：何以知之？谢公回答的是《周易》中的一句话：吉人之辞寡，躁人之辞多。古人认为贤明的人辞寡，聒噪之人辞多，是强调有品德有学问的人更自知为善不足，非不得已不讲话，而聒噪之人容易急于自售，所以话说得多。

贾平凹有一个故事，他年轻时曾在一个纸牌上写上"莫言"二字，在车站等着接作家莫言，车站好多人瞅了他但都没有说话，后来他才醒悟，原来是纸牌上写了"莫言"二字。贾平凹说，这两个字真好，可惜让别人用了笔名。为了少说话他也想了一个办法，就是常提一个聋哑学校送的提包，并每每把"聋哑学校"的字样亮出来，从此出门在外，便没人打扰，很是自在。

时间不语，
却见证了所有努力

"千年寿纸"的水寒和墙烫

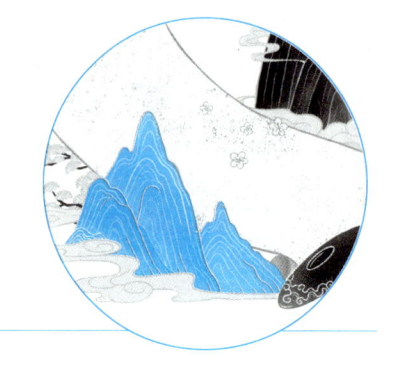

□ 立 新

宣纸被誉为"千年寿纸"，深受书画大家们的青睐。农民爱水田，画家惜宣纸。李可染说："没有宣纸，就作不出传世的好国画。"

宣纸，玉骨冰肌，薄如蝉翼洁如雪，抖似细绸不闻声，墨韵万变，不腐不蛀。一张宣纸可保存上千年，且其内部的纤维结构不会发生一丁点变化，宋人王令有诗："有钱莫买金，多买江东纸。"江东纸指的就是宣纸，由此可见宣纸的价值。

但凡好东西，制作过程都很难，宣纸也不例外。

制作一张好的宣纸，除了需要泾县当地纯正的青檀树皮、沙田稻草和野生猕猴桃藤，技艺也特别重要。制作宣纸有108道工序，其中的捞纸和晒纸，工人师傅做起来很是辛苦和不易，给我留下了深刻的印象，在红星宣纸厂（生产宣纸的唯一国有企业）的技艺展示区，我近距离地感受了一番。

捞纸。两个捞纸工抬着一个长方形竹帘，面对面站在纸浆池边，他们先将竹帘浸入池中的纸浆液里，左捞一下，右提一下，一张薄如蝉翼的宣纸便被捞上来了。

每捞出一张后，捞纸工都会习惯性地将双手浸泡到身边的一个热水桶里，过一遍热水。讲解员告诉我，出于保密的原因，红星宣纸厂真正的生产车间在深山里。山里的冬天很冷，纸浆池的水，又是从山中水库里引来的山泉水，寒冷刺骨。

捞纸工又不被允许戴防水手套工作，会影响手感，"一帘水靠身，二帘水破心"，宣纸的好与坏、厚与薄、纹理和丝络，全在这一"捞"上，手感不能有分毫之差。同时，手套上的化学成分也会改变纸浆液的成分，影响宣纸的品质。

两名捞纸工配合，一天要捞出上千张宣纸，也就是说，双手要在寒冷的纸浆液里浸穿上千次。红星宣纸厂有200多名捞纸工，他们冬春手肿、生疮，夏天一层层脱皮成为常态。身边桶里的水，便是给他们暖手的，水温在80℃左右，捞一次，双手在桶里过一遍热水，驱驱寒，好恢复手感，接着再捞。

而晒纸，在我看来，也可以叫"烘纸"。捞上的宣纸湿答答的，需要进到烘房里烘干。烘房里有一面"烘墙"，晒纸工要将宣纸一张张贴到烘墙上去，然后用刷子刷平整，等烘干后再取下来。

烘墙的温度，常年保持在65℃，很烫手，烘房里的温度则在45℃左右。这样的工作环境，冬天尚好，夏天则难耐，像个桑拿房，而晒纸工每天都要在里面工作，每天要贴晒六七百张宣纸，其不易可想而知。

越是艰苦的环境越能锻炼人，也越能出成绩。据悉，红星宣纸厂已诞生了两位"大国工匠"，一位是捞纸工，一位是晒纸工。红星宣纸厂每年能生产制作六七百吨宣纸，都是工人师傅们用传统的手工工艺完成的，一张张地捞起来，一张张地晒出来，很多工人师傅一干就是一辈子。

水寒，墙烫。受得住艰苦的工作环境，忍得了反反复复的单调，红星宣纸厂工匠们的精湛技艺，都是靠一天天苦练出来的，也唯有如此，才能成就一张张不朽的"千年寿纸"。

第四章

不至于前
不以既成之就为终点

时间不语，
却见证了所有努力

漂亮的学霸很常见，快乐的学霸很罕见

□象女士

中国香港击剑队的江旻憓返港入关时，从兜里掏出了奥运金牌，然后笑眯眯地和身边人打招呼。

江旻憓已然是家长心中的完美孩子，女孩子心中的完美女生。她漂亮、自信、有实绩、家教好，随时随地散发着暖洋洋的气场。

先介绍一下江旻憓。

这次她拿到的这枚金牌，是中国香港的首金。中国人讲究"开门红"，江旻憓夺金之后，香港陆续又入了一金两铜。

决赛时江旻憓并不是很顺利，开局落后对方6分，后来靠心理战术一分一分追到了10∶10，之后又和对方缠斗到12∶12。最后，江旻憓靠着关键一击拿到了金牌。

也就是说，但凡江旻憓的心理素质差一丢丢，就有可能拿不到这枚金牌。所以江旻憓看起来笑眯眯的，实际上是位心理王者，在比赛中又稳又狠。

但击剑不是江旻憓生活的全部，她私下还喜欢弹钢琴，拥有很多爱好。

同时，江旻憓还是个学霸，本科就读于斯坦福大学、硕士就读于中国人民大学、博士就读于香港中文大学，别人能上一个顶尖学府就属于烧高香了，江旻憓直接念了三个。

然后我们就看到了这样的江旻憓——

沉稳，不管是采访还是在社交平台上，她的发言都克制诚恳；自信，她大大方方地谈夺冠感受，展示幸福。再加上她总是笑呵呵让人没有距离感的外貌，很多人说她是继谷爱凌之后的又一个"六边形战士"。

我和江旻憓是同年生人。讲真的，这些年见了太多天赋异禀的人、听了太多天才的故事，我已经接受了自己是个普通到不能再普通的人。

但江旻憓还是激起了我内心的一些水花，因为我发现她在整场比赛中都没有"排斥感"，感觉她很快乐很轻盈。

我认识一个姐姐，她是练羽毛球的，因为两家关系好，她每次打比赛我们家都会去看。我看着她一步一步从市里打到省里，再从全省打到全国，后来因为比赛成绩不错上了武汉体院。

当时这个姐姐的父亲总觉得可惜，他希望孩子能打职业。在逐渐接受这个现实后，他要求孩子当羽毛球老师，意思是打不了职业，也要做一份和羽毛球有关的工作。

但这个姐姐明确表示再也不想碰羽毛球了，找了一份高速公路收费员的工作。

我问她："这份工作辛不辛苦？"她说："还好，就是有夜班，一个人要在一所小房子里待很长时间。"

我又问："那你能不能玩手机？"她说："当然不能玩。"我就纳闷地问："那不无聊吗？没有车的时候你只能目视前方。"

这个姐姐的回答是："无聊发呆也很好。"对于她来说，无聊发呆需要熬时间的工作也强过和羽毛球相关的工作。

我发现大多数"90后"都有很强的"排斥性"，学习某样东西不是发自内心地喜欢，感知不到快乐。

我小时候学电子琴，最经典的画面是我在前面跑，我妈在后面追，最后按着头把我送进练琴教室。

但江旻憓给人的感觉是太享受太快乐了，她接受并喜爱击剑运动，这对于我们从小被家长按着头送进补习班的"90后"来说，好震撼……江旻憓的快乐，主要在于父母。

要培养一个社会标准意义上优秀的孩子，首先父母确实是要有点资本的。

江旻憓的父亲为了培养女儿练击剑，帮助一位击剑教练开办了俱乐部，这位教练将大部分精力用来指导江旻憓。

我小时候本来是要学钢琴的，但钢琴课太贵了，20年前要80块钱一节课。那时候，我爸妈的工资加一块也没多少，于是他们直接给我降级，把我送进了电子琴班。

但电子琴班一交就是三个月的费用，我每周的一三五下了课就去，一个月上12节，三个月就是36节。虽然电子琴课便宜，可是耐不住它上得多啊，叠加起来还是蛮大的一笔费用。

我妈一咬牙给我交了钱，结果就是我隔三岔五被骂"不争气"。

如果家长抱着"孩子一定要学出个名堂"的想法送孩子上各个课外班，孩子一般都学不出什么名堂。

冠军就那么多，天才也是有限的，不会有太多孩子成龙成凤。

当家长抱着孩子"成为什么"的念头而花钱花精力花时间，一定会结果先行，当看到孩子似乎不是这块料的时候，最先放弃的也是家长。有些家长看似还在风雨无阻地送孩子去上各个课外班，实际上内心早放弃了。

我小时候有个词是"快乐教育"，现在发现这个词真的很重要，当家长的应该让孩子感受世界、让孩子放松下来，也许结果会更好。

因为我们这代人，大多接受的是"否定教育"和目的性极强的教育模式，所以很少有人真的会沉浸其中去享受学习，甚至很多父母会告诉孩子，"你就苦这十几年，考上大学就潇洒了"。我们只会想着如何熬过去、如何差不多地完成，而不是发现快乐。

求 阙

□明 月

削铅笔，你若总是想削尖些、再削尖些，尖到不能再尖的地步，那最后的情形便是，削着削着，铅笔芯就断了。但你还不死心，重新削，陷入"断了再削，削了再断"的恶性循环，结果把自己弄得心浮气躁、气急败坏，到最后也没有削出一支令自己满意的铅笔来。

凡事求极致，往往达不到极致，因为极致的终点，便是走向它反面的起点，到头来只会过犹不及、适得其反。就如人爱干净，这是好事，但过于讲究，

爱干净爱到纤尘不染，爱到容不下半点尘埃，那就过了，那就成了一种洁癖。

"人生哪能多如意，万事只求半称心。"这世间，没有十全十美的人生，也没有十全十美的事，人要有"求阙"心理，允许缺憾的存在。

削铅笔，也要有"求阙"心理，允许铅笔削得不够尖、削得不够圆满。不求心满意足，有个"半称心"就已足够。一个人心里容不下缺憾，将会成为人生最大的缺陷。

时间不语，
却见证了所有努力

自卑者的逆鳞

□ 陈艳涛

在《红楼梦》里，众人眼中和气大方、处事稳重的"贤袭人"，自称"不会和人拌嘴"，是宝玉心中"柔媚娇俏"堪称"花解语"的人，但她发过两次莫名其妙的脾气。

第二十一回，史湘云给贾宝玉梳了个头，这个场景被前来找宝玉回去梳洗的袭人看到了，她却发了脾气，持续几天都对宝玉讥讽冷战，连宝玉诚心的赔礼道歉都不起作用。

袭人还有一次发脾气，是她被母亲接回家里吃年茶。

宝玉在宁国府看戏，突发奇想带着小厮茗烟去袭人家里看望，在这里偶遇了袭人的几个表姐妹，其中穿红衣的姨表妹格外被宝玉惦记。

他问袭人红衣女孩是她什么人，又赞叹了两声。不料这让袭人莫名生气，误认为他觉得自己的表妹不配穿红。

宝玉笑道："不是，不是。那样的不配穿红的，谁还敢穿。我因为见他实在好的很，怎么也得他在咱们家就好了。"

没想到这句话引起袭人更大的反应，她冷笑道："我一个人是奴才罢了，难道连我的亲戚都是奴才命不成？定还要拣实在好的丫头才往你家来。"

宝玉听了，忙笑道："你又多心了。我说往咱们家来，必定是奴才不成？说亲戚就使不得？"

此时袭人的表现完全异于平常，要知道，袭人是就连被宝玉误踢一脚，夜里吐血，都不曾埋怨过半句的，却在这两件看似无谓的事情上锱铢必较、不依不饶，其实是因为这两件事都触碰了她的逆鳞。

袭人的第一个逆鳞，是史湘云侵犯了她的领地。

在袭人心目中，为宝玉提供细致、妥帖、全方位的服务，只能是她的职责。宝玉的饮食起居，尤其是梳头这样亲密的举动，必须由她来完成。

袭人的另一个逆鳞，是出身。袭人出身于小康之家，虽然早年家里贫困将她发卖到贾府，但后来母兄重整家业，是具备赎回她的经济实力的，只是袭人不肯而已。

第十九回，宝玉去袭人家里探望她。袭人和其母兄的反应是"唬得惊疑不止"，贵客临门，家人百般忙碌接待，但袭人让他们"不用白忙"，"也不敢乱给东西吃"。

她"一面说，一面将自己的坐褥拿了铺在一个炕上……又将自己的手炉掀开焚上，仍盖好，放与宝玉怀内，然后将自己的茶杯斟了茶，送与宝玉"。

这一系列操作虽如行云流水，但其中有细心体贴，有炫耀尊荣，也给宝玉、自己和家人划出了一道清晰的身份界限。其中，有一些是出于现实的考量，有一些却是出于自卑心理。

每个人，都是他所走过的路、经过的事、遇到的人的总和，都跳不出自己的"井"、自己的那片天地。所以她会有她的野心和算计，会有她的"贤"与逆鳞，她会用"赎身"一事来吓唬和劝诫宝玉，与他"约法三章"，试图去影响和规范他，走上她以为正确的路。

一个人的逆鳞，是他的来路、他自身的组成部分，是他的弱点，也是他的痛点，但有时，也会成为他的动力之源。

做规矩

□ 潘志豪

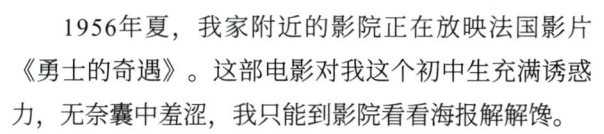

1956年夏，我家附近的影院正在放映法国影片《勇士的奇遇》。这部电影对我这个初中生充满诱惑力，无奈囊中羞涩，我只能到影院看看海报解解馋。

电影刚开场，忽然走过来一个比我略大的青年，手里拿着一张电影票："票子要伐？"我摇摇头。他说："送拔侬。"我吓了一跳："为啥送拔我？"他苦笑着说："检票员说我穿得不合规矩，不让我进。"我这才注意到他的着装：汗衫马甲、短裤、木拖鞋……就这样，一个陌生人"送"了我一张电影票。这次意外事件，让我既领略了规矩的美丽，又见识了规矩的坚硬。

规矩，是社会生活中形成的一种约束和规范，隐含着基于习惯与道德的文化密码。"有规矩则安，无规矩则乱"，上海人把灌输和执行规矩叫"做规矩"，这个"做"字很传神，显示了对规矩的尊重和认真。

上海人特别看重对孩子做规矩——"呒规呒矩，野蛮小鬼"。从小我们就被大人做着各种规矩：如坐有坐相，站有站相，走有走相，吃有吃相；又如问路，要讲究礼貌，"问路不照规矩做，叫侬多走十里路"；再如出席酒宴，长辈尚未动筷，小辈不能动嘴……

社会上规矩比比皆是。比如去参加音乐会，男宾须西装革履，女宾须穿晚礼服，乐曲演奏间隙不能鼓掌。而去看话剧，如果迟到了，则在幕间休息时刻方可入场……即使乘公交车也有衣着规矩。有年三伏天，我乘上公交车，一位穿着短裤、趿着拖鞋、光着膀子的汉子也硬要挤上车，有人调侃他："喂，朋友，侬阿是从'太平洋'（十六铺一家著名浴室）逃出来的？"由于大部分乘客拒绝让这个"赤膊大将军"上车，最后他只能悻悻离去。

规矩，不像法律那样具有强制执行的坚硬度，而是带有自觉执行的柔软性。因此，我对循规蹈矩"不欺暗室"的人，顿生"珠玉在侧，觉我形秽"的自惭。

一天大雪纷飞，我和一位老同事不期而遇，在蓬莱市场一起吃点心，吃好后我们刚走了一段路，她忽然踏着乱琼碎玉向点心店奔去。只见她走进店内，在自己用过的那只碗里放上一张红纸条。原来那时甲肝流行，饮食店的餐桌上都备有红色纸条，供甲肝患者在用餐后，自动将红纸条放在碗内，以便高温消毒。老同事真把恪守规矩做到了极致，令我望尘莫及。

我还有位老朋友自律甚严。一次，他的儿子在公共泳池里偷偷撒尿，从而吃了一顿"毛笋烤肉"。从此，每次儿子游泳归来，他总要盘问一番。有人劝他："在公共泳池里，大约有50%的人偷偷撒过尿，你何苦盯牢儿子做规矩？"他轻轻说了一句："越是隐蔽的地方，越是需要做规矩。"真是掷地作金石声。

时间不语，
却见证了所有努力

一条狗的星辰大海

□张 欣

有一对生活在烟台的小夫妻结伴骑摩托车去西藏，进入藏族地区的途中遇到了一条流浪狗。不知是什么特殊的缘分，那条狗告别了其他的流浪狗，一直跟着他们，他们是肯定不能带上它的，所以不太理它，但是它奔跑着跟了他们很久，久到他们不能不面对它，偶尔也要给它喂食喂水。

又一起走了很多很多路，小两口还是决定不带它，因为路上太艰苦了，他们自身难保，根本顾不上它，于是就在一处休息的地方将它交给一户人家，还留了一些钱，对方也同意好好对待这条狗。就在他们重新上路的时候，被关起来的狗发出了难以名状的哀鸣，催人泪下，隔很远都还能听到，终于，他们决定接受它为家庭成员。

一路上这条狗总是冲在前面，想尽一切办法解决它能解决的问题，比如警示提醒、寻找目标，当然还会提供情绪价值。直到它跟着小两口回到烟台，这条狗在海边站了很久很久，在此之前它应该没看过大海，它完全被震撼了，它不知道它的努力能够得到眼前的一切。

在我们的成长过程中，对于不太理想的结果，大众普遍认为是运气问题，不太愿意承认是自己努力得还不够，"破执"和"抗卷"也是目前非常流行的说法。我想这条狗但凡有一分钟的犹豫可能就永远流浪了，有多少人生因为我们提前倦怠了便失去了最后的闪光。

请相信，我所说的成功的意义绝不是占有更多更大的名利，不是香车、豪宅、奢侈品自由，而是武志红老师说的，你与你热爱的工作或者事业建立了深层次的关系，从而产生了心流，你会在做事中体验到愉快、神往、灵动和如天降一般的助力，用通俗的话说就是"找到了感觉"，这便是我们的星辰大海。实现它当然很难，也很辛苦，但是不要放弃，只要是自己认准的目标就埋头去做，少一点杂念，少一点计较，少一点无奈的服从。

不要跟我说当流浪狗也很好，最讨厌这种在内心深处原谅自己的托词。我对这条狗不是感叹和理解，而是佩服，它凭借一己之力给自己找到了一个家，从此脱离了卑微的流浪，它就是有办法感动它喜欢的人。

你敢说你尽力了吗？只有尽力了，才能感动同行和贵人啊！

"情绪价值"到底是什么价值

□肖 瑶

被热议的"情绪价值",是一种当代特产的估值产品。它是抽象的而非具体的,是润物无声的。

我们今天所处的时代,无疑是一个价值时代。一切皆可量化,可进行价值交换。若是还在恋爱阶段,"提供情绪价值"则被当作与外貌、身高、工作、学历等并列估值的单项。

什么时候"情绪"也能成为一种价值?答案是当它可以与其他具有同等价值的东西进行交换的时候。

那么便不难理解,能被人交换且主动使用的"价值",不可能是哀愁、消极等负面情绪,只可能是乐观、友爱、和善、热情等正面价值。人人都喜欢和一个总是阳光积极的人做朋友、恋人、亲人,如果在自身情绪低落时,对方仍然能以那种颠扑不破的、稳定的开朗乐观来感染自己,其价值就更高。

仔细想想,如果一个人很擅长给予他人"情绪价值",原因无外乎二:其一,他具有极其丰富且足以溢出的正面情绪储备,随时随地赠人玫瑰;其二,他将"他人"放在"自己"之前,为了达成某种整体和谐或讨好他人的目的,或者单纯地作为一种技术上维护关系的手段,总之是为了一种功利主义利益最大化,不惜掩盖个体真实的情感与情绪。

也有一种可能,是本能的同理心与共情能力的强大。这样的人,需要拥有一颗强大的心。但经验告诉我们,过于擅长替他人着想的人,未必十分热情和善良,甚至反而可能是由于过分的冷漠。没人能走进他的内心,社交场合上的游刃有余是他适应生存环境的一种手段。

在一段投入真情实感的关系里,只要切实感受到了具体的人的感情,就不可能仅仅将情绪视为工具和货币。某种程度上,这是人独有的局限性,脆弱、感性,而那些有能力为你提供充分情绪抚慰的人,或许也要求你提供同等的分量回报之。而人流动的喜怒哀乐又不可能彻底地区分彼此,就像一个结婚十年的家庭妇女对着心不在焉的丈夫抱怨:"你不爱我了。"或是反之丈夫对妻子抱怨:"你真不会体谅人!"

人类感情里包含的沮丧、愤怒与冒犯等情绪,其实是能促进心理与关系健康的必要痛感。它们既构成了人与人相处的真实性,也能让我们时刻保持自省。一旦缺乏对自我和他人的觉察,人的感情便不再具有独特性,不再能为我们的幸福生活提供任何具体的指导和戒律。从这个意义上看,沉迷情绪价值就像沉迷酒精,它让人产生自己作为世界中心的错觉。

如果有一天,情绪变成可替代与可消费的商品,那将是另一种层面的人类精神末日。

时间不语，
却见证了所有努力

如何与时间相处

□谁最中国

德国哲学家埃克哈特提出了一个"小我"的概念，意思是大脑创造的一个虚假的自我。这个"小我"不停地追求物质世界的满足，如财富、成功、名望、技能等，来弥补内在的空虚。它就像是一个无底洞，让人永远处在恐惧和缺乏的状态之中，而离真实的自己越来越远。

击溃"小我"的唯一力量就是当下，就是此刻。因为过去也好，未来也好，都是时间的"幻象"，而只有"当下"是真实存在的，是握在我们手中的。

当我们不再逃离当下，专注于手中在做的事情本身而不是它的结果时，在似乎浑然忘我的境界中，如孩童观察一只蚂蚁，如匠人专注于手中作品，我们便已破除了时间的迷雾，抵达了生命的真实与喜悦。而"小我"，也就不攻自破了。

如美国作家伊丽莎白·霍布斯的小诗《高速公路上的慢舞蹈》中所写的：

你在后面紧跟着我，
一千英里随我而动。
我按喇叭，你按回来。
我们将在下一个出口相会。
你递来飞吻，我递回去。
你发来唇语"我爱你"，映在我的后视镜里。

如果两个人只顾着开车到达终点，又怎么会有如此浪漫的互动呢？慢些走吧，美好就在此刻发生。

只是我们已经习惯沉溺于对过去的回忆、认同、悔恨，以及对未来的希望、憧憬、忧虑中，回到当下似乎显得困难重重。

如梭罗，是通过外在环境的仪式感有所领悟；而有的人是通过与手作物的漫长接触，让自己慢下来；也有的人是在蹦极、跳伞等极限运动中感受到生命一刻的真实；还有的人是在经历过濒死体验后，察觉到当下的意义；而乔布斯有一句座右铭："把每一天都当成生命中的最后一天，你就会轻松自在。"尽管所有的路都可以殊途同归，但"安住当下"在庞大的城市系统面前，似乎仍是一个单薄的假设，就像在车子倒下的瞬间，外卖小哥就已经忘记了自己的疼痛，而只担心那碗洒掉的汤汁；在项目完成的最后期限压到头顶的时候，依然有无数人在喝着枸杞熬最深的夜……我们可以期待社会的发展，商业的向善，最后回归对人的关怀。但在此之前，逃离这个系统，回归山野，或许仍是最佳的选择。如果无法逃离，至少要有一些瞬间，让我们深入当下，而不至于离生命的本然太过遥远。

孟子说，"反求诸己"，改变的力量不在别处，只在我们自己身上。重要的是，我们已经开始思考：属于我们的当下，将在何处抵达呢？

不妨先来试一下吧，就在此刻，试着抛掉来来往往的杂念，感知存在的意义。

敲醒春天的眉眼

□杜明芬

春风临时起意，落于一朵梅花之上，细雪突然被这梅香引诱，藏匿了冬意。我不知道归来的燕子是不是去年那一只，新开的桃花是不是去年那一朵，但我无比确信，今年的春天非昨日旧事，春天是崭新的春天。

如此明媚的春天，要开始一场新的流浪。去看山海、去观流岚、去见远方的朋友、去做美好的事！

我要在春天敲响蝴蝶的门，邀她来黄昏的桃花里小住。黄昏的光影洒落柔情，绯红的晚霞像美人胭脂，我们脸色酡红地坐在花瓣上，听着皴裂的树干讲述一个又一个老故事。他说曾经有位少女住在这里，豆蔻年华，不知世事，为一棵桃树、一棵梨树、一颗石头和一尾鱼都取了好听的名字。还有一个少年在树下呢喃着年少心事，与他有着一面之缘的姑娘像是一阵风，不知道此后余生会不会有重逢。岁月的故事足够有韵味，那些如湖水般的青绿和未开花的遗憾像是长在木头上的菌子，只要有一点雨意，便会泅湿一个季节的话语。

或许，花草树木早就对一座山芳心暗许，所以才会从荒芜里长出姹紫嫣红的春意。云雀衔来风月，叫醒一朵辛夷花，那梦幻的紫铺天盖地而来，叫人如何不想拥浪漫入怀？"木末芙蓉花，山中发红萼。涧户寂无人，纷纷开且落。"王维的诗总是这样干净明朗，让人觉得生活只是纯粹至极的一个句子，无纷扰，无复杂。在一个寂静无人的山谷，花开落、草荣枯、云舒卷，故事就这样静静地发生。也许有人悄然来访时曾见到过这样美丽的景色，也许从始至终这里就是深山老林里的平常，但不管有没有人来过都无关紧要，我们都会过自己的生活。一个人像一朵花一样，是不会寂寞的，他们内心的丰盈足够撑起一片晴朗。

春天是要寄出一封信的，给旧友、给自己。不用说太多的言语，也不用管字迹清秀与否。只需寄去一枝花或者一枚叶，然后邀她去山川湖海边走走，去看水的浩瀚，天的寥廓。此时的云在水中与柳枝嬉戏，风柔柔地吹起一圈圈涟漪，万物暗自生长却并未言语。这时的天是浅浅的蓝，明净得像是一块透明的琥珀，我们都是琥珀里的小小生灵，在岁月的河流里挣扎，最后也将归于寂静。天地广袤，时光是深睡不醒的大海，人生的孤舟在浪潮里起起伏伏，但大海从不曾理会。很久以后，也许你会明白：拥有旷达的心境才是时光之海想要教你成长的方式。明悟好似只在须臾间，但成长需要经历一个又一个春天。不妨去迎接清风入院，等一枝红杏出墙来，再拥满目春色入怀。

光阴清透，如同一盏清茶。茶上烟雾袅袅，杯中故事隐约朦胧，于是，时光便多了种耐人寻味的深意。但无须追问故事结局的好坏，也不必强求一轮月此刻的圆缺了。此时，春风过境，华枝春满，一切都是刚刚好的模样，还有什么是放不下的呢？你要知道：心的流浪将从一朵花的花蕊里启程，管它途经大浪滔滔还是花团锦簇，管它这一路是失意还是得意，最终都会翻山越岭，抵达美好！

"势利"的大脑

□岑 嵘

《红楼梦》中有个经典的桥段：

贾母让刘姥姥尝一尝茄鲞，刘姥姥细嚼了半天说："虽有一点茄子香，只是还不像是茄子。告诉我是个什么法子弄的，我也弄着吃去。"

这时凤姐笑道："这也不难。你把才下来的茄子去皮，只要净肉，切成碎丁子，用鸡油炸了。再用鸡脯子肉合香菌、新笋、蘑菇、五香豆腐干子、各色干果子，都切成丁儿，拿鸡汤煨干了，拿香油一收，外加糟油一拌，盛在瓷罐子里封严了。要吃的时候，拿出来，用炒的鸡瓜一拌，就是了。"

假如你无意间吃到这道菜，它会好吃吗？从油炸，到鸡汤煨制，再到封存，茄子可能早已成了黏腻的糊，而这层糊再包裹上坚硬的干果，这样的口感，恐怕称不上美味。刘姥姥对这道菜的评价也很一般："虽有一点茄子香，只是还不像是茄子。"

但是当刘姥姥听完凤姐的介绍再去吃这道菜，味道还会一样吗？

欧洲工商管理学院希尔克教授做过一个实验，他让二十位志愿者品尝不同的葡萄酒，并用扫描仪观察志愿者大脑的活动。

志愿者被告知有五种葡萄酒，以及它们的价格，实际上，这些价格信息可能是虚假的。但是，志愿者一旦得知葡萄酒品质很高，价格很贵，就会表现出明显的偏爱，哪怕这种酒其实是低价葡萄酒。

同时他发现，一旦志愿者得知葡萄酒价格昂贵，大脑扫描仪就会发现其内侧前额皮质活动增强，也就是说不管这酒是不是真的昂贵，也不管志愿者原本是不是喜欢这种酒，此时大脑都会让志愿者产生明显的愉悦感。

杜克大学的行为经济学教授艾瑞里和斯坦福大学教授希夫等人做过一个类似的实验，研究者向志愿者介绍一种新药"维拉多尼"，并告知在临床试验中92%以上的人服用10分钟内疼痛会显著减轻，止痛效果持续8小时。

志愿者手腕被施以一定强度的电击，并被要求记录下疼痛强度。这时再让他们服用下新药"维拉多尼"，15分钟后继续接受电击，并再次记下疼痛强度。

这个实验最有趣的一点在于，当志愿者得知每片药品的价格是2.5美元时，几乎所有人都声称该药降低了疼痛。而另一组志愿者得知每片药品的价格是10美分时，声称有效果的只有"2.5美元组"的一半。而事实上，所谓的"维拉多尼"只不过是普通的维生素C胶囊。

这些实验证实，我们的大脑相当"势利"，仅凭知道一件物品是昂贵的，即使它只是价格标签上的数字，也可以使人有真正愉悦的体验。正因如此，我们的大脑会认为价格越贵的食物口味越好，价格越贵的药品和化妆品效果越好，收费越高的学校教育质量越好……

当刘姥姥听完凤姐的这番话后，摇头吐舌说："我的佛祖！倒得多少只鸡配它，怪不得是这个味儿。"今天的我们一定要清醒地认识到：金钱的认识会"改变"人们的味蕾。

生活中的诺贝尔奖

□ 桥 英

印象中，获得诺贝尔奖的研究成果都离我们的生活非常遥远，可望而不可即，如2023年获得诺贝尔化学奖的"量子点"，获得诺贝尔物理学奖的"阿秒光脉冲"。其实，这些诺贝尔奖研究成果与我们的生活息息相关。

纳米尺度的"神奇"材料

瑞典皇家科学院宣布将2023年诺贝尔化学奖授予蒙吉·巴文迪、路易斯·布鲁斯和阿列克谢·叶基莫夫，以表彰他们在发现与合成量子点方面所做的贡献。

那么，什么是量子点呢？量子点比2022年获得诺贝尔物理学奖的"量子纠缠"更好理解。量子点，又称半导体纳米晶，不同尺寸的量子点会发出不同颜色的光，每一个量子点通常由数千原子组成，因此它还有个别称叫"人造原子"。早在20世纪90年代，量子点的概念就已经被提出。过去十年里，量子点已经被应用于我们的生活中。在电视机的显示屏上，红、绿、蓝三基色量子点具有优异的色纯度和色准度，能让液晶电视显示屏呈现最佳色彩。

量子点虽小，但它的应用前景十分广阔。除了能够提供背景光以照亮电脑显示器和电视机显示屏幕，化学家还能用它来绘制生物组织图，医生可以借助量子点精确地切除肿瘤……在不久的将来，我们或许可以在更多的场合看到量子点的身影。

超快速度的微观"相机"

做过近视手术的人或许知道"飞秒"，但很少人听过"阿秒"。2023年诺贝尔物理学奖就颁发给了"为研究物质中的电子动力学而创造了阿秒光脉冲的实验方法"的3位科学家。飞秒也叫毫微微秒，是衡量时间长短的一种计量单位。1飞秒只有1秒的1000万亿分之一，而1阿秒只有1飞秒的千分之一。在具体的比例上，用人们熟悉的时间单位进行比对1阿秒与1秒的关系，相当于1秒之于317.1亿年。

肯定会有人好奇，这么短的时间单位能应用在生活的哪些方面呢？其实，"阿秒"相当于摄像机，用来帮助人们观测微观世界中粒子的超快运动。举个例子，2023年的杭州亚运会上，假设中国乒乓球运动员击球的反应速度是0.5秒每次，赛场四周的观众用肉眼就可以清晰看到运动员击球的全过程；观众难以用肉眼捕捉中国射击队运动员射中10环的瞬间，但赛场导播用高速摄像机拍摄后，观众可以欣赏以慢动作呈现的画面。相比之下，自然界微观世界的粒子运动速度更快，甚至无法被高速摄像机捕捉，而阿秒光脉冲就是比高速摄像机更快的"摄像机"。

当拥有阿秒光脉冲这一超速"摄像机"后，我们可以通过这台"摄像机"进一步认识微观世界，拍摄到化学反应、分子尺度和原子尺度的运动，更好地揭示分子与原子之间的相互作用和动力学过程。我们可以想象，在化学、医学、生物学等领域，阿秒光脉冲未来可期。

科学研究是用来造福人类社会的，弗朗西斯·培根说："科学的真正的与合理的目的在于造福于人类生活，用新的发明和财富丰富人类生活。"诺贝尔奖通过表彰对人类做出最大贡献的人士，推动科学进步和技术革新，为人们的美好生活提供助力。

时间不语，
却见证了所有努力

"确诊"之后要自愈

□黄小邪

近日，一个奇怪的网络热词频频登上热搜，多地市民被"正式确诊为某某"，只是这里的"确诊"与病情毫无关联。这是怎么一回事呢？

事情要从"西安人被正式确诊为沈眉庄"这事说起，一位西安市民表示由于西安游客太多，自己此刻与电视剧《甄嬛传》中的沈眉庄一样，懒得出去，看到人就烦。继西安市民"确诊"后，在连续数天40℃高温中，不得不全副武装顶着烈日，踩着"风火轮"去上班的北京人，被确诊为"哪吒"；面对频繁来袭的暴雨，广东人被确诊为"若曦"，因为他们淋的雨和电视剧《步步惊心》中女主角若曦在御花园罚跪那天一样猛烈。有人将这种仿照诊断书格式，以实时记录捕捉心情状态，再借由影视人物抒发自我的文体，称为"确诊式文学"。

夏日的酷暑、台风、暴雨，以及人山人海的景区，引得各地网民齐齐上阵，掀起一股对极端天气的吐槽热潮，将"确诊式文学"推上热搜。

更有甚者，继天气引发的"确诊"之后，开始引经据典，极力找出自己与某些物品、动物、影视角色相似的特点，幽默地自我诊断，用看似"冷静"的语言，化用影视或者人们耳熟能详的符号，进行自我宣泄式调侃。

我去翻好友的社交账号，发现她近期也被确诊了：

"×年×月×日，我被正式确诊为苏培盛，整日揣测老板心事，24小时在线，随叫随到。这个班上得心惊胆战。"询问原因，我才知道是她本月业绩实在一般，加上前几天早退被发现，但老板什么都没说，只给了她一个眼神，让好友自行体会。

原来"确诊式文学"如此兼容，万物皆可代入，每天都有新的病症。有人因为"不想思考未来，只在乎吃喝，拖延症严重"，被确诊为《喜羊羊与灰太狼》中的懒羊羊；有人因为"小肚鸡肠、看不惯一切"，被确诊为《甄嬛传》中的浣碧；有人因为"不想社交，蓬头垢面"，被确诊为《鲁滨逊漂流记》中的鲁滨逊；有人因为"反应慢，泪点低，在职场无存在感"，被确诊为水母。

无论是面对高温、暴雨的极端天气，还是职场、生活的种种不如意，人人均可以用"确诊式文学"自娱自乐，用角色形象作为连接现实的介质，去消解因极端天气而产生的烦闷或是生活难处，幽默表达一语中的，又令抽象情绪可感可触。

有人批驳，"确诊式文学"这种迅速、简单套用的网络表达方式，引得大众竞相效仿，从侧面反映出人们缺乏自我表达的能力，遣词造句能力缺失的背后是一种精神的贫瘠；也有人夸赞，用风趣语言解构生活艰辛，使得影视中的符号真正成为对社会现实的镜像表达，打破了既定的价值和意义，这本身就是一种创新。总之，仁者见仁，智者见智。

不得不踩着"风火轮"上班的"哪吒"，上班时要一直揣摩领导心思的"苏培盛"，幻想生活简单到只剩吃与睡的"懒羊羊"，看谁都不顺眼的"浣碧"……这场网络世界的"文学"狂欢，让文学、影视经典片段与现实生活再度邂逅，传递了"确诊式文学"背后的某种精神共鸣。

也许这一系列"确诊"对应的情绪密码是压抑、疲惫、厌恶社交，是不知路在何方，是无人理解的孤独，是踽踽独行的吃力。但种种解构、调侃过后，我们仍旧会回归自己原本的角色，继续元气满满地迎接第二天的生活。

因为任何承载网络热"梗"的文学都有时效性，而生活本身具有无限性，这才是一次次经历某种文学之后更深刻的意义。

匠　气

□ 郭华悦

人与物，一旦被扣上"匠气"这顶帽子，难免有些吃力不讨好的味道。

匠气的言下之意是合乎规矩，却又被束缚在规矩之内，而无力挣脱。一举一动，一尺一寸，都在标准之内。精准度虽然足够，但是容易令人得出这样的结论：太标准，反而失去了灵气。规规矩矩，方寸之内，得之标准；方寸之外，失了美感。

于是，匠气之内的努力与付出，便被轻描淡写的"匠气"二字全盘否定。照这样评判，唯有挥洒自如，浑然天成，才值得肯定。而一旦有了标准，便有了束缚，哪怕再努力，没有澎湃的才情与灵感，也只能是匠气填充的造作。

有才情，有天分，自然是难能可贵，这样的人万中无一。更多情况下，追求难得或不可得的天分，还不如扎扎实实培养自己的匠气。

一道菜肴，挥手之间，浑然天成，自然是极佳的。但这样的厨子能有几个？于多数人而言，摒弃匠气，培养灵气，这是一条可望而不可即的路。从食材的挑选到火候的把握，再到酱汁的调制，一个个细节，仔仔细细地抠，在精准中成就佳肴，于匠气中付出努力，这才是一条更适合大众的路。

一个人，一样事物，匠气之中有时反倒说明当事者的努力。多数人的成功之路，可以用"死去活来"来形容。将"死"的标准与规矩牢记于心，打好基础，手下便有了精准度。在这基础之上，才能生出如有神助的"活"气与灵气。匠气，或许失之自然，却是多数人通往灵气的必经之路。

时间不语，
却见证了所有努力

调整角度，方能柳暗花明

□黄小邪

继"内卷"与"躺平"之后，又出现了新热词"四十五度人"。前有勇往直前的"九十度人"，后有摆烂躺平的"零度人"，"四十五度人"因恰好位于两者中间，而被那些挣扎于"坐直工作"还是"躺着休息"的年轻人，奉为自己"想卷，卷不动，想躺，躺不平"的真实写照。通俗来说，即是大家决定面对现实，折中人生，不好不坏，卡个中间值。

朋友开的健身房有这样一个客人，不甘于肥胖，又无法坚持健身，每个季度都会给健身卡充值，但从不认真锻炼，流几滴汗水便叫苦不迭，每周定时来打卡，然后待在更衣室拍照、吃零食，甚至干脆租了个柜子放快递与化妆品。减肥大计最后沦为社交圈内几张精修的图片。另有那些想提升自我的学员，在付费App上分期付款报名后，根本不会持之以恒地去学习，要么借口工作太忙，要么感觉学习无味，直到课程过期，也没听几次课，望着打了水漂的学费，才感叹这真是"四十五度人"。

你看这类人，总习惯卡在想与做之间，不甘放任自流地躺平，又没办法锐意进取，甚至干脆妄自菲薄："我是那个无论怎么努力终会回到原点的'三百六十度人'啊。"所以纷纷选择成为不痛不痒的"四十五度人"。

"四十五度人"真的如此消极吗？当然不是。

瑜伽中有个体式叫"船式"，即双手环抱双腿，使腹部与腿部呈45°，它是一个高难度姿势，但偶尔锻炼可以有效增强腹部和髋屈肌。而在体育运动中，45°是冲刺时蹲踞式起跑姿势中身体与地面形成的夹角度数。在生活的哲学里，45°是人鞠躬时身体倾斜的角度，这一姿态往往被喻为俯身做事，谦卑待人。同样的姿态，如果做"四十五度人"意味着正身处迷茫与挣扎，为何不能意味放缓步伐的厚积薄发？

在小叔离世后，堂弟便扛起家庭重担，为高额的房贷与妹妹的学费独自在异乡打拼，承担这些开支并不是一件轻松事，压力让他自嘲只配低着头生活，少年眼中已然没了光。但最近，我发现他变了，他卖掉房子，辞掉兼职，把曾经用来借酒消愁的业余时间全部用来养花、阅读与社交。2024年7月，他已休好年假，完成独库公路自驾游和雨崩徒步旅行，即便如此，他的工作并未落下。我问："你是怎么突然想开了？"堂弟回答："我依然会努力工作，但已不想过度压榨自己。买不起房就租房，认真工作，好好休息。百年之后无你我，换个角度想一下，过好现在才能奔赴未来啊。"年轻的堂弟讲出的话令我钦佩。

在十分辛苦的生活中，完全可以偶尔选择45°的人生姿态呀，既不必拧紧发条，又不要颓废懒散，做好分内之事，闲暇时也要犒劳自己。这才是当代青年该有的样子。

实际上，"九十度人"未必是毫无意义的内卷，它可以是正直坦荡有力量；"零度人"未必是放任自流的躺平，它可以是回望来路的初心；"三百六十度人"未必是徒劳无功回原点，它可以是兼容一切际遇的自我和解；"四十五度人"更不是不尴不尬的卡个中间值，它可以是稍作休息后随时准备长途跋涉的坚韧。

与其说"四十五度人"是在"躺下摆烂"与"起身拼搏"之间反复横跳，不如说他们已趋于理性，不再盲目激进，而是在专注现在与把握未来之间找到的一个平衡点。

记住，懂得调整角度，方能柳暗花明。

驯 马

□陈海贤

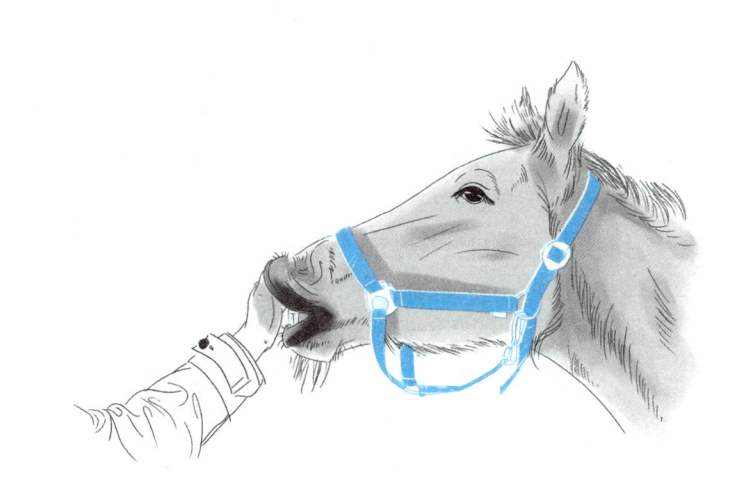

前段时间遇见了一位很厉害的驯马师。他是位新疆小伙，从小爱马，后来跟着一位马术大师学习，慢慢开始经营自己的马场。

他带着我骑了一圈马。讲起驯马的时候，他说："陈老师，你知道吗？其实驯马是有两种方式的。一种是打压式的。为了追求效率，现在很多驯马师都是这么驯马的。有时候两三个小时就能驯好一匹。这种方式，就是让马害怕。如果这匹马不听话，他们就会使劲拉它、惩罚它，甚至打它。慢慢地，马就服从了。这样驯出来的马，也能骑，可是不能发挥它们真正的潜力。

"另一种驯马方式，是沟通式的。这是我用的办法。我驯一匹马，需要很长时间，长的甚至需要几个月。我会给马一些规范。马做得好，我会奖励它；马反抗这些规范，我也不会强压，而是会了解它为什么不接受，会安抚它，会耐心跟它沟通，然后再来。直到它信任我，接受我了，才算驯好了。"

说到这里，我们正好经过了一条河。他指着前面的河说："用打压的方式驯出来的马，平时也会听命令，可是真遇到危险，比如前面这样的河，你让它冲过去，它是不会冲的。真把它逼急了，它会抛下你不顾。

"但用我这种沟通方式驯出来的马，你带着它往前冲，它明知道有危险，还是会不管不顾地往前冲。它信任你，知道你不会无缘无故地让它冒险，就能突破它的天性，完全听命于你。

"这种差异在平时看不太出来。但是在生死关头，它是决定性的。"

我觉得他讲的不只是马，他讲的是更普遍的关系。国家和人民，父母和孩子，丈夫和妻子，咨询师和来访者，我们和自己，哪种关系不是这样？

时间不语，却见证了所有努力

她为飞机"把脉问诊"

□雪 舟

清晨5点，尚未天明，咸俊就已搭乘接驳车来到机场就位。她穿着深蓝色工作服，扎着干练的高马尾，背着一只手电筒，正蹲在停机坪上对一架经停飞机做全方位"体检"。她时不时瞄一眼检修清单，仔细检查每个按键、开关是否归位，指示灯是否正常工作……直到"把脉"结束，她目送飞机平安起飞后，又迅速奔向另一架飞机。

1997年出生的咸俊是地道的广西柳州人。她生性活泼，也喜欢挑战，从高中时就向往着有技术性和挑战性的工作。大学毕业后，她选择进入深圳航空有限责任公司南宁分公司工作，成为一名飞机维修师。父母有些担心地说道："这是要在户外工作的，无论严寒酷暑，还是白天黑夜，很辛苦的！"的确，一线的女性飞机维修师并不多，在维修分部的112人中，咸俊是唯一的女性。她笑着对父母解释道："女性的优势是比较细致、耐心，相信我一定能胜任飞机维修的工作！"

第一次踏进停机坪，炎热的天气、刺鼻的机油味、嘈杂的环境，让原本信心满满的咸俊一时有些不适应。深吸一口气后，她迅速调整状态，暗自打气："既然选择了挑战，就没有后退的路可走。我一定要坚持下来，迈过这道坎。"从那天起，她就成了师父孙瑶的"小跟班"，听师父细致讲解每个环节的注意事项，观察师父如何灵活运转接送飞机的指挥棒、耳机、转弯销……下班后，她继续学习检修知识，查资料研究不同型号的飞机的维修技能，遇到难题就向师父请教。每当望着一架架飞机经过师父的检修后飞上蓝天，她都满怀憧憬地说道："我也要早日像师父一样，为飞机'把脉治病'！"

凭借这股钻劲儿，咸俊很快熟悉了飞机维修的各个步骤，并逐渐开始负责飞机航前、过站、航后的检查及日常排查故障的工作。等真正独自操作时，她才体会到师父的辛苦，感觉似乎怎么填每天的工卡都填不完。面对这份辛苦的工作，她没有退缩，反而有了更多挑战自我的动力。

每到客机航前保障时分，咸俊都会双手提着工具箱对飞机进行"日常问诊"，检查发动机，查看轮胎气压，判断有无异常油液渗漏……其中，测量飞机轮胎气压是最让她紧张的环节，因为她要用到九个小工具，稍有不慎就会把小工具掉落到轮胎外壳里，只有拆掉外壳，才能把小工具拿出来。每到这时，她都屏气凝神，旋出防尘帽之后，又快速把轮胎气压表接上，再仔细检查工具是否齐全。面对这项工作，她说道："如果发现零件少了，就必须找到，不然飞机是不能放行的。我们的放行是对乘客和机组人员的承诺，一次也不能出错。"

除了当"飞机医生"，从接机、检修到送机，都属于飞机维修师的工作内容。对咸俊来说，夜班也是个不小的挑战。深夜十一二点的航班格外多，而复杂的深夜航后检查每次要持续半个多小时。有时，她还会面临一些需要重体力的工作，如拆卸、安装机轮等。她和同事配合，打着手电筒进行拆卸和安装，一忙就是十多个小时。

每年暑运期间，机场停机坪的地表温度甚至可达五六十摄氏度。检修飞机时，咸俊的衣服总是被汗水打湿，又很快被晒干。汗水大颗大颗地砸在地上，她恍若未觉，对照检修清单，里里外外细致地检查完，确认无误了，才郑重地签上自己的名字。她直起身，和同事一起向机组人员送上充满仪式感的"拜拜"手势，目送飞机滑向跑道，冲向云霄。

在与飞机相伴的日子里，咸俊迅速从一个飞机维修学员成长为成熟的维修师，还逐渐担任起新员工的导师。她把自己的心得尽数传授给新员工："这是一个需要在实践中不断学习的工作，毕竟飞机不会照着书本出故障。"随着航班越来越多，工作强度也越来越大，但她总能从工作中找到乐趣，把检查工作当成升级打怪。每完成一架飞机的检修，每守护一架飞机平稳起落，每守护每一个旅客平安出行，都让她成就感满满。

这个为挑战而生的"95后"女孩，以饱满的工作热情、高度的专注力、强烈的责任感来完成"飞机医生"的职责，把每一天看似单调重复的工作做成梦想中的职业。咸俊用自己的方式守护着飞机安全，为蓝天事业贡献出自己的青春力量。

人 情

□ 程 筠

有些话，真像是风，还是天经地义、不容拒绝的风。

"朋友圈第一条，求赞。"

"上一条链接，求砍一刀。"

"红包奉上，求转发。"

"在吗？帮投个票啊！"

既然"天经地义"，自然找不出理直气壮的借口，果断推辞。毕竟，赞一下，砍一刀，转一下，投一票，也无须大费时间，有如无足轻重的风。恰恰是不易察觉，才有了一而再，再而三。

可是，久而久之的风蚀，人与人之间，那座彼此往来的桥，也越蚀越薄，越蚀越瘦，迟早会断裂。

几乎没有突来突走的人。不是陌生的人渐渐熟稔，就是熟识的人渐渐生疏。

在别人那里，存储了多少时间和温度，就有多少时间和温度可供取用。消耗殆尽，就会重归零点，彼此再无交集。

风堆起来的沙，又被风一一吹散。

《水浒传》里，宋江刺配江州，戴宗向他讨人情银子，宋江说："人情，人情，在人情愿！"一句话，把人与人的那点味儿，点得大通大透：你若不要，给的还是情意；你若索要，给的就只是利益了。

情意，尚且经不起磨蚀，何况是利益呢，像泡沫一样。

时间不语，
却见证了所有努力

为500名顾客"复活"亲人

□默 舟

与泥塑结缘，大学生练成"复活术"

31岁的徐位领是贵州遵义人，毕业于贵州民族大学，从小就对手工很感兴趣，经常用卡纸折出喜欢的东西。

读大学时，徐位领所读的专业是土木工程。徐位领第一次接触泥塑，是大二那年，去艺术学院旁听一个校友的雕塑课。在校友三言两语的指点下，他竟轻松捏出了一只藏羚羊，校友赞叹他有天赋。第一次感受到泥巴被赋予生命力的神奇后，徐位领时不时就去跟校友学泥塑。

大学毕业后，因为找不到合适的工作，徐位领与朋友合开了一家跆拳道馆。在此期间，他也未冷落泥塑，有时给自己捏些小摆件，有时帮朋友捏个亲友的塑像作礼物。

2020年年底，徐位领的跆拳道馆因招不到学员，只得无奈关闭。一时间，他很沮丧。这天，跆拳道女学员小郑找到徐位领，请他帮自己去世多年的母亲捏个泥塑。"妈妈离世很多年了，但我爸一直走不出来，成天郁郁寡欢……"小郑只有一张母亲的模糊老照片，请人进行技术处理后依然不清晰，所以才想到用泥塑来"复活"亲人。

等小郑拿到母亲的塑像后，捧着泥塑呆愣在了原地。徐位领忐忑地问："是哪里不妥吗？"小郑眼含泪光，摇头说："不是，是你做得太像了，我感觉又见到了妈妈！"

成为非遗传承人，赋予泥巴生命和灵魂

事后，徐位领就想，泥塑作为中国的传统艺术，已经有上千年历史，其中的天津"泥人张"、玉田泥塑都是国家非物质文化遗产，我何不深钻这一行呢？

但徐位领觉得，自己的水平离泥塑老艺人差得远，于是就在2021年一路打听着，到河北省玉田县拜了位名师，系统学习玉田泥塑。

玉田泥塑形成于清光绪年间，制作过程包括取土和泥、捏塑泥胎、修整晾晒、铺白打底、描绘敷彩等八道工序。玉田泥塑多以历史人物、神话故事、田园动物等为题材，代表作品有《八仙过海》《麒麟送子》等，作品形象生动，寓意吉祥，具有浓郁的乡土气息，令徐位领爱不释手。

因为热爱，并且已经有一定的基础，徐位领学起来很快。但有一次为寺庙做塑像时，仅是人物的一片嘴唇，师父就让徐位领来来回回改了七八次，最后做出来的塑像依然不合格。"他过来帮我改，边改边训，差点把我训哭。但出师之后，我特别感谢他的严格！"苦学一年后，徐位领回到贵阳市，经常在路边给人捏泥像，他的精湛手艺赢得了众多顾客的喜爱。

想要赋予一堆泥巴生命力，并非易事。尤其是很多已故之人的照片数量有限，如果相片上的人物表情过于严肃，就需要徐位领来判断，怎么调整面部肌肉的走向，才能让塑像达到真实的微笑状态，看起来更加慈祥。

一个做生意的中年男顾客，就因为徐位领把他

已故父亲的塑像，做得比老爷子活着的时候更和蔼可亲，而额外给了徐位领一大笔小费。

"90后""守艺人"，要打造中国首家泥塑英雄馆

因为徐位领手艺精湛，制作每一个塑像都很"走心"，他在贵阳市和网上很快有了很好的口碑，线上线下的生意逐渐应接不暇。

徐位领接得最多的单子，是为刚出生的宝宝、年满18岁的孩子、过生日的好朋友等做泥塑留作纪念的。此外，就是一些顾客拿着照片来，找他"复活"自己已逝的亲友，慰藉心灵。

曾经有一个读高中的男孩拿着已故爷爷的照片来找徐位领做塑像，并请他给衣着寒酸的老人"穿"上一身帅气的西装。"爷爷苦了一辈子，没享过福。我答应等他八十大寿时，送他一套西服。没想到，他先走了……"男孩哽咽地说道。

徐位领做好塑像后，男孩抱着"爷爷"再度落泪，说他感觉老人真的活过来了。徐位领和男孩一聊才知道，他是爷爷一手带大的，和老人感情特别深。得知这是个贫困生，徐位领就让他在周末来店里打工，赚些零花钱。如今，男孩已经正式拜徐位领为师，立志要像他一样做泥塑非遗传承人。

"我经常告诉徒弟，我们的工作很有意义，既传承了中国的民间艺术瑰宝，又能帮那么多心存遗憾的人'复活'亲友，抚慰他们的灵魂。"徐位领已经先后帮500多名顾客惟妙惟肖地再现他们思念的亲人的模样，并成立了"泥人徐"艺术工作室。如今，他还要带领弟子们打造一个"泥塑英雄艺术馆"，专门向世人展示我国的古今英雄人物。

给风留"出口"

□杨德振

越秀山足球场三面环山，处在山洼中。运动场的一面靠山，半山顶上竖着一块长80米、高20米的巨型广告牌。

而巨型广告牌上一个个显赫的、规整的三角形"窟窿"引起了我的好奇。

刚开始，我以为是风损所致，一细看，这么整齐划一的"窟窿"，又不像风力破坏的结果。为什么平整的广告牌要弄得这样"漏洞百出"呢？据说，这是为风留"出口"。

原来，巨型背景广告牌所用的塑胶布由于面积巨大，兜住了山坳里吹来的风，风撞在布上，不是拼命地啃噬，便是疯狂地撕扯，两个月下来，塑胶布便被撕成条条丝丝的百褶裙模样。一般的足球赛事长达半年才能完成，因此，足球场每两个月就不得不重新以不菲的价格去更换广告牌，费时费力又费钱。有人便出了一个主意，在广告牌上给风留"出口"。

天下之事，必作于细。思路一变，效率与效益也就跟着变了。当然，从另一个角度讲，一个人永远要做的就是在做事时尽可能地给别人留下方便，留个"出口"，或留点儿"余地"。要明白，"利他"的结果，往往是"利己"。

时间不语，
却见证了所有努力

穿越千年的"色彩多巴胺"

□ 青 葙

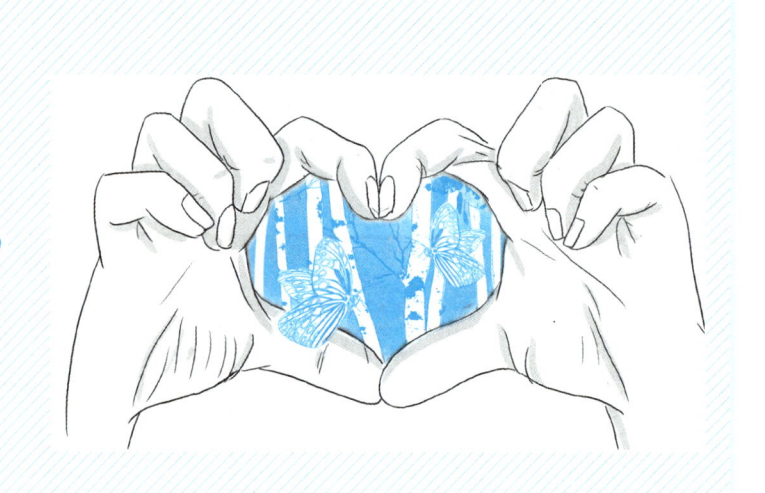

古人早早地就能将颜色与大自然完美地结合起来。《周礼·考工记》中提道："画缋之事，杂五色。东方谓之青，南方谓之赤，西方谓之白，北方谓之黑，天谓之玄，地谓之黄。"句中所指的"五色"，即青、赤、白、黑、黄，这五种颜色是中国传统文化中的"正色""底色"，也是古人将在自然中存在的颜色与天地五行相结合后提出的一种哲学概念——五色观。《释名·释地》中记载："徐州贡土五色，有青、黄、赤、白、黑也。"这也从侧面证明了"五色观"的存在。

又因《易经》中有"春属木，夏属火，秋属金，冬属水"的说法，再结合五行"金、木、水、火、土"，进而得到了"五季色"。《后汉书》中记载："乃阅阴太后旧时器服，怆然动容，乃命留五时衣各一袭。"李贤在批注《后汉书》时称："五时衣谓春青，夏朱，季夏黄，秋白，冬黑也。"如今，二十四节气中属于秋天的"白露"便因此而来。汉朝的许慎在《说文解字》里这样释义"青"字："青，东方色也。木生火，从生丹。丹青之信言象然。"他也是将其与五行自然联系起来进行解释。这种观点甚至不是一种平面思维，它不仅包含五行方位，还连接季节及人的五脏，使其动静结合、天人合一、内外兼修，是一种非常严谨的立体性思维。

古人还将颜色引申出更深层的文化内涵，这一点从不少带颜色的词语被我们沿用至今中已然颇见端倪。如成语"黑白分明"，出自汉朝董仲舒的《春秋繁露·保位权》："黑白分明，然后民知所去就。"这句话是说黑的白的、好的坏的都分得清楚明白，百姓便知道该怎么做了。据此，人们开始用"黑白分明"形容是非界限很清楚。

又如"青白眼"一词，相传与"竹林七贤"之一的阮籍有关。唐朝房玄龄等人所著的《晋书·阮籍传》中记载："籍又能为青白眼。见礼俗之士，以白眼对之。及嵇喜来吊，籍作白眼，喜不怿而退；喜弟康闻之，乃赍酒挟琴造焉，籍大悦，乃见青眼。"阮籍是个不拘世俗的人，所以对固守礼教上门吊唁的嵇喜白眼相对，以表示自己的讨厌，面对携琴而来的嵇康反倒很高兴地青眼相待。由此发展到后来，人们便用"白眼"表示对人的憎恶或轻视，用"青眼"表达对人的喜爱或尊重，成语"青睐有加"也正是源于此处。

古人对颜色的讲究，还体现在礼仪与服制上。历朝历代在创立之初，不但要忙于定国号，而且要商议当朝崇尚的颜色。比如秦朝尚黑，因为他们认为商朝尚白，白为金；周朝尚红，红为火。从五行相克的角度看，火克金，水克火，所以秦朝追崇属水的黑色。在衣着礼制上，孔子对自己在日常与祭祀等不同场合的衣着颜色就有着很高的要求。《论语》中曾提道："君子不以绀緅饰，红紫不以亵服……黄衣，狐裘……吉月，必朝服而朝。"

唐朝恢复实行九品中正制后，规定三品以上官员着紫色官服。至明朝洪武二十四年后，在官服颜色的基础上又添加动物图案，用来区分文武官员，也称为"补子"。一品文官的图案为仙鹤，九品杂职的图案为鹌鹑，二者之间有着云泥之别。

世间各种色彩自天地中来，最终归用于人类自身。古人将颜色研究到极致，这背后不仅蕴藏着他们丰富的美学观念和朴素的哲学智慧，更是留给后人一个五彩斑斓的别样世界。

一把奥卡姆的剃刀

□乔 子

在考场奋战多年，你应该也听过选择题"三长一短选一短"的"考试诀窍"吧。那你是否好奇，为何选择题中三长一短时要选"一短"呢？我悄悄告诉你，这其实蕴藏着一个曾经改变了世界的哲学内核——奥卡姆剃刀定律。

14世纪，英国的一个修士奥卡姆厌倦了科学、哲学和神学领域的争论不休，于是提出了"思维经济原则"，认为应剔除那些对空洞虚无内容的讨论，只承认那些真实存在的事物，即主张舍弃一切复杂的表象，直指问题的本质。他的理论被后世称为奥卡姆剃刀定律，概括起来就是八个字——如无必要，勿增实体。

奥卡姆的剃刀"出鞘"后，成功将一直紧密纠缠的科学、哲学和神学领域彻底分离，引发了欧洲的文艺复兴和宗教改革，成为人们通过科学方法认识世界、解决问题的思想工具。自此以后，奥卡姆剃刀定律便参与了人们生产、生活的方方面面。

在艺术领域，奥卡姆的剃刀挥向"视觉噪声"，鼓励设计师去除冗余元素、过度设计和无效解决方案，追寻简洁之美。设计师通过必要的颜色、纹理、图案集中人们的注意力，让单个的、高效的功能替代那些非必要的耗费，推崇极简主义美学。

在企业管理领域，奥卡姆的剃刀挥向"法不责众"，警示人们关注"熵增"的不确定性危害。小团队足以胜任工作，便无须依赖人海战术。扁平化的组织结构能提质增效，那就减少管理层级。

在法律分析中，奥卡姆的剃刀挥向"阴谋论"，提醒法官和律师"真相往往拥有更简明的阐述"，而谎言才需要纷繁复杂的借口去遮掩。错综复杂的案件只需找到几个关键证据，即可拨开迷雾，还原真相。

在生活中，奥卡姆的剃刀挥向"资源耗费"，指导人们在选择技术产品或服务时，选取那些操作更简便的、界面更直观的优秀产品。洞悉"大道至简，衍化至繁"的道理，真正意识到"少即是多"。

在学习中，奥卡姆的剃刀挥向"思维牢笼"：教辅材料形形色色，却不如课本直观；"大师押题"五花八门，却不如真题有效；学习计划列了几十页，最后仍是背单词、背例文最管用……

当多种解决方案能得出同样的结果，那就选最简单的。当多种假设能得出同样的理论，那就选最简洁的。"如无必要，勿增实体"，一把小小的"剃刀"竟能解决生活中的万千难题。

如此看来，我们每个人都需要一把奥卡姆的剃刀。但我们不必把这把剃刀装在口袋，只需装在心里，或许就像《周易》中说的那样："君子藏器于身，待时而动。"

时间不语，却见证了所有努力

伍斯特公共图书馆的"猫咪通行证"

□ 傅梓耀

在美国的伍斯特公共图书馆里，你只需要给图书管理员一张猫咪的照片，就可以重新激活失效的图书借阅卡。这个被称作"三月猫咪"的民众激励计划在伍斯特公共图书馆展开，以此体谅因无意损坏图书馆设施或由于忘记还书而"封号"的读者。这些猫咪的照片被贴在"猫咪墙"上，随着读者的陆续回归，这块意义非凡的"猫咪墙"正在不断扩大。

很多读者在节假日都会来图书馆借一两本书，或消磨时光，或修身养性。其中相当一部分人借完书后，宅在家，懒得动，这也导致部分图书归还期限被"无限延长"。有的读者把书借出太久以致丢失，有的读者把图书遗落在公共厕所里，还有的读者不小心把图书当成废品卖了。这些粗心的读者担心自己面临罚款，干脆不再去图书馆，造成图书馆的人流量迅速减少。为了鼓舞伍斯特人民重回图书馆，伍斯特公共图书馆的主任杰森·荷马与图书馆工作人员共同探讨，决定实施一项从未尝试过的新举措。

为什么是猫咪呢？显然人们需要一种既能补偿自己过失，又不会有太大心理负担的方式，起码可以让读者回归图书馆，又不会让读者觉得自己有损失。在探讨的过程中，杰森·荷马发现大多数工作人员都养过一只甚至多只猫咪，而且他们都十分了解猫咪，也非常喜欢聊有关猫咪的话题。机敏的荷马立马眼前一亮："为什么不告诉人们可以用猫咪的照片交换重新激活图书借阅卡的权利，或者抵消损坏图书馆设施的费用呢？"受此启发，2024年3月，伍斯特公共图书馆开展了名为"三月猫咪"的民众激励计划，旨在让人们走出家门，回归图书馆。

其实，不仅是猫咪的照片，许多动物的照片也是被允许的，例如小狗、小鸟，甚至蜜蜂。你还可以与工作人员或者荷马分享你与动物的故事。只要有分享，就一定会有回报，这是伍斯特公共图书馆的一大特色。

如果没有养动物怎么办呢？一个七岁的小男孩十分懊恼，因为他曾在伍斯特公共图书馆借了一本《内裤队长》，可他家里没有养猫咪。荷马了解到这一情况后，决定扩大规则范围。有了新规则，这个七岁的小男孩可以当着工作人员的面，手绘一张猫咪的图画，凭借自己的画作重新激活图书借阅卡。那张画作也可以成为"猫咪墙"的一员。

"三月猫咪"民众激励计划开展后，很快就得到社会各界的关注。许多人慕名而来，就是为了参加这个有趣的活动，与他人分享自己的猫咪照片。看到这一计划颇有成效，荷马十分激动。他希望"三月计划"可以持续开展，激励更多人重拾阅读的热情，让伍斯特公共图书馆"活起来"。

因为"三月猫咪"民众激励计划的成功实施，伍斯特公共图书馆逐渐恢复了以往的生机。图书馆里不再只有冰冷的读者，还有人们的温情交流。可以说，猫咪既是读者原谅自己的理由，又是连接人心的桥梁。

在伍斯特公共图书馆里，温暖人心的从来都不只有文字，更有人与人之间的情谊。

器当其无

□ 王厚明

如今，每逢周末节假日，不少人喜欢赴郊外度假小憩，而野炊也是一大乐事。其中要想生火成功，有一个诀窍，那就是柴火要架空，如果炉灶内柴火无缝隙，哪怕塞得再满，也是难以燃旺炉灶的。

柴火留有空隙才能点燃炉灶，这令人想到老子《道德经·第十一章》中的一句话："埏埴以为器，当其无，有器之用。"《淮南子·说山训》中也有"鼻之所以息，耳之所以听，终以其无用者为用矣。物莫不因其所有，用其所无"。器物之所以能有功用，是因为其价值产生于拥有的"无"。这大概就是"器当其无"的哲理所在。

"器当其无"，揭示的是"有"与"无"对立统一的关系，无论是黑格尔"有与无是同一的"的认知，还是老子"故有之以为利，无之以为用"的判断，抑或庄子"虚室生白，吉祥止止"的箴言，都道出了世间万物"有无相生"的朴素道理，"有"与"无"相互成就，有用成于无，无中可生有。

在这世上，很多人渴望"有"，却很少人追求"无"。人们总是把幸福解读为"有"，有房，有车，有钱，有权。但幸福其实是"无"，无忧，无病，无虑，无灾。能够"有"而知足，在"无"中安身立命，才是生命的大智慧，如稻盛和夫所说："有"多半是给别人看的，"无"才是你自己的。

生命的本质并非简单的取舍，而是在"有"与"无"之间寻求一种和谐。只有当我们放低对名利的追求，淡化利益的纠葛，那些看似无用的事物才能展现出它们的价值。

"器当其无"，也体现在"有我"与"无我"的人生价值中。"有我"是一种责任、使命和担当，是在"躬身入局，挺膺负责"地奋斗时，对利益、荣誉、功名的正向追求。而"无我"并非佛系遁世、消极低沉或直接躺平，而是面对烦恼、欲望、执念困扰时，能超脱世俗诱惑，看淡个人得失，不沽名钓誉，不居功自傲，学会宠辱不惊，甘于低调奉献，懂得功成隐退，达到从容豁达的人生境界。因此，"有我"的实现离不开"无我"的境界。

"有用"与"无用"是我们无法回避的价值冲突。两千多年前，惠子嘲笑五石之瓠"瓠落无所容"的"无用"，庄子则感叹他"虑以为大樽而浮乎江湖"，未置于"有用"之处；孟尝君三千食客中，看似"无用"的偏门杂技、鸡鸣狗盗之辈，却能拯救孟尝君于危难之际，而所谓"有用"之才，只能束手无策，无所作为。时至今日，为了"有用"，人们急于追求利益最大化，市场占有率、影视收视率、入学升学率、考核达标率等，把拥有关系人脉、实现晋位提拔视为"有用"，把办不了事、挣不了钱、当不了官等看作"无用"，功利主义正渗透社会的各个角落……

林语堂先生曾说："看到秋天的云彩，原来生命别太拥挤，得空点。""器当其无"所推崇的无，虽然没有形状，没有波澜，没有色彩，却是对生活的最高敬意。我们有限的生命，不能只被欲望、名利填满，而压缩了自由自然的精神成长空间。当我们扫除蒙蔽心灵的浮躁，内心世界将会明亮而坦荡。

"知识摆摊"：从学校到社会的一艘渡船

□黄小邪

何谓"知识摆摊"？这是一种年轻人靠自己的特长、专业，在路边为他人提供付费聊天、咨询服务的"业态"。

"66元解人生意义""88元拍照附赠心理咨询""15元即可测试情感状况"……这类新奇的付费服务颇受年轻人追捧。据《北京青年报》报道，在大理、杭州、西安等城市，已出现不少"知识摆摊"的人，而摊主大多是即将或刚刚步入社会的青年。摊位设置简单，摊主在显眼处写好自身专业背景、擅长领域和服务方式，另准备好咨询时可能用到的工具，便可坐等顾客上门。

2023年，哲学系专业的李同学参加了社区组织的摆摊活动，最初抱着试一试的想法，以"60元不限时答疑解惑"的"业务"支起摊位。不料，真有个男士特意过来咨询"人生意义"。这与李同学的专业刚好对口，她从加缪聊到存在主义，再聊到"人从哪里来，到哪里去"，最后用"生活的意义在于生活本身，而不在于你如何去描写"结束这场专业咨询。男士欣然付费，李同学惊喜地表示，此刻不仅感受到了哲学专业的意义，更在答疑解惑中重新思考了自己的生活。

这样看来，"知识摆摊"的本质更像是知识付费，用专业知识换来财富，为人答疑解惑的同时感受自身价值，且激发对专业的热爱，真可谓美事一桩。

不过也有人感慨，"知识摆摊"正反映出当下大学生就业难的严峻形势，更有人认为"知识摆摊"是年轻人不想奋斗的一种跟风行为，称此类行为"聊天"有余，"抚慰"尚可，"支招"已经勉强，"疗愈"就更不好说。

我与大学在读的表弟深聊"知识摆摊"现象，他坦言："如果自己有那资源，也想摆个摊。不用付出太多，靠着或深或浅的专业知识，答疑解惑就能赚到钱，何乐而不为。""体验一下就好，你觉得这可以作为长期工作吗？"我问。"有什么不可以？反正走到社会也是用知识赚钱，动动嘴皮子就行的话，为什么还要朝九晚五去拼命？"表弟答道。

我不禁叹了口气。也许摆摊纯属个人自由，知识付费也无可厚非，但若是所学不精，单纯幻想靠摆摊获得额外财富，难免会对未来造成负面影响。

据说中山大学某特聘研究员，曾耗费数月时间在菜市场卖鱼、卖菜，还与不少商家成为朋友。这些经历不但丰富了她的博士论文内容，而且成为她乐此不疲的学术研究方向。在影视表演专业中，她特别设置体验生活这门课程，让学生到街头巷尾摆摊，从而在演绎角色时更有代入感。

博士卖菜也好，年轻人摆摊也罢，以上种种体验必将更好地服务于专业。"知识摆摊"作为一个热门体验的窗口，如果既能共享与促进知识传播，又可让年轻人在社会互动中找到自身价值和进步的台阶，那么这个窗口必有它的意义。

不否认"知识摆摊"是个不错的成长经历，不仅能为自己赚得一份收入，还能让博雅学问融入人间烟火。不过，人们不必急于探究它能多大限度地带来"知识变现"，也不必自我解嘲"都是因为找不到工作"。在渐趋饱和的就业市场，摆摊确实能产生某种短暂的获得感，但任何时候唯有真正的学识才能转化为财富。

人生广袤无垠，不妨将"知识摆摊"当作从学校到社会的一艘渡船。它仅仅是一扇窗户，而非绝对出路，毕竟要看见象牙塔外的天地和众生，还需要不断尝试。

为什么地球上的山峰不可能超过一万米

□寰宇志

地球上最高的山峰是珠穆朗玛峰，它位于喜马拉雅山脉，海拔8848.86米，这是它6500多万年来努力生长的结果。而在火星上也有一座山，名叫奥林匹斯山，它随便一长就达到了21171米，远超珠穆朗玛峰的高度。虽然珠穆朗玛峰还在以每年几毫米或几厘米的速度增长，但科学家已经提前"宣判"：珠穆朗玛峰不可能超过1万米。这到底是怎么回事呢？

珠穆朗玛峰之所以不可能超过1万米，主要是因为它的"底座"不够大。地球上的所有物体都会受到重力的影响，重力与地表附近的重力加速度有关，而重力加速度的大小又跟地球的质量与半径有关。

重力加速度越大，地表附近的物体所承受的重力就越大，物体本身的承压也就越大。山峰的重心一般在山体的中间部位，山峰越高，它的重心就越高，累加在山峰上的重力也就越大。

要想减轻重力对自身的压迫，就得增加山峰的底座面积，但珠穆朗玛峰显然不行。喜马拉雅山全长约2450千米，宽200千米～350千米，这样的地基面积不足以支撑起万米高峰，否则珠穆朗玛峰的最终结局必然是被自身的重力压垮。

为什么火星上的奥林匹斯山就可以达到21171米的高度呢？一方面，奥林匹斯山的底座面积够大。奥林匹斯山宽约600千米，占地面积约30万平方千米。另一方面，火星的重力加速度只有地球的约40%，所以奥林匹斯山承受的重力要比珠穆朗玛峰小很多。

除了重力因素，地球上的山峰还要受到降雨、风化和侵蚀等作用的影响。日积月累，自然之力足以削平一座高耸的山峰。这就是造物主的力量。它能让沧海变桑田，也能让高山变深谷。

时间不语，
却见证了所有努力

"尔滨"的冻梨，
朱熹的泪

□ 信浮沉

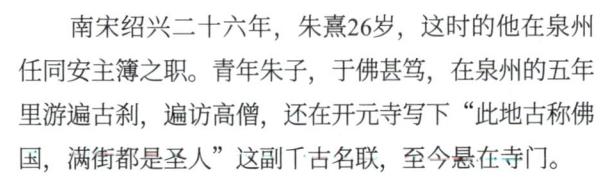

南宋绍兴二十六年，朱熹26岁，这时的他在泉州任同安主簿之职。青年朱子，于佛甚笃，在泉州的五年里游遍古刹，遍访高僧，还在开元寺写下"此地古称佛国，满街都是圣人"这副丁古名联，至今悬在寺门。

夏秋之际，朱熹来到了大轮山梵天禅寺（今属厦门），和老和尚促膝长谈，盘桓数日。其间写下了这样一首诗："两山相接雨冥冥，四牖东西万木青。面似冻梨头似雪，后生谁与属遗经。"

冻梨？千年前的福建人朱熹，怎么会提到今天哈尔滨最火的冻梨？

黑皮是最高境界

在冻梨的家乡，越是皮黑说明冻梨的品质越好，黄皮的冻梨根本没人拿正眼看。

好好的梨，皮怎么会黑呢？

这一点也不稀奇，生活里随处都是。削好的苹果，切开的藕，放一会儿不吃就变色了，老人叫"锈了"，年轻人知道，那是氧化了。但一来苹果是里面变色，二来也不是黑色，这和梨还是不一样啊。

从原理上说，它们都一样，就是多酚类物质接触氧气后褐变。但细胞里的多酚被细胞膜、细胞壁裹着，是不容易接触到氧气的，就算你把苹果放上一个月，只要不烂，它还是那个颜色。只有破坏掉细胞，让多酚和外部世界接触，才会发生反应。一刀下去，不少细胞破裂，苹果就变色了。同样，冰冻能让梨的细胞遭到破坏，氧化变色。

那为什么苹果是褐色，冻梨却是黑色呢？

破坏得狠呗！讲究的冻梨可不是把梨扔到雪里就完事了，那也是天时地利缺一不可的。做冻梨，太热不行，太冷也不好，昼夜温差很重要，就像冻豆腐一样，白天化了晚上冻，来回几次才能出漂亮的蜂窝。

冻梨最开始也只是黄褐色，细胞要经过反复的固体—液体鞭挞，才破碎得够彻底，出现漂亮的亮黑色。不过，反复太多次也不行，果肉容易发酵产生酸败气味。

当然，只追求皮色本身没什么意义。

冻梨的过程是梨酸度下降、可溶性固形物以及糖分上升、石细胞减少、口感变软变糯的过程。只有操作合适的冻梨才能香甜软烂，如饮甘醴，而这种梨的皮就肯定黑透了。

"梨老人"是长寿星

以宋朝的物流水平，26岁在福建当小官的朱熹肯定是没见过冻梨的，甚至身边的环境也是肯定没出现过冻梨的。之所以会在诗中出现这个词，是因为它是一个"成语"。

古人的寿命和今天没法比，人活七十古来稀，八九十岁就是老神仙了。古人形容耄耋老人时，有一套固定的说法，比如"鲐背""鲵齿""黄发""冻梨"等，简单说就是牙也掉了，皮也松了，头发也干枯了，脸色也和冻梨一样黄里发黑了。

其实这几种"寿征"都是衰老的表现。不过古人情商高,把话反过来说,听习惯了倒成了夸赞之词。所以,不管是东北人还是广东人,都可以用"冻梨"来直接代称很老的老年人(有说九十岁),还有个简称,就叫"梨老"。

天时地利成传奇

比朱熹大75岁的庞元英就比较幸运,赶上了北宋,否则他这个山东人不单难以做官,还会遭受地域歧视。

有一年快到过年了,老庞出使北辽,到松子岭一带公干。负责接待的北辽官员耶律筠拿出了几个梨,冻得根本没法吃。耶律筠说这可不是普通梨,是北京压沙梨,说着取来了凉水,把梨泡了一会儿,冻成个硬冰壳。冰壳敲碎,梨也就正好能吃了。老庞学会了,之后从南方带橘子也这么冻,能保鲜很长时间。

这是庞元英在《文昌杂录》里记载的,也是关于冻梨制法、吃法的最早记录,和今天一般无二。

这里的压沙梨是指当时的北京大名府,也就是今天邯郸一带的一种梨。大名府有压沙寺,梨花最盛,花名更胜寺名。黄庭坚有诗"闻说压沙梨已动,会须鞭马蹋泥看",晁补之曾道"压沙寺里万株芳,一道清流照雪霜",足见压沙梨的名气。

可惜后来朱棣水淹大名府,压沙寺和压沙梨一起覆灭,我们今天已经不知其所以然。但据宋代张邦基《墨庄漫录》记载,压沙梨是采用嫁接技术,以鹅梨条接于棠梨木上,成活后移到枣木大枝之中。

宋代苏颂《图经本草》中说,"鹅梨出近京州郡及北都,皮薄而浆多,味差短于乳梨,而香则过之"。梨枣杂交大概是道听途说,不过结合现在大名府附近著名的鸭梨、雪花梨来看,压沙梨很可能是白梨或秋子梨与木梨等野梨嫁接的一个品种。

当然,"冻梨"一词不是始于庞元英,至少在汉代就是老人的代称了。这说明冻梨由来已久,即使不是有意生产,也早就有人这么吃了。

这就奇怪了。老庞一个山东人,在河南、山西做官(曾知晋州),为啥从来没听过冻梨呢?

因为并非所有梨都适合冻着吃。历史上冻梨只出现在东北和西北甘肃一带,这固然是因为这俩地方够冷可以冰冻,也因为南方的梨冻着不好吃。

中国的梨分秋子梨、白梨、沙梨、新疆梨和外来的西洋梨这几大系统,最适合做冻梨的是北方的秋子梨。因为秋子梨酸度高,个头小,不脆嫩,皮又厚,而且必须后熟才能吃,即使改良到今天也不算梨中佳品,最多是香气突出而已。但这个特点非常适合冻着吃。经过后熟和冷冻,酸度会明显降低,而且皮肉正好软糯多汁,果糖经低温香甜猛增,弥补了秋子梨的短处。说白了,冻梨是个补救方法,雪中送炭,不算锦上添花。

华北的白梨经过千年改良,根本不用冰冻就好吃了;南方沙梨石细胞太多,冻着吃口感不行;新疆梨更是脆爽多汁,冻着吃就糟践了。所以非"冻梨区"的小伙伴,不用尝试用冰箱冻梨,冻了也不好吃,还容易烂掉。

就算是冻梨区的产品,也不是所有梨都适合。比如甘肃这两年的新贵——彩虹梨。别的不说,人家是早熟品种,国庆期间就卖完了,根本等不到冬天啊!

日子扑面而来

□ 曹 韵

就是这样,任日子扑面而来
水在流,有人行舟
云也在蓝色的岁月中慢游
麦田里奔跑的家犬
群山上归栖的燕雀
人们带着疲惫和心满意足步入夜晚
我爱的人,如群星闪烁
就是这样,规律地生活着
睡去,醒来,和宇宙
保持同一种呼吸

时间不语，
却见证了所有努力

对"冷"专业保持"热"心态

□李传云

"史上最高冷的专业"

李莹是毕业于浙江师范大学的研究生，主修古汉语专业，研究方向是甲骨文。

甲骨文是商朝晚期王室用于占卜、记事的契刻文字，又称"契文"或"龟甲兽骨文"，是迄今为止中国发现的最早的成熟文字系统。

如果说古汉语专业很冷门，那么李莹研究的甲骨文更是冷门中的冷门了。她考上研究生那一年，浙江师范大学的古汉语专业只有4名学生，李莹是唯一学甲骨文的。尽管父母很担忧她将来的就业，但李莹还是选择了这个"史上最高冷的专业"。

"小小的办公室堆满了书，一个人，一间屋子，一辈子，用99%的'无用功'换来1%的突破……"在李莹眼中，甲骨文学者正是这样做着研究。每一个字被破译的背后，都有着不为人知的孤独与坚持。但因为热爱，她对自己的"冷"专业保持着"热"心态，不断为传承中华古文化而努力着。

几乎所有人听到李莹就读的专业时，嘴巴都惊成了"O"形！亲友也不无担忧地说："你一个年轻漂亮的女孩子，毕业后只能研究一辈子甲骨文，何苦呢？"李莹微笑着回道："那是你们不了解甲骨文的魅力，研究一辈子甲骨文是我的梦想。"

2021年，李莹研究生毕业后，却找不到和甲骨文相关的工作。为了生存，她成为一家网站的文字编辑。因为心里放不下钟爱的专业，她就在业余时间以"李右溪"的名字开设了视频号，成为一位主讲"甲骨文故事"的知识分享博主。

甲骨文背后故事多

2022年年初，李莹开始用短视频推广甲骨文。她在出租房里搭建起一个简易的拍摄场地，每天下班后就开始找选题，写文案，录视频。

为了挖掘甲骨文中蕴含的乐趣，李莹特意找来一些背后有故事的字，再结合网络热点，把科普视频做得妙趣横生！李莹陆续发布了多期内容，例如"商朝人一次狩猎上百头野兽的秘诀""古人在草丛里看日落，顺便造了个字""用甲骨文写的情书什么样"……

在李莹发布的视频中，每个甲骨文字的背后都有造字故事。比如《两个字讲述三千年前的一场车祸》，只见画面左侧出现的甲骨文"车"字是倾覆的；右边则是发生事故后损毁的"车"，车轴和车轮都分离了。原来，这是商王和臣子驾车猎取犀牛时，在途中发生了车祸。为了生动记载当天的情景，我们的祖先直接造了两个不同的象形文字"车"。

不仅如此，商朝人为了形容傍晚，也造出了一些生动形象的甲骨文。比如"暮"字的甲骨文，从字形上就能看出来，它是代表太阳落入了丛林；另一个甲骨文上面是"禾"，下面是"日"，则表示太阳落入了庄稼地……之所以区分开来使用，是因为他们当时所处的环境不同。3000年前古人的智慧和严谨，由此可见一斑。

李莹还在视频中推介了用甲骨文写的"情书"：商王武丁的妻子"妇好"的名字，在甲骨文中出现了200多次，这代表着武丁在占卜时对妇好时时挂念。而作为一名赫赫有名的女性将领，妇好为国出征的事迹也被记录了下来。

做短视频第一个月，李莹就在抖音上迅速积累了4.8万粉丝，获得21万点赞！这让她有了坚持下去的信心。

为往圣继绝学

2023年3月，李莹像往常一样录制节目。这次，她没有介绍甲骨文，而是向网友吐槽自己的专业："我的导师今年就要退休了，如果学校一直招不到研究甲骨文的老师，这个专业只能暂停招生……"不料，这条视频让李莹一炮而红！她不仅吸引了大批新粉丝，甚至登上了热搜榜。通过李莹的介绍，大家才了解到甲骨文背后那些有趣的故事，以及这个专业的发展现状。

接着，就有学计算机相关专业的人联系李莹，设想能否用AI破译那些还没有被认出来的甲骨文字。还有一些家长给李莹发私信，说自己的孩子对甲骨文特别感兴趣，想跟着她学习。更有网友留言赞叹："好样的！姑娘，你这才叫为往圣继绝学啊！"还有人调侃："你们学校一直招不到甲骨文老师的话，你就是未来的泰斗。"

看着铺天盖地的留言和私信，李莹既感动又惊喜。她毅然辞掉了网站的编辑工作，决定留出充分的时间，继续做好甲骨文科普视频号，让更多人了解中国最古老的文字。"如果能让更多人喜欢上甲骨文，了解中华文明的起源，我也算是帮导师圆梦了。"李莹欣慰地说道。如今，她找准了职业方向——发挥自己的专长，通过新媒体传播中华古文化！

把每一次反省都当作浪子回头

□ 韩 青

我们常说，生活中没有完美，可是在做人上，我们应当让自己向完美无限靠近。孔子的朋友蘧瑗就是我们学习的楷模。《论语》中记载：有一天，他派人去拜访孔子，孔子让那人坐下，然后问道："蘧先生最近在做什么？"使者回答说："他正设法减少自己的缺点，却苦于做不到。"即使每天都做得很好了，他也是要反省一番。这样的反省伴随着他一生。他后来被封为"先贤"，而这就是对他不断反省的馈赠。

我一直认为，反省就是自己跟自己的斗争，德谟克利特说这样的斗争"是很难堪的，但这种胜利则标示着你是深思熟虑的人"。但是，有一种人永远不能拥有这样的胜利，因为他们愚昧无知，总认为自己无错，而错在别人身上，所以他们过而不改。这样的人，其杂念飞扬跋扈——他们就是浪子。而我们本来就该是君子，让那些杂念销声匿迹，我们就能从浪子返回到君子。诗人黑枣说："我把每一次返回都当作浪子回头。"对我们来说，这样的返回，就是必备的反省。因此，我们要把每一次反省都当作浪子回头，这样一来，每一次反省，都有一个全新的开始。

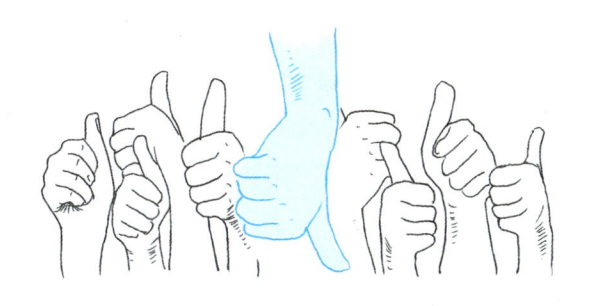

时间不语，
却见证了所有努力

"偷感人"与"盗感人"

□黄小邪

最近，"偷感好强"成为流行的社交口头禅。所谓"偷感"，顾名思义，就是偷偷摸摸。别误会，它可与偷窃无关，仅代表那种害怕被知道、被关注而选择默默做事的心理状态和行为方式。

比如，一个很久不见的同学，一声不响地考取加拿大一所大学的研究生，出国前默默地将结婚生子的大事也办妥了。众人在其朋友圈寻找蛛丝马迹，未果，戏谑道："人生大事，何必偷偷摸摸？"当事人自我解嘲："怕考不上自己尴尬；至于结婚生子，一想到要兴师动众，就觉得更麻烦。"

现实中，不想刷存在感的"偷感人"比比皆是。发朋友圈时，他们会把内容设置为"仅自己可见"；总有一类人喜欢将手中图书的书名遮掩，让人看不清楚；他们上班避过早高峰，下班从楼梯间溜走，即便坐在工位上，也能营造出一种"偷水、偷电、偷卫生纸"的既视感。不论身处何种场景，似乎只有偷偷摸摸做事才能让他们获得安全感。

正当我们为过分低调的"偷感人"感慨时，与之相反的"盗感人"开始受到关注。何为"盗感"？当然也与盗窃无关，而是指那些无所畏惧、不拘小节、高调出场的行为。如果说在课堂上"偷感人"唯恐被老师点名，"盗感人"肯定是踊跃发言的那一位；高档商场里，"偷感人"还在小心翼翼地看价牌，"盗感人"早已大大方方地坦白"买不起"；当"偷感人"还在纠结要不要发朋友圈时，"盗感人"已经发出了双下巴的自拍照。

网友说，自己身边那些总把"不好意思""难为情"挂在嘴边的基本是"偷感人"，而那些口头禅是"无所谓""犯不着"的多半是"盗感人"。

朋友老余是典型的"盗感人"。她凭借出色的工作能力和好人缘，在京城混得风生水起，总是摆出一种"爱谁谁"的姿态，与朋友推心置腹，和领导称兄道弟，向爱人索要情绪价值。她的个人信条是：多纵情山水，少研究人事，能责怪别人的时候绝不内耗。

但老余也有苦恼。因为从不看重既定的社会秩序，所以她时常捅出娄子：会因直言不讳而得罪朋友，会因意气用事而让领导难堪，会因投机取巧而吃亏，也会因掏心掏肺而让人"背刺"。

有人说与其在角落做旁观的"偷感人"，不如以主人公的姿态做个无所畏惧、一往直前的"盗感人"；有人说"盗感人"横冲直撞，缺乏边界感，不如"偷感人"自带一种淡淡的疏离更让人舒适。

你要做"偷感人"还是"盗感人"呢？其实不必纠结，以上种种，看似对立，实则互补。"偷感人"隐忍疏离，却减少了不必要的社交负担；"盗感人"思维跳脱，遇事也总能打开新的思路。

生活中充满挑战，不论你是路过世界、甘愿踽踽独行的"偷感人"，还是横冲直撞、乐于享受世界的"盗感人"，只要泰然自若不偏航，多半可做生活的主人。

第五章

不止于此
破除自我设限，活出三千面相

时间不语，
却见证了所有努力

当"00后"开始"没福硬享"

□ human

提到"70后"和"80后"，大家对他们的印象总是十分节俭，甚至因为过度省钱，偶尔会被调侃是"没苦硬吃"。

"比如三伏天户外37摄氏度时，他们为了节约打车钱，宁愿徒步3公里去公交站，最后中暑了也不愿意打车回家。每顿饭都要吃上一顿的剩菜，导致新做出来的菜又被剩下，形成了一个吃剩饭的怪圈。"

当父母以节俭为荣时，"00后"则把"没福硬享"当成了终极处世哲学。

所谓"没福硬享"，不是说"00后"没有福气，而是他们总有办法，能把5分的福气享成10分。有时就算手头没钱，他们也总能找到最令自己舒服的消费方法。

比如同样是吃碗泡面，"70后"觉得这是垃圾食品，"80后"把它当成应急速食，"90后"把它当成深夜零食，而"00后"却能把它吃成"满汉全席"，"光加火腿肠还不够，里面至少还得有一个溏心蛋、两个肉丸子、一块鸡胸肉、一包辣条、半袋绝味鸭脖和几块豆皮"。

"比如父母做西红柿炒鸡蛋，一般都是数着人头放鸡蛋，一人一个，绝不多放。但'00后'炒菜，却是一个西红柿配三个鸡蛋起步。"

"00后""没福硬享"的精神状态，逐渐成为互联网上的一大奇观。"把有限的钱投入到性价比最高的享受中去，这简直是富养自己的最高境界。"

1

今年22岁的可丽，每天的伙食费基本在80块钱以上。她说自己以前也试过在吃上面省钱，"结果我发现如果天天都只吃十几块钱的快餐，不喝奶茶和咖啡，也不和人出去聚餐，钱是省下了，但会感觉自己努力工作根本没意义"。

"因为就算再攒钱，钱包里的余额，距离买车买房始终遥遥无期。如果在吃上还克扣自己，就没什么办法能奖励自己了。久而久之，只会憋一肚子委屈。"

可丽说，比起"先苦后甜"，她更想早点尝到生活中的甜头。"20元一杯的奶茶，确实挺贵。但当你抑郁时，如果去做心理咨询，一小时500元起步；而喝杯奶茶，坏心情立刻好了一半。这么一对比，就会觉得奶茶的性价比还挺高。"

有时候想要宠自己时，她还会替自己找理由，"比如没过生日，但又想吃蛋糕的时候，我就会说要给家里的电磁炉过生日，然后美美地吃一顿"。

有人说，"00后"的"没福硬享"，也象征着一种绝对的松弛感，"大家不是对将来没有期待，而是更享受当下，才会把钱心安理得地都花在吃上面"。

所以一些人即便月入3000元，伙食却比皇帝的还好。"平时遇到想吃的东西，从不看价格，直接全款拿下。如果奶茶两杯起送,我就一次喝两杯,120元一个的榴梿就算比一天的工资还高,但想到自己明天还有钱赚,就会欢天喜地地买一个。"

2

每个"00后"的童年,几乎都接受过"忆苦思甜"的教育。"80后"父母总会对孩子强调,如今的生活有多不容易,爸妈养育你有多辛苦,因此生活和吃穿用度,一定不能浪费钱。

但对于"00后""北漂"林玖玖来说,老一辈那种为了省钱而亏待自己的消费观,让自己产生了一种"不配得感"。"父母为了省钱,不舍得吃不舍得穿,没苦也要硬吃。"

她形容自己开始奉行"没福硬享"的消费观,是想把自己重新养育一遍。"省着点富不了,花这点穷不了,先苦不一定后甜,先甜肯定是甜了。"

"北漂"三年的河北姑娘长安,在父母的"苦难教育"下长大,"爸妈会表扬我去超市只挑一袋零食,或是看到想要的东西太贵就不要了,被迫节俭成了一种家庭里值得歌颂的美德"。

长大后她才知道,自己的爸妈当时不是没钱,而是奉行一种过度省钱的价值观。"存款可能是他们安全感的来源,但对我来说,敢于'没福硬享',才是真正松弛下来了。"

"奶茶两杯起送,我的第一反应不是点不到起送价就不喝了,而是我攒下一杯明天喝。有人说'00后'是没钱但真的敢花,其实我只是想从一点一滴开始宠自己。"

曾经,长安给自己制定的标准,是一个月必须攒下1万块,"结果连续一周都吃速冻饺子,得了急性肠胃炎进了医院,当时我就想明白了,不能再这样活了"。

对她来说,敢于"没福硬享",就是开始善待自己,把对自己的标准降低了。"能攒很多钱很厉害,但能好好吃饱每一顿饭,难道就不厉害吗?"

有人说,"没福硬享"的年轻人,是如今活得最清醒的那一群人。他们自嘲"大馋丫头"和"大馋小子",其实只是一种保护色。

"有些人可能羞于承认,之前对自己的身体很糊弄。如今他们受够了之前对自己的亏待,只想把努力赚来的每一分钱,都用来好好地宠爱自己。"

但他们并不是不想努力了,而是想要慢下来,看看心里的那个小孩,"那个小孩好像在对我说,先把自己喂饱再好好奋斗,也不算迟"。

"糗":古人出行的干粮

□佚 名

古人最常带的干粮,就是"糗"。

古文对"糗"有解释——《说文解字》中指:"熬米麦也,又干饭屑也,又粮也";《疏》中指:"糗,捣熬谷也。谓熬米麦使熟,又捣之以为粉"。糗是粟米炒熟之后,捣碎加水,揉搓成形,最后晾干的食品。当时不光能用麦面加工,还可以用大米、豆类及其他粮食来加工。加工的方法大同小异,都是先搁锅里炒熟,再搁石臼里捣碎,加水和匀,揉搓成块,最后晒干即成。

干粮中不光有糗,有的还备有脯脩。脯与脩,都是肉干。古人脯脩的加工方法,史书有记载,就是将鲜肉割成条形,肉上抹盐,再搁锅里蒸,蒸熟之后,挂起来晾干,再用荷叶包起来,用绳子扎紧。出远门时,由仆人挑着,或放到马匹、牛车上随行。

时间不语，
却见证了所有努力

顺人性做事，逆人性做人

□冯 唐

我见过很多不谙世事的年轻人，常常在为人处世上栽跟头，不是他们不够聪明，而是他们不懂人性，聪明善良当然好了，但跟你能成多大事并没有直接关联。

人要想在这个世界上获得自己所追求的东西，是需要懂一些人性的。

我之前反反复复讲历史上的轮回，讲历史呈现的人性，讲历史上的成事之道、成事之德，讲历史上重大的权谋，就是想说：长点心、用点脑子，读懂人性，但不要陷在人性里。哪怕你能脱开人性的1%~2%，都会比其他人前进一大步。

这个世界是由一个个活生生的人组成的，千百年来，斗转星移、科技爆炸，唯一不变的就是人性。

阻碍一个人变强大的，不是学历、财力、家世，而是你活了这么多年，经历过这么多事，却依然看不清楚人性的幽微。

弱者占不到便宜，在你弱的时候，给你的便宜都是某种侥幸，是带着危险的，更有可能是别人给你挖下的坑。

我一向认为，人类的自私是再正常不过的，是天经地义的，自私是被老天编码的。因为自私而产生的各种被道德所不允许的、被他人所诟病的东西，其实都是无所谓的，因为人就是这个德行。

了解了这一点，你就非常容易释然了。那么，该如何面对人性的自私？

第一，看到人性桎梏，继续积极向善地生活。

第二，不要逼自己，你我皆凡人，都自私。不苛责自己，不产生内疚心理，就能为你节省下很多能量。

其实，真正的聪明人为了达到自私的目的，会有意识、无意识地做利他的、不自私的行为。

带着一颗自私的心，去做一些无私的行为，去做一些公益的事情，去做一些能让这个世界变得更美好的事。

要看清人性，曾国藩是这么说的：应事接物时，须从人情物理中极粗极浅处着眼，莫从深处细处看。

跟人打交道、跟人一起做事的时候，要从人情、事理最浅显的地方去看，不要在细处看那么清楚，不要太较真。

白居易看清人性是从时间上说的："赠君一法决狐疑，不用钻龟与祝蓍。试玉要烧三日满，辨材须待七年期。"

就是告诉你一个解决你识人不准的方式——长期在事儿上看。看一个人要看七年，原来我不理解这句话，七年会不会太长？

有些时候还真是这样。有些人的三观在一件事、两件事，在小事上不容易看出来，但是遇上大事，时间长了，真有可能他按捺不住，会做出让你感觉匪夷所思的事儿，让你觉得，哎呀，人性之黑暗远超出你的想象。

所以说如果你真需要跟一个人，真需要重用一个人，哪怕你再聪明，你也需要时间，你也需要在事儿上看。

"朝三暮四"里的智慧

□李家林

"朝三暮四"出自《庄子·齐物论》，说养猴人给猴子分橡子，"早上给三个，晚上给四个"。猴子们听了非常愤怒。养猴人便改口说："那么就早上四个，晚上三个吧。"猴子们听了都高兴起来。这是大众熟悉的"朝三暮四"。

在讲故事之前，庄子用一句话抛出了一个观点：耗费心思方能认识事物浑然为一，而不知事物本身就具有同一的性状和特点，这就叫"朝三"。讲完故事后，庄子总结发言：名义和实际都没有亏损，喜与怒却各为所用而有了变化。

《庄子·齐物论》通过"朝三暮四"等一系列故事，暗喻了一个重要观点，天下事物和思想都一样，即"齐物之论"，大与小、前与后、轻与重、阴与阳等，都是一样的，即"齐物"。

"朝三暮四"与"朝四暮三"总和都是七，并无差别，但竟因为无法认识到名虽不一，实却无损，自身的喜与怒出现了变化。随着时间发展，"朝三暮四"又有了一层新的含义，比喻人常常变卦，反复无常，尤其指感情上不专一。

猴子真的是茫然无知吗？试想，为什么钱存银行有利息？因为货币有时间价值，当前的货币如果能够立即投资或消费，就能带来更多的收益或满足当下的需求，因此，当前拥有的货币比未来的同等金额的货币具有更大的价值。

选择"朝三暮四"还是"朝四暮三"，实际上是一个涉及资金的时间配置和预期回报率的问题。这般看来，猴子并不是茫然无知，而是知道"千钱赊不如八百现"，听到朝三暮四不高兴，听到朝四暮三高兴是有道理的。

再深想一层，猴子实际上还懂企业管理与谈判学。故事背景是养猴者家里经济出现了困难，保不齐有破产的打算，很有可能不继续养猴子了。对于猴子来讲，早上多拿到一个是一个，万一吃完早饭了，养猴人就破产了呢？至于谈判技巧，更体现出猴子的智慧。猴子与养猴人的地位不对等，养猴人只愿意给七个。这个前提下，猴子通过"配合演戏"的方式，得到了新方案并在两个方案中选一个最好的。由此看来，还觉得这群猴子笨吗？

再看养猴人，其实也很聪明。从管理学的视角来看，在总体资源不变的前提下，养猴人通过调整策略，没有付出额外的代价，而使众猴子的诉求得到充分尊重，并调动起它们的积极情绪。这种灵活变通的做法，不值得管理者深思吗？

其实，"朝三暮四"只是"齐物六喻"的第三喻，只聚焦一个故事可能会有局限性，看不到《齐物论》的全貌。因此，我的解读是否也恰落在庄子的批评范畴——世上本无是非，争论就像庸人一样肤浅而愚蠢，反而凸显自己的那点一知半解是可笑的。

时间不语，
却见证了所有努力

忍不住嫉妒最亲密的朋友，让我痛恨自己

□ 清 远

周末，我随手从书架上拿起一本很久没有翻阅过的书，用来打发时间。我看着看着，发现书里面夹了一张写满祝福语的贺卡，上面娟秀的字迹一看就出自我闺密之手。我回想了一会儿，贺卡是我们去年一起旅行时买的纪念品，祝福语则应该是三四个月前她来我家小住，趴在我书桌上逗鱼的间隙写下的。

那时候，我正在厨房里炖她最爱吃的土豆排骨。我们边做各自的事，边提高嗓门聊天，约定吃完饭要玩一场双人剧本杀，再让她试穿我这段时间新入手的几条裙子，看上哪条就打包带走。这次分别之后，异地的我们都变得非常忙，还没有抽出时间再见面，正在想方设法地克服阻碍。

我边看边在心里想象她一笔一画写下那些祝福语时的认真样子，忍不住笑了起来。但在看到其中的一句话时，我的笑容凝固在了脸上。

"我亲爱的朋友，如果你幸福的话，我会比你先落泪！"默念了两遍这句话之后，愧疚感在我的心头不断累积，很快就达到了顶峰。因为扪心自问，我并没有始终做到这一点。相反，在成为彼此最亲密好友的8年时间里，我时常难以克制对闺密的嫉妒。

我与闺密是大学室友，从第一次见面，性格和生活习惯迥然不同的我们对彼此就好像有一种特别的吸引力，很自然地成为总是黏在一起的好朋友。无数个日夜的相处让这份感情越来越牢不可破。我们见证了彼此从青涩天真到成熟独立，一起面对求学与求职中的得与失，恋爱时的甜蜜与波折，知道彼此最多的秘密。她和我都不止一次地开玩笑说，如果自己不幸出了车祸，失去意识前做的最后一件事一定是删除我俩的聊天记录，不然会有"身败名裂"的危险。

对于闺密，我最想给出的评价就是，她是一个非常擅长大大方方爱人的女孩子。相处的这么多年里，她总是很热烈地对我表达情感。只要走在一起，她永远牵着我的手不放。每年我的生日、大大小小的节日，以及秋天的第一杯奶茶、冬日的第一只烤红薯等人造的噱头，她都会很有仪式感地为我准备礼物。一向习惯以非常拧巴的方式表达爱的我，在她的带领下，也越来越敢于直抒胸臆。

我们承诺，不管在什么情况下，都要做对方最坚定的支持者。去年，我在gap（空窗）一年在出国读博与直接就业之间不断摇摆，家人都劝我尽快找工作稳定下来，只有闺密支持我听从内心的声音："你想好了再做决定，别人的话都只能作为参考，不然以后你会后悔的。你要是还想继续读书，如果家里人不支持你，我最近经济条件还是宽裕的，我来养你！"这段语音被我放进了收藏夹，每听一次都感觉很治愈。

闺密也很多次对我说过，和我朝夕相处的大学四年是她最开心的时光，我是世界上除了父母对她最好的人，总是无条件地维护她，关心她的健康，把她的事看得比自己的事还重要。

闺密念念不忘的一件事就是，当初她考研失利，还跟相恋三年的男友分手，一度觉得人生没什么意思，是我寸步不离地跟在她身边，给她讲道理，监督她吃饭睡觉，陪着她走出了阴霾。

但只有我知道，我远没有闺密所说的这么好，似乎也配不上她对我的真挚感情。嫉妒就像一条吐着芯子的毒蛇，悠悠地缠绕在我们的友谊之树上，但由于伪装得当，她始终没有察觉。

细数起来，之所以嫉妒闺密，是因为她拥有很多不管我怎么努力都无法拥有的事物。比如，与外形甜美可爱的闺密相比，我长着一张平平无奇的大众脸，每次合照时都能直观地感受到我们之间的差距。不过，我最嫉妒的，还是她拥有幸福和谐的原生家庭，可以肆意地向父母撒娇，每个想法都能得到家人的支持。这是生活在重男轻女、父母频繁吵架的家庭环境中的我从不曾感受过的。

每个人心中都有一头嫉妒的野兽。在我最爱的书籍之一"那不勒斯四部曲"中，从小形影不离的莉拉和埃莱娜深爱彼此，却又都无法摆脱对彼此的嫉妒，这种令人难以启齿的竞争贯穿了两人的一生。我仿佛从中看到了自己的心路历程。当闺密在某个方面取得成就之后，我也会暗暗较劲，努力在其他领域收获荣誉，只有这样才觉得我们始终在同一水平线上。甚至，闺密拥有甜蜜爱情的那段时间，也是我的恋爱焦虑症最严重的时候。

所以这些年来，我始终在与丑恶的嫉妒情绪作斗争，直到最近看到了一句话，嫉妒的幽幽火苗终于在我心头有了要熄灭的迹象：她得到的并不是你失去的。

朋友是我们选择的家人，奇妙的缘分让我们来到彼此的身边。这么多年来，闺密从不吝啬向我表达爱意，哪怕是我的一些连自己都觉得厌烦的怪癖，她都能从中找出可爱的元素。看着贺卡，往事一幕幕浮现，让我觉得心头软软的。于是，我打开微信，从置顶里点开与闺密的聊天框："你在干吗？这个月我一定要抽空去见你。"

惊鸿之势

□江泽涵

柳树下，一武者怒发青筋，手上有劲，足下有功，劈掌、抱拳、探爪，未及使老即换招，进退有序，攻守得法，俨然一派行家。末了，双臂一弯，收拳于腰际，方显一副冲和善容。

当真拳如流水，人若行云。可撼我心的是行拳时的龙威虎势吗？不，是终了时的云淡风轻，实蕴惊鸿之势。

多年前看《神探狄仁杰》，曾泰还做县令时，审断一案，有理有证，唯嫌犯熬刑不认，他欲施以重刑，抓起令签要扔下，可手至耳畔却僵住了，终于缓缓放下。

县老爷在公堂上义正词严，气势如虹，也就是看看，令人起敬的是他那一僵一缓一放，此间秉性见光：一念不忍，心怀悲悯，怕错判无辜；一念自制，身负修养，怒火会妨碍理性。

为人之道，不在攻势凌厉，而在占理恕人，得势宥人。倘无关原则的，看破也不必点破，点到也要即止。

收势，为着对方，也为着自己。

时间不语，却见证了所有努力

涨潮书店等你造访

□ 贾婷婷

在随时有涨潮风险的威尼斯收藏书籍是一个危险的想法，但Libreria Acqua Alta书店店主明显想出了一个可行的解决方案。libreria在意大利语中意为"书店"，acqua与alta则分别指称"水"和"高处"，中文直译过来，是一个浪漫的名字——涨潮书店，它也是全球唯一一家低于海平面的书店。

涨潮书店坐落在靠近圣母玛利亚教堂边的一条水巷里。人们坐船，可以直接抵达书店门口。乍看之下，书店在一众砖红色的小排屋之间并不显眼。但当你走进幽暗的过道，这座被誉为"世界最美书店之一"的书店正等着你造访，你会惊讶于这不大的空间里竟然能堆叠这么多的书籍和明信片。

涨潮书店内是略显局促的长方形空间，混合着新书的油墨气味和书页发霉的陈旧气味。店主几乎把家里所有的防水用品都摆在了这里，比如橡皮筏、水箱、浴缸及贡多拉船。随意放置在各种船体上的书籍，附带上些许意大利慵懒的气质。

在威尼斯，每年11月至第二年3月为汛期，涨潮书店里往往会积淌起一米多深的水，满载书籍的贡多拉船就会被水抬起。洪水隔三岔五来袭时，穿着橡胶雨鞋的店主路易吉·弗里佐总是以最快的速度将低处的书挪到安全的位置。

由于涨潮总是来势汹汹，且难以预知，涨潮书店书籍就很难有固定的摆放位置，有时被遗忘在最隐匿处的旧书籍会在转移过程中被摆放在最显眼的位置。这样的放置方式，使得人们很难用常规的查阅方式寻找书籍。此时，路易吉·弗里佐会好意告知读者，不如大胆拿起一本手边的书，毕竟这也是独一份的威尼斯记忆。

涨潮书店售卖一些二手书籍、海报与唱片，使得这里更像是图书跳蚤市场，游客少的时候，总有几个忠实读者会花上整个下午的时间在这里购买二手书籍。涨潮书店里几乎没有可以供人舒适阅读的座椅，船只的间隙就是过道，因而不太适合人们安静地阅读。与其说是买书，人们更乐意把这当作别样的寻宝体验。

路易吉·弗里佐是个别具一格的书商，他对涨潮书店的创意不单体现在独特的陈列方式上，他总是自豪地给客人介绍道："书店还有一处备受游客青睐的打卡地点。"客人跟随他的指示穿过里屋，庭院内有二十余个旧书堆砌而成的台阶，这些都是当初被海水浸坏的书，堆积成高低错落的"书山"，看上去非常壮观。游客可以踩着成捆的旧书籍，隔着运河与划着贡多拉船的船夫相望，就像水手站在甲板上俯瞰威尼斯的悠长水道。

除此之外，每天会有一些流浪猫光临涨潮书店，它们像老员工一般，在成堆的书籍和络绎不绝的游客中间游走，也会熟练地用温柔的回应招揽客人。到了汛期，它们则通过在堆垛和船舱里踱来踱去躲避涨潮。爱猫人士路易吉·弗里佐会在书店的角落摆满印满猫咪图案的周边产品，包括各式各样的手绘明信片和稀奇古怪的冰箱贴。

为了防范涨潮，路易吉·弗里佐将书装进贡多拉船中，原先的困扰竟成就了浪漫，弃置的贡多拉船不再载客，只装填书籍，随时准备应对涨潮。人们在此挑选书籍，在潮湿里阅读，身临其境地享受着如书店宣传语一般的阅读体验——"当运河水位一高，水便会浸湿整间书店。盛装着书籍的贡多拉因而浮起，而我们就在这湿漉中尽情享受阅读"。

吵架怎么吵赢对方

□贝小戎

美国说服艺术专家海因里希斯指出，说服他人有三种策略，即诉诸逻辑、诉诸性格、诉诸情绪，分别对应我们所说的以理服人、以德服人、动之以情。

比如，7岁的孩子，非要在冬天里穿短裤去上学，你说穿短裤肯定会把腿冻僵，这是跟他讲道理；你说"我是家长，你应该听我的"，这叫以德服人；你说冬天穿着短裤去上学看起来很傻，这叫动之以情。这三招都用上可能依然不管用，孩子也会使用这三种策略来反驳你："这是我的腿（我说了算）。我才不在乎会不会被冻僵呢。我看起来不傻。"

讲道理时最怕遇到诡辩派。诡辩是"以貌似讲理的方式行不讲理之实"。比如，老师问："有两个人到我家来做客，一个人很干净，另一个人很脏，我请他们洗澡，谁会洗呢？"学生说当然是那个脏的人。老师说不对，"是那个干净的人，因为他养成了洗澡的习惯，而脏的人却觉得自己没有什么可洗的"。如果学生选干净的人，老师也会说不对，干净的人不需要洗。

类似的问题还有：一位乒乓球明星来你们单位，谁会追着他要签名，是球迷还是非球迷？你说是球迷，他说不对，因为真正的球迷肯定有他的签名了；你说是非球迷，他也说不对，因为非球迷对乒乓球明星不感兴趣。

海因里希斯说，争论与吵架有着根本的区别，"吵架是为了赢，争论则是为了达成一致（把别人争取过来）"。赢固然有成就感，但会伤感情。他举例说，如果你的配偶说"我们好久都没出过门了"，你不要反驳说"最近出过门啊"，而应该说："那是因为我只想你属于我。"用这个回答赢得一点时间，赶紧想出时态上的可信变化："但其实，我正要问你想不想去那家新开的韩国餐厅呢。"

我们总觉得道理在自己这一边，结果讲的往往是歪理。海因里希斯说，糟糕的逻辑危害甚大。孩子对家长说："你为什么不开车送我上学？其他家长都开车送孩子上学。"家长回应："如果其他孩子的家长要他们跳崖，你会跟着跳吗？"在这里，孩子使用的手法是"诉诸人气"：通过宣称别人选择了某事来合理化自己的选择。

家长使用了归谬法，以及错误地对比了开车送孩子上学和跳崖。结果就是，孩子用糟糕的逻辑折磨父母，父母则用它来反驳。

时间不语，
却见证了所有努力

你有"红绿灯思维"吗

□欧阳晨煜

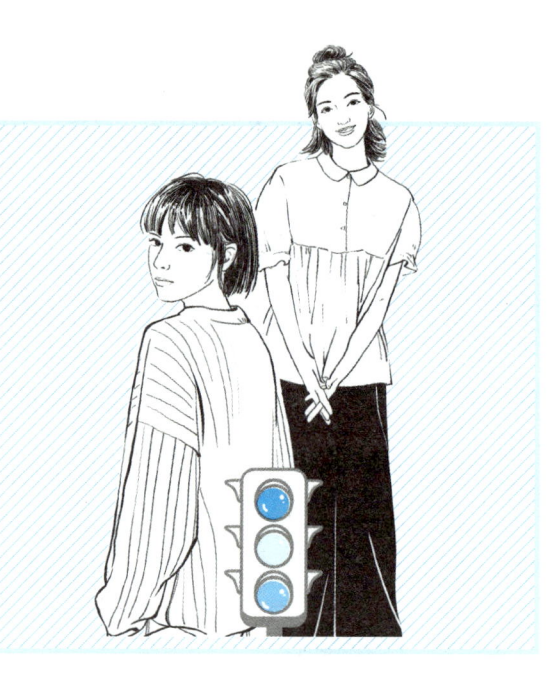

在过马路的时候，我们熟悉"红灯停，绿灯行"的交通规则，但你是否思考过，为什么人们会专门选择这两种颜色作为停止和通行的标志呢？

事实上，选用这两种颜色既有物理学原因，又有心理学原因。红色和绿色的波长比其他颜色更长，更具有穿透力，在雨天、雾天等恶劣天气下也能传播较远的距离，让人们在远处就可以看见信号灯。尤其是红色，在所有的可见光中，它的波长是最长的。

除此之外，科学家研究发现，红色具有激发情感的特性，当人们看到红色的时候，大脑会立即被激活或者发出警报。也就是说，我们对红色异常敏感，这种颜色容易引起我们的注意，调动我们的情绪，所以红色不仅被选作醒目的信号灯颜色，还带着情绪表达的意义，成为愤怒、火、危险等含义的警示牌。

现在，你明白了红色和绿色背后的深层含义，但是你知道在我们的思维中，也有两盏和红绿灯运行规则一样的灯吗？它们亮起来或者暗下来，都在悄悄改变着我们的生活。

大学课余时间，我加入了一个感兴趣的创作小组。每周，大家都会选定一个主题，各自围绕它编写不同的故事，然后坐在一起"头脑风暴"。每一个人先轮流发言，讲述自己的故事创意和人物设定，然后所有人一起讨论交流。

一段时间后，我发现自己居然有点儿不适应这样的氛围，因为每当我鼓起勇气站起来读完自己创作的故事后，总会收到几个否定或者质疑的反馈，然后我的脸上立刻布满乌云，字字句句地反驳对方。这似乎违背了我的初衷，久而久之，我越来越打不起精神，也越来越不愿意和大家分享我的创作了。

一天，活动结束后，我被社团的老师留了下来，他淡淡地笑着对我说："你有没有发现，你每次总是带着一盏红灯来参加活动。""什么红灯？"我不解地问。"每次别人点评你的故事，只要发表略有不同或相反的观点，你就立马对他亮起一盏红灯，表示出拒绝或者排斥，迫使对方尽快停下来。"他回忆似的轻轻说了出来。

我听着老师的话，猛然想起前几次的经历，确实如他所说，我顿时羞红了脸。

"这不能怪你，我只是想告诉你，其实，每个人的脑海中都有一盏红灯和一盏绿灯。而依据心理学，当听到外界不同的声音时，人们的本能反应都是迅速开启思维上的红灯，排斥或拒绝不同的意见，以此来阻挡对方的观点入侵。就像你走在马路上，远远看到交通灯变红的时候，你就会立刻提高警惕，停下脚步。"我一边听老师说，一边回想自己的习惯，是的，我的确是这样的。

看着我点点头，老师继续说了下去："这其实是一种自我意识的习惯性防卫，也被叫作'红灯思维'。你看，当你每次对别人亮起红灯的时候，你们的观点都没有得到充分的讨论，最后只能不欢而散。久而久之，一旦遇到与我们思维不同的东西，大脑就会马上调取自己的认知或经验，证明别人是错的，人们也会变得越来越难以接受新鲜事物，固执己见。你说这是不是很可怕？"

"原来红灯思维居然有这么大的危害。"我不禁开始思考起来。

"那我该怎么办呢?"我迫不及待地追问。"很简单,你只需要打开绿灯就好了。"老师爽朗地回答。

"那怎么样才可以打开绿灯呢?"我好奇地问。老师笑了笑,说:"其实并不难,就拿每次的小组活动来说,当面对观点碰撞的时候,让你的大脑慢半拍就好了。""慢半拍?"这下我更疑惑了。

"听到否定自己观点的话,不要急着对别人亮起红灯,先认真听听对方的观点是否具有合理性或者可以吸收的地方,然后把这些有意义的部分放在你原来的故事里,试着能不能把故事变得更好,更有价值。这个时候,奇妙的绿灯就会在不经意间打开,并且闪闪发光。你去试试就知道了。"老师鼓励地望向我。

周五晚上,又是一次小组活动。这次,我又分享了新写的文章,依然得到了几个不算赞许的评价。正当我又要反驳的时候,胸口好像亮起一盏温柔的灯,它提醒我不要着急,于是我静下心,沉住气,第一次认真倾听对方的观点,意外发现这些意见居然很有价值,而且解决了我写作时纠结的部分。

于是,我按照那天听取的观点修改了那篇文章,在原先艰深晦涩的故事里补充了有血有肉的人物形象,然后把它投递给了一家杂志社。没想到,我很快就以新人作者的身份发表了这篇文章,它成为我公开发表的第一篇小说。

自那以后,在面对不同的意见时,我都尝试着轻轻关闭思维上的红灯,转而开启更温和的、更包容的绿灯。我意识到,如果想要成长道路上的交通畅通无阻,那就不能只顾着把不同的意见和新鲜事物拦在门外。那么,你有"红绿灯思维"吗?

"风凉话"的由来

□任万杰

生活中如果遇见为了打击别人积极性说的嘲讽话,我们就把这些话叫作"风凉话",那么"风凉话"一词是怎么来的呢?

风凉话来源于唐朝,据《旧唐书》载:唐文宗开成二年(837年)盛夏的一天,文宗皇帝和几个大臣聚集在未央宫吟诗消夏。文宗皇帝吟道:"人皆苦炎热,我爱夏日长。"什么意思呢?就是大家都说夏天炎热痛苦,而我却偏偏喜爱夏天的漫长。

既然皇上说了,大臣们赶紧附和,柳公权站起来说:"熏风自南来,殿阁生微凉。"什么意思呢?就是微风从南面吹来,殿阁中感到凉爽。文宗皇帝立刻夸奖柳公权"辞清意足,不可多得",也就是词好意境足,不可多得。

到了宋代,苏轼读到这一段,评价是"美而无箴",翻译过来就是诗句不错,但失去了作为一个大臣劝谏的自觉。为此苏轼特意写了四句诗:"一为居所移,苦乐永相忘。愿言均此施,清阴分四方。"

苏轼想表达的就是,你们皇帝和大臣,在殿阁中乘凉,不会受到太阳的暴晒,可是天底下的老百姓,为了生存却要在太阳底下忍受着高温酷暑,而你们不知道别人的痛苦,却在这里说风凉的话,简直没有人情味。经过苏轼这么一说,"风凉话"立刻传播开来,一直延续到现在。

时间不语，
却见证了所有努力

不做朋友

□翁德汉

　　去年，我在地头种植了两棵冬瓜苗，引导瓜藤往边上乱石区域攀爬，最终收获了四个大冬瓜。虽然自己没有吃着，但成就感爆棚。今年我在同一个位置，又种植了两棵冬瓜苗。

　　有一次，发现在乱石区域那一头出现几棵瓜苗，我还以为邻居向我学习，也种冬瓜。后来才知道，邻居种的是南瓜，看架势瓜苗打算往这边爬了。我也不在意，反正该区域足够大，可容纳不少南瓜和冬瓜。

　　夏天的瓜，无论是丝瓜、黄瓜，还是冬瓜、南瓜，都想扩大自己的地盘。地小，每个区域都精打细算，各有自己的作用。瓜苗的头稍微歪一点，我就让它走设计好的道路，只能往乱石区域而去。我想我的冬瓜藤长冬瓜，邻居的南瓜藤生南瓜，冬瓜和南瓜总能分得清楚，到时候各摘各的就可以。

　　一个双休日，我正在理瓜藤，一个老年村民路过问："这边是冬瓜，那边是南瓜？"

　　"是啊！"

　　"冬瓜和南瓜在一起，是不结果的。"

　　这令我很好奇："怎么会这样？"村民说："冬瓜看着南瓜不爽，南瓜瞧不起冬瓜，都不结果了。"我笑了起来，觉得这说法挺有趣的。

　　我种植蔬菜瓜果，不为挣钱，只是回归田园生活，果子长多少都够吃。听村民这么一说，我就想看看冬瓜和南瓜之间会发生怎样的故事。

　　用不了多长时间，冬瓜叶和南瓜叶就覆盖了乱石区域。它们的叶子都大，就算长出瓜果，不扒开也看不到。我每天只有清早和傍晚有空，没时间仔细查看。再说冬瓜是越成熟越好吃，大了，总会露出来的。

　　某个周六我去松土准备种其他瓜果的时候，路过乱石区域，兴致来了，我用锄头的柄扒开叶子，却没有发现冬瓜和南瓜。难道它们在一起真不合适？说不定时间还没到呢。

　　过段时间，我又去仔细看，依旧没有在里面发现两种瓜。我不死心，把里里外外都翻了一遍，靠墙的最里边和爬到墙头的南瓜倒长了好几个，爬到一旁树上的冬瓜藤，上面只孤零零地挂着一枚果子。

　　这下，我相信冬瓜和南瓜不适合在一起种植了。我查了资料，说两者长在一起，冬瓜需要消耗大量的水分和养分，导致长势变得比较缓慢，攀爬到南瓜藤上，还会消耗南瓜的养分。在冬瓜开花的时候，南瓜的坐果率也就会变得很低，冬瓜的产量也会因此下降，可以说它们是一对冤家了。

　　除了冬瓜和南瓜，还有很多植物冤家，番茄与黄瓜相处，它们会一起减产；马铃薯同黄瓜为伍，就会得病。另外，玫瑰与百合、仙人掌与多肉、茉莉花与丁香、吊兰与夹竹桃，都不适合种在一起。

　　实际上，人和人之间亦如此。看对眼的，看上去就舒服；看不对眼的，怎么看都是"窃斧之人"。

幸福，是能看见自己的拥有

□林采宜

怎样才能得到幸福？最简单的方式就是降低期望值，俗话叫知足。贪婪的人，不知足的人，永远不会幸福，因为一个目标实现了，下一个更大的目标就在前头等着……欲望是一只会长大的小兽，你不断喂养，它会不断长大，直到它长成庞然巨兽，吞噬你所有的时间和精力，把你整个人的生命撑爆。

这只欲望的小兽，在世俗社会有一个雅称——"成功"。在不断追求更高的目标、更好的生活之路上，很多人耗尽了生命的全部。能够控制自己贪欲的人，不是没有欲望，而是能时时刻刻看见自己的欲望，看见它在膨胀时的非理性，看见它在吞噬很多生命中美好的东西……看见，是控制的开始。正如你低头看见自己肥肥的肚腩，自然会有控制饮食和减肥的动力。看见欲望的理智，会让你经常提醒自己知足。

创造好的人际关系，也是活得幸福的秘籍。绝大部分人都活在关系当中，好的人际关系是互益型的，彼此滋养；坏的人际关系是互害型的，彼此消耗。如果说幸福如同空气中的味道，那么人际关系就是你时时刻刻在呼吸的"空气"。

美国哈佛大学医疗中心一项持续80年的跟踪研究显示，对人的幸福指数影响最大的因素，是一个人和家人、朋友的亲密程度。因为"那些对自己的人际关系感到比较满意的人，以及那些知道自己需要时可以获得周围人身心方面的支持从而有安全感的人，在晚年身体和头脑都更加健康"。而身心健康，是获得幸福的基本前提。

通往幸福，还有一条小径，叫作"独立的人格"。人的幸福感，有些来自外部环境，比如物质的丰盛、人际关系的温暖，还有一些来自自己内在世界的丰富和美好。

很多人会不知不觉地被困在时代的蛛网里，被各种焦虑的洪流裹挟。在群体中才能幸福的人，群体的认同如水，他是鱼，鱼儿离不开水。所以，孤独且不被认同，对于有些人来说，意味着痛苦。

而独立的人，如同长向云端的树，从容自处，自己就是幸福的源泉。年轻的时候，大部分人都会在这个热闹的世界上孜孜不倦地寻找自己的另一半。成熟之后，有些人会发现，其实每个人都是完整的，根本不存在所谓的"另一半"，也不需要所谓的"另一半"。

能看见自己的拥有，才能感受到幸福。如何看见自己的拥有呢？很简单，在平凡的生活中，比下不比上。例如多看几眼没有脚的人，就会知道有一双可以自由行走的脚，是多么幸福。

时间不语，却见证了所有努力

"反向实习"的"00后"

□ 肖雅文

乡村度假农庄、城市郊区农场、制造业物流仓库、小众文创网店……近年来，"00后"的暑期实习"目的地"变得越来越多元。

这届年轻人似乎不再迷恋"大厂"，不再拘泥于传统行业，也不再被动等待学校安排，他们选择用一种更开放和主动的心态，尝试拥抱不确定的未来。

一份来自乡野的"神仙"实习

乘坐高铁从西安出发，到汉中市佛坪县只需要50分钟。

在此之前，在西安生活了20年的刘雨阳从未听说过佛坪县。

穿过老城，进入山区，汽车又走了二十多分钟的蜿蜒山路，刘雨阳终于见到了令人赞叹的壮丽美景——山间错落有致地排布着数十间小屋，在漫天雾气与空蒙山色中，显得遗世独立。此刻，刘雨阳感觉自己找到了一份"神仙"实习工作。

刘雨阳今年上大二，一次偶然的机会，她关注到了某度假农庄推出的"新农人"招募计划。这一下子就戳中了刘雨阳的心。"比起大城市的拥挤与忙碌，我想去寻找生活的另一种节奏。"在她看来，这次实习几乎是将工作经验积累、新奇乡村体验、学习压力放松完美地结合在一起。

到了农庄之后，刘雨阳也很快忙碌起来。旅游管理本就是她的专业之一，而真正上手之后，她才发现，书本里的"名词解释"与现实工作之间的差距不是一丁点。

以"布草"（酒店专业术语，指的是更换酒店房间的床上用品、毛巾、台布类的纺织品）为例，《酒店概论》对这个词的解释非常简单，但真正进行"布草"后，她才发现，有非常多的技巧和细节是书中没有提到的。

当然，也有专业知识派上用场的时刻。

2024年7月27日，农庄迎来了三位外国游客，刘雨阳的另外一门专业——英语，立刻被调动起来。利用自己的专业知识顺利完成与外国游客的交谈后，她对自己所学的专业有了新的理解。

刘雨阳就读于西安外国语大学，是卓越班"旅游管理+俄语+英语"专业的学生。这次的经历让刘雨阳第一次感觉到，"大学教育改革"这种宏大的词语真正作用在了自己的身上。

一张写满经历的人生清单

听仔（网名）决定间隔一年去实习。得知这个消息后，大学里的辅导员赶紧找她谈了话。

其实，听仔的逻辑十分清楚：作为一名普通院校的大学生，有效的工作经历可能比学历更重要。而她刚获得了一个来之不易的实习机会，正需要全力以赴。

从大一开始，"养活自己"的紧迫感就时刻提醒着听仔，比起名校光环傍身的大学生，普通大学生的就业处境相对更难一些。

于是，她开始从自己的兴趣点和擅长处入手，做起了音乐自媒体。短短三年时间，自媒体账号的粉丝已经积累到了几万。正是这段经历，让听仔有了进入"互联网大厂"的敲门砖。

在收到面试邀请后，听仔做了十足的准备：精心修改的简历，丰富多元的作品集，不断练习的面试技巧……终于，在经历了一轮失败过后，听仔成了自己心心念念的"大厂"中的一员。

不过，听仔并没有在"大厂"待太久。3个月之后，她发现，在完备的机制、流程化的背后，自己会面临一种只能当"螺丝钉"的无力感。

在她看来，得到一份稳定的工作并不是人生的目的，更重要的是不断学习成长，不停地体验更丰富的生活，获得一张写满不同经历的人生清单。

离开"大厂"后，听仔来到一个小众文创品牌做运营。在小团队中，工作的自主性得到了较大的体现。但小团队的难点在于，缺少支撑创意持续输出的内容和机制。"大厂"与"小团队"，各自的优势与不足皆因一次深入的实习而变得清晰可见。

在这之后，听仔尝试了更多不同的实习岗位，如"网红"化妆师的小助理，婚纱视频的剪辑师，城市音乐节的策划助理等，各式各样的实习工作让她不断找到自己的优势，认识自己的不足，从而进一步填补知识、能力领域的空缺。

有趣的是，实习这一年，听仔不仅赚得多了，阅读量比之前数年加起来还要大。

现实的工作经历会让人产生好奇，例如一家大型企业究竟是如何运作的，小型创意公司又需要有哪些核心竞争力。为此，她认真阅读了《字节跳动：从0到1的秘密》《单干：成为超级个体的49个关键动作》等书。

在年轻人的心目中，实习经历并不需要特别聚焦，实习的目标也不需要十分明确，他们更看重的是体验与尝试，是如何给自己的未来创造更大的成长空间。人生首先是旷野，在找到目的地之后，才有路。

雅　量

□江泽涵

雅量，无非是容人。

容人之过。通常不过锱铢琐事，或无心或有意，冲突了利益，但岂是不共戴天？宁波有则"1+1=？"的趣闻：一青年答2，一痴儿说3，双方闹上公堂。县老爷判青年杖刑，你明知人家智力障碍，还去较真，不是没事生事？

很多人做着错事，但本身并不觉有过，是非尚且不知，那铆个什么劲？他人之过，我鉴之，不为覆辙。一切善言德行，不苛于人，自律为先。

恕过终是临下之态；容人之能，须敬仰之势，襟怀更胜三分。他山之石，可以攻玉，存在拔萃之人，未尝不好。最不可思议的是《笑傲江湖》中，岳君子面对剑艺超群的徒弟令狐冲，不以授业见功为乐，不以门户后继有望为喜，反而五内妒忿，欲除之后快。

容人之能。作为个体，以为表率，虚怀奋进，不然只是于时空上做了一场自闭；作为一门之长，栽培门人，人才鼎盛，仅凭鹤立鸡群，不堪一击。

"过"和"能"构成了"异"，自然要排除异己。其实，"过"非"过"，许是无知无悔，许是习惯上的一种距离；"能"也只是出于"妒"，妒人者嘛，多自身底子欠厚。

时间不语，却见证了所有努力

苏味道：模棱两可的才子

□ 韦 昆

一道奏章，让栾城才子苏味道一鸣惊人。

苏味道是赵州栾城人，年少时就因文辞出名，更是在二十岁时就中了进士，但苦于没有门路，只能在咸阳当一个小县尉。一个偶然的机会，苏味道结识了当时的吏部侍郎裴行俭，裴行俭看重他的文采，十分器重他。有一次，一位叫裴行道的大将军想寻找一名才子为他写一道奏章，裴行俭推荐了苏味道。苏味道提笔成文，一气呵成。这奏章文风简练，辞理精密，实属一流，看过这道奏章的人，无不为之叫好。

此事之后，苏味道的名号就传开了。提起苏味道，人人都称赞他是一个大才子。苏味道也不负盛名，写下了很多流传千古的诗歌。苏味道的诗，以咏物见长，清灵隽秀，华丽而不妖艳，其中一首《正月十五夜》尤为出名："火树银花合，星桥铁锁开。暗尘随马去，明月逐人来。游伎皆秾李，行歌尽落梅。金吾不禁夜，玉漏莫相催。"因为这首诗，苏味道创造了"火树银花"这个成语，在中华词典中留下了璀璨的一笔。

苏味道才名远扬，不仅让他在文坛留名，更让他在官场上平步青云。除了备受裴行俭等人的赏识，狄仁杰也十分欣赏他。武则天让狄仁杰推荐人才时，狄仁杰说："论文章和才学，苏味道就是名副其实的顶尖人物了。"因为狄仁杰的这番评价，武则天很快任用了苏味道，苏味道也得以出人头地，甚至做到了宰相。

苏味道为官不讲原则，善于奉承，见风使舵，称不上好官。公元701年三月，本应草长莺飞的季节，竟然天降大雪。苏味道为了奉承武则天，写了一道奏章，称这是天降祥瑞，是上天在肯定武则天的政绩。不仅如此，苏味道还带着文武百官进宫祝贺武则天。

武则天看了奏章，龙颜大悦，让百官传阅苏味道的奏章。一个叫王求礼的耿直官员看不惯苏味道的这种做法，上奏说："宰相的职责就是辅助皇帝治理天下，让百姓们安居乐业！而今气候反常，三月降大雪，给百姓们造成了不小的灾害，怎么能说这是祥瑞呢！这些道贺的人，都是些阿谀奉承的人，有哪个是为百姓着想的！"苏味道听了王求礼的话，羞得满脸通红，无地自容，武则天见朝堂气氛尴尬，只好罢朝。武则天虽然没有因为这件事责备苏味道，但苏味道的这种奉承显然也没有捞到什么好处。

苏味道做事模棱两可，即使担任宰相数年，也没有留下什么丰功伟绩。对待一些权贵，苏味道从不得罪，他经常用一些模棱两可的话来打发这些权贵，一方面哄得权贵高兴，另一方面不至于让自己陷入被动的局面。苏味道曾经对人说："做事情不要决断得太明白，如果太明白了就容易犯错误，让人抓到把柄，必然要承担责任，遭受谴责。做事就要像摸椅子的棱角一样，两边都要摸到，这样怎么说都可以，谁都不得罪。"

苏味道这番言论传开后，大家开始管他叫"苏模棱"。因为苏味道从未对朝廷提出什么建设性的意见，武则天对于苏味道这个宰相逐渐心生不满，甚至一度将他押入大牢。不过，苏味道并未在牢中待多久，武则天后来念及他的好处，最终只是将他贬职。

苏味道一生，留下了不少璀璨的诗歌，也得以在唐朝人才济济的文坛占据了一席之地。但这名锋芒毕露的才子却一直奉行"模棱两可"的为官之道，他没有自己的立场，谁都不想得罪。这种明哲保身的做法，虽然保住了他一时的官位，却让他最终也落了个官位不保的下场。

值得一提的是，苏味道的儿子苏份，在四川眉山定居，几代之后，子孙里出了个苏洵，苏洵与儿子苏轼和苏辙并称"三苏"，是中国文学史上醒目的存在。

人如腌鲜

□郭华悦

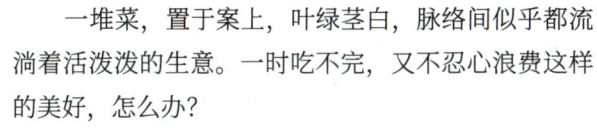

一堆菜，置于案上，叶绿茎白，脉络间似乎都流淌着活泼泼的生意。一时吃不完，又不忍心浪费这样的美好，怎么办？

腌起来。一层菜，一层盐，腌好晒干，便成了可下饭的咸菜。用盐将蔬菜活泼的美好封印起来。待到日后，取出，切碎，慢慢享用。

菜是如此，鱼和肉也一样。哪怕腌渍的方法不一，但有两点一样：一是，不管什么做法，大多以盐咸为主味；二是，腌渍的目的无非都是将眼前的鲜活尽可能长久地保存。

一个人，有时也得学着将自己"腌渍"起来。

一个人有了某方面的天资和才干，算是踏进了门槛。进门的人虽多，能抵达成功的人却少，其中的差别便在于是否能将自己妥善地"腌渍"起来。

要"腌渍"得当，根本的是要少糖而多盐。再有才华的人，终日沉迷于甜言蜜语的"糖衣炮弹"中，昏昏然不知所以，最终只会如放多了糖的腌料，还未抵达彼岸，内里就已腐烂变质，面目全非，将一手好牌打得稀烂。

从新鲜到腌渍，这个过程中最重要的是盐的运用。盐，能去腐防变质。于人于菜，都是如此。一个有才干的人，要更上一层楼，就得学会用盐"腌渍"自己。忠言逆耳，却能画龙点睛。一个人，在盐一样的环境中，才能将自己的缺陷看得清清楚楚，从而补缺扬长，高歌猛进。

两人的交情，也得学会"腌渍"。好的交情，光靠好听的话、好看的表面文章，显然远远不够。一段交情，要长长久久，就得学会未雨绸缪，而"腌渍"，就是为日后筹谋的方法之一。太多矫情的糖分会消耗双方的热情，是大忌。取些美好，抹上盐巴，"腌渍"起来，置于心间。当最初的鲜味退去时，时不时取出点慢慢品尝，是一段交情细水长流的法门。

腌渍，于时光之中，将美好封存收藏，现时品鲜，日后亦不乏味。

125

天才的口气

□莫幼群

我平日爱收集一些"狂人狂语",读起来有一种快感,就仿佛是吹出硕大泡泡的小孩,觉得世界尽在自己掌握中了。

据梁实秋回忆,那时梁启超去大学演讲,开场白往往是两句话,头一句是:"启超没有什么学问——"然后眼睛向上一翻,轻轻点一下头,"可是也有一点喽!"真是见过谦虚的,但没见过这么谦虚的。

章太炎素有"章疯子"之称。一次他上街买书,回去时叫了一辆三轮车,但始终说不出自己的住所在哪里,想必是忘了。于是他只好告诉车夫:"我是章太炎,人称'章疯子',上海人个个都知道我的住所,你难道不知道吗?"车夫摇摇头,只得把他拉回原处。

相形之下,毕加索的运气永远是那么好。1927年的一天,毕加索在巴黎地铁站的人群中,发现了一个天蓝色眼睛、浅黄色头发的女学生,他上前一把抓住她的胳膊,肆无忌惮地说:"我是毕加索,我和你将在一起做一番伟大的事业。"经过6个月的交往,少女终于向毕加索投降了。

叔本华一向以狂著称,但最不买他账的就是他的母亲。其母倒也不是凡角,而是19世纪末期德国文坛十分走红的女作家,地位大约与今天的池莉相当。她从来就不相信儿子会成为名人,主要是因为她不相信一家会出两个天才。

两个人最终彻底决裂,叔本华愤而搬出了母亲的家,临走前他对母亲说道:"你在历史上将因我而被人记住。"狂语后来果真变成现实。

叔本华的弟子尼采继承了老师的这种狂劲,在论证"上帝死了"时,尼采说:"世界上没有上帝,如果有,我无法忍受不成为上帝。"狂中带有几分周星驰式的无厘头味道。

至于莫扎特,大家都知道他是个天才,他自己也不否认这一点,因此骄傲成了他天性中极强烈的情绪,当时就有人认为他"浑身上下都是骄傲"。莫扎特喜欢收集人家恭维他的话,详详细细地在给别人的信里报告。这不免显得有几分孩子气,大概他至死还是未长大的神童。

他在一封信中这样说:"高尼兹亲王对大公爵提起我的时候,说这样的人世界上一百年只能出现一个。"

其实,照今天的标准来看,他的自我评价实在过于谦虚,一百年太短,如果要加一个期限,我想是一万年。

说到莫扎特,不能不提另一个大音乐家威尔第。威尔第年轻时十分狂放,所有前辈都不在话下,但随着年龄逐渐增大,他才认识到自己的局限。他曾有如下一番妙论："二十岁时，我只说我；三十岁时，我改说我和莫扎特；四十岁时，我说莫扎特和我；而五十岁以后我只说莫扎特了。"

这实际上也反映了许多年少狂人的共同心态，年轻时常发狂语，其中一个目的就是标新立异，吸引看客；年长出名之后，反倒诚惶诚恐起来，有了一点历史的与宇宙的眼光，觉得在浩瀚的历史和广袤的宇宙中，个人永远只是一个"虎克的小点"，如何给自己在人类精神创造史上一个恰当的定位，是难上加难的，当然就不免陷入无边的困惑之中。

就连著名的狂人叔本华也不例外。一日，他在花园里凝视着花朵发呆，园丁走过来问他："你是谁呀？干吗待在这里？"叔本华回答："如果你能告诉我我是谁，我将不胜感激。"

麻雀效应

□Leyla

你是否听过这句话：我们并没有做错什么，但不知为什么，我们输了。

当年诺基亚被微软收购时，其CEO在新闻发布会上的这句话，让在场所有的诺基亚高管都不禁落泪。

诺基亚曾经是手机行业的霸主，但在安卓系统逐渐兴起的时候，它顽固地坚持了塞班系统。

最后它错失了转型的机会，只能被行业无情地抛弃。

在瞬息万变的时代，墨守成规并不等于稳定，只会让自己陷入困境。

我想起著名的"麻雀效应"。

在充满钢筋和混凝土的城市，极少能有飞禽可以跟人类共存，除了麻雀。

对鸟类来说，城市的噪声、光污染和汽车尾气都是致命的威胁。

因此大多数鸟类都会选择远离人群，寻找更为僻静的生存环境。

麻雀却采取了与众不同的策略：

它们不仅主动进入人类的居住地，还根据人类生活的变化来适应和调整自己。

过去，麻雀的食物主要是昆虫和植物种子；现在，它们学会了在垃圾堆里寻找食物。

曾经，麻雀通常在树洞里筑巢；如今，从烟囱到排水沟，都可以成为它们的安家之地。

达尔文说过："在丛林里，最终能存活下来的，往往不是最高大、最强壮的，而是对变化能做出最快反应的物种。"

对普通人来说，只有像麻雀一样不断进化，才能在变幻莫测的环境中生存下去。

时间不语，
却见证了所有努力

猪八戒走了十万八千里，为什么没有瘦下来

□柏　舟

1."大胃王"猪八戒

俗话说，减肥需要管住嘴，迈开腿。猪八戒只是迈开了腿，每天都要走10公里左右，但是他没有管住嘴，依然大吃大喝。

我们先来看猪八戒取经前的饭量，《西游记》第十八回，高太公曾吐槽他那个女婿太能吃了：

"食肠却又甚大，一顿要吃三五斗米饭，早间点心，也得百十个烧饼才够。喜得还吃斋素，若再吃荤酒，便是老拙这些家业田产之类，不上半年，就吃个罄净！"

这个女婿就是猪八戒，他正餐要吃三五斗米饭，早上还要吃一百多个烧饼，再大的家业也经不起他这么吃啊。所以，与其说高太公想赶走他这个妖怪女婿是因为怕传出去名声不好听，还不如说是怕妖怪女婿把自己家吃穷了。

猪八戒参与取经后，依然是个大胃王。唐僧师徒来到陈家庄，灵感大王要把陈老头家的童男童女当点心吃，孙悟空和猪八戒答应去当替身，陈老头十分感动，大摆酒席招待唐僧师徒。

陈老头找了八个人服侍师徒吃饭，没想到猪八戒却说：

"那白面师父，只消一个人；毛脸雷公嘴的，只消两个人；那晦气脸的，要八个人；我得二十个人方够。"

猪八戒一顿风卷残云之后，陈家庄的两位老者躬身道："不瞒老爷说，白日里倒也不怕，似这大肚子长老，也斋得起百十众；只是晚了，收了残斋，只蒸得一石面饭、五斗米饭与几桌素食，要请几个亲邻与众僧们散福。不期你列位来，唬得众僧跑了，连亲邻也不曾敢请，尽数都供奉了列位。如不饱，再教蒸去。"八戒道："再蒸去，再蒸去！"

这桌酒席师徒四人共吃了一石面饭、五斗米饭与几桌素食，而这些基本被猪八戒一人吃了，其他几个人吃得很少。

猪八戒一边取经，一边敞开肚皮胡吃海塞，怎么可能瘦下来？

2.不合理的饮食结构

虽然说猪八戒吃的都是素食，让人觉得有益于控制体重，但其实并不尽然。素食也分热量高的和热量低的，而猪八戒就特别爱吃闲食、馒头等高热量的素食。

第九十六回，唐僧师徒来到寇家庄，寇员外宴请时曾描述，"前面是五色高果，俱巧匠新装成的时样。第二行五盘小菜，第三行五碟水果，第四行五大盘闲食。般般甜美，件件馨香。素汤米饭，蒸卷馒头，尽皆可口，真足充肠。七八个僮仆往来奔奉，四五个庖丁不住手。你看那上汤的上汤，添饭的添饭。一往一来，真如流星赶月。这猪八戒一口一碗，

128

就是风卷残云"。

猪八戒大量食用的馒头、面条、米饭、花卷、稞品、包子，都属于精制碳水化合物。这些食物摄入过多，会使血糖迅速上升，高浓度的血糖会刺激胰岛素的大量分泌，而胰岛素又促进脂肪合成，不知不觉就囤积了很多脂肪。

猪八戒还喜欢吃甜食，西瓜、糖糕、芋头、蒸饼之类，来者不拒。每天摄入过多糖分对身体肯定是没有好处的。长期大量食用甜食会使胰岛素分泌过多，碳水化合物和脂肪代谢紊乱，引起人体内环境失调，使得同样热量的食物更多地转化为脂肪。

另外，猪八戒的进餐习惯也非常不好。在陈家庄的酒席上，酒席刚刚开始，猪八戒就迫不及待地拿过红漆木碗来，把一碗白米饭一口吞下去。唐僧刚刚动筷子，他已经吃下去五六碗了，几个服务员都惊呆了，叫道："爷爷呀！你是磨砖砌的喉咙，着实又光又溜！"可见猪八戒吃饭从来都是一口吞。

众所周知，吃饭快是一个不良的进餐习惯，对健康有害。在食物进入人体后，血糖会升高，升到一定水平时，大脑食欲中枢就会发出停止进食的信号。但是，如果进食过快，当大脑发出停止进食的信号时，往往已经吃了过多的食物，会造成食物摄入量过多，营养过剩的现象，极其容易形成肥胖。

最后再来说说猪八戒所谓的走路，他看似每天都在走路，但其实走路属于低强度运动，走几个月后身体产生适应性，如果不加大运动强度，也无法提高代谢率。

猪八戒在走路这种有氧运动之外，需要结合一定的无氧运动，增加肌肉，以提高身体的代谢率。

3.脱胎换骨的猪八戒

猪八戒的大胃王人设已经深深地刻在所有人心里，包括如来佛祖。当他们渡过最后一难，送完经回到西天受封时，如来只给八戒封了个净坛使者。猪八戒当场不干了，毕竟连沙师弟都封了个罗汉，白龙马都封了个菩萨："他们都成佛，如何把我做个净坛使者？"

如来道："因汝口壮身慵，食肠宽大。盖天下四大部洲，瞻仰吾教者甚多，凡诸佛事，教汝净坛，乃是个有受用的品级，如何不好！"

如来的确是出于好意，因为要给猪八戒封为使者，可以有很多选择，并不一定非要选净坛使者。但是如来一时间也没有转变对八戒的刻板印象，忘了他已经脱胎换骨，成为不怎么食人间烟火的人了。

纵观猪八戒"减肥失败"的情况，友情提醒大家：第一，不论胖瘦，每个人都要均衡饮食；第二，关于饮食的内容，素食者不一定只吃蔬菜，若额外吃些如包子、馒头或加工品，也会变肥胖；第三，适时调整运动的强度及频率，因为在运动一阵子后，身体会产生适应性，需要增加强度。虽然每个人对运动及事物的接受性和抗压性不同，适应期也不同，但观念是一致的，因此，运动一段时间后，要变化运动强度及项目，才能突破体重的停滞期。

这么来看，跟取经相比，减肥也没啥难的，对不对？

爆笑一刻·休想甩锅

□佚 名

公交车上，我看到一个男的悄悄地把手伸进一个女孩的挎包里，小心翼翼地夹出一个钱包。

我想，我不能装作看不见，于是就碰了一下那个女孩的手臂，她立马反应过来是怎么回事。

只见她一把攥住那个男人的手腕，冷冷地说："怎么，我这个月没给你零花钱吗？用这种方式拿走我的钱包，是想甩锅给小偷吗？"

时间不语，
却见证了所有努力

纸上滋味，
读点暖食来消寒

□申功晶

　　年少时，我读《水浒传》中《林教头风雪山神庙》那一章节，"（林冲）雪地里踏着碎琼乱玉，迤逦背着北风而行。那雪下得紧"，来到店里，店小二"切一盘熟牛肉，烫一壶热酒"给林冲接风。后因大雪压塌住处，林冲只能暂宿破旧的山神庙，衣服湿透，"把被扯来盖了半截下身，却把葫芦冷酒提来，慢慢地吃，就将怀中牛肉下酒"。自此，在我的印象中，烧酒佐牛肉就是最应冬景的暖食。

　　年岁略长，我读《红楼梦》第四十九回《琉璃世界白雪红梅，脂粉香娃割腥啖膻》，方知较之草根之流林教头所食的牛肉，钟鸣鼎食之家的贾府公子、小姐吃的是更考究的鹿肉。李时珍的《本草纲目》记载："鹿肉味甘，温，无毒。可补虚羸，益气力，强五脏，养血生容。"可见，鹿肉具有滋补功效。袁枚在《随园食单》里写道："鹿肉不可轻得，得而制之，其嫩鲜在獐肉之上。烧食可，煨食亦可。"足见鹿肉弥足珍贵。

　　在古代，贵族食鹿肉御寒，位于金字塔顶尖的皇族吃什么呢？是绕不过"金衣白玉，蔬中一绝"的冬笋，且冬笋配荤素皆可。美食家梁实秋在《雅舍谈吃》中写道："北方竹子少，冬笋是外来的，相当贵重。"二月河在《雍正王朝》中写道，朝廷供应当值军机大臣的饭菜例有定规，是四菜一汤，一份黄豆胡萝卜猪肚烧三样，一份冬笋爆里脊，一份拌青芹，一份青椒炒羊肝，还有一盆豆腐面筋粉汤。其中的冬笋爆里脊看似寻常，实则冬笋远比里脊金贵。乾隆皇帝南巡时，臣下推荐了一个地方小厨张东官，他做了一道拿手菜"冬笋炒鸡"进献给乾隆皇帝。乾隆皇帝吃得心花怒放，破格提拔张东官为宫廷御厨。

　　说起冬令暖食，少不了鲜香四溢的火锅。话说，南宋美食家林洪游玩武夷山，偶得一兔，有人告诉他方法，"山间只用薄批，酒酱椒料沃之，以风炉安座上，用水少半铫。候汤响一杯后，各分一筋，令自策入汤、摆熟、啖之，及随宜各以汁供"，做成一锅"兔肉火锅"，并将此做法记录在《山家清供》中，这大概是火锅的雏形。清朝的曹庭栋讲究养生之道，他在《养生随笔》中记录："冬用暖锅，杂置食物为最便，世俗恒有之。但中间必分四五格，使诸物各得其味。或锡制碗，以铜架架起，下设小碟，盛烧酒，燃火暖之。"这已然颇具现代火锅的样子。

　　元代谢宗可写诗《雪煎茶》，"夜扫寒英煮绿尘"，即用雪水煎绿茶，"茶圣"陆羽也将雪水列入天下名水二十品中。雪水煎茶，一则取其甘甜，二为取其清冷。《长物志》记载："雪为五谷之精，取以煎茶，最为幽况。"在《红楼梦》第四十一回《栊翠庵茶品梅花雪，怡红院劫遇母蝗虫》中，"妙玉执壶，只向海内斟了约有一杯。宝玉细细吃了，果觉轻淳无比，赏赞不绝"，须知妙玉泡茶之水用的是"五年前我在玄墓蟠香寺住着，收的梅花上的雪，共得了那一鬼脸青的花瓮一瓮"。因"（雪）新者有土气"，雪水虽隔了年，

130

但清冷之气犹存，实为烹茶上佳好水。

汪曾祺在《故乡的食物》中提到"天寒地冻时暮，穷亲戚朋友到门，先泡一大碗炒米送手中，佐以酱姜一小碟，最是暖老温贫之具"的炒米；《儒林外史》第二回中提到"厨下捧出汤点来，一大盘实心馒头，一盘油煎的杠子火烧"，火烧乃凛冽寒冬佐茶垫饥的一味点心。

这些暖心暖胃的纸上滋味，读着读着身上也不由得暖和起来。

秋天是一匹瘦马

□ 能　能

踏着落叶的沙沙声，秋天像一匹瘦马，行走在天地间。它不急不缓，仿佛从古代诗人的笔下走出，携带着千年的风霜与思绪。

瘦马走在林间小道上，偶尔有树叶随风飘落，如同时间的碎片，轻轻触碰着行人的肩头，又悄然滑落，不禁让人想起"无边落木萧萧下，不尽长江滚滚来"。秋天，就是这匹瘦马，载着时间的车轮，行走在苍茫大地上，留下一串串深沉的足迹。

瘦马的眼神里，藏着一种难以言喻的欲说还休，那是对过往的怀念，也是对未来的超然。正如辛弃疾所写："欲说还休，却道天凉好个秋。"秋天，总是让人欲言又止，心中有着千言万语，到头来却只化作一句淡淡的"天凉好个秋"。这份哀愁，不是悲伤，而是一种对生命深刻体悟后的宁静与淡然。

瘦马继续前行，穿过一片枫林，枫叶如火，燃烧着最后的绚烂。这火红，是秋天对生命的最后一次热烈拥抱，也是它对这个世界最深情的告别。正如杜牧的《山行》所描绘："停车坐爱枫林晚，霜叶红于二月花。"秋天的美，不在于它的繁华，而在于这份历经沧桑后的从容与壮丽。

夜幕降临，瘦马停在了一棵老树下，月光如水，静静地洒在它的身上。四周一片寂静，只有远处的虫鸣和近处的风声，仿佛在诉说着一个又一个古老的故事。此情此景，让人不禁想起马致远的《天净沙·秋思》："枯藤老树昏鸦，小桥流水人家，古道西风瘦马。夕阳西下，断肠人在天涯。"秋天，就是这匹瘦马，承载着游子的思念与乡愁，行走在无尽的时空之中。瘦马在这萧瑟秋风中漫步，每一步似乎都踏在了诗人的心弦上，激起一阵阵悠远的回响。马背上的鞍鞯依旧，正如这季节的容颜，经历了春的繁华、夏的热烈，如今只剩下这份淡然与沉静。

秋天，是一匹瘦马，它走过了春的生机、夏的热烈，如今带着一份淡然与哀愁，缓缓步入冬的沉寂。它的每一步，都踏在了历史的尘埃上，也踏在了每个人的心坎上。在这匹瘦马的背上，我们仿佛能看到那些逝去的时光，感受到那些曾经的温暖与悲凉。秋天，不仅仅是一个季节的更迭，更是一种心境的转换，是对生命深度与广度的又一次探索和领悟。

于是，我学会了在这样的季节里，放慢脚步，静下心来，去聆听那一声声落叶的轻吟，去感受那一缕缕凉风的轻拂，去品味那一份份淡然的哀愁。

秋天，这一匹瘦马，正用它独特的方式，告诉我们：生命之美，不仅在于繁华与热烈，更在于那份经历风雨后的宁静与深远。

时间不语，
却见证了所有努力

皇室之中，亦有棠棣花开

□ 赵 蕊

《诗经》中有"棠棣之华，鄂不韡韡。凡今之人，莫如兄弟"，这是赞颂兄弟之情。我国自古以孝悌为美德，对父母尽孝自不必多说，兄友弟恭的例子也不少见。然而在皇室之中，兄弟之间似乎总是尔虞我诈多过手足情深。

清康熙年间，皇子们围绕皇位展开了长达十余年的斗争，最终继位的雍正帝也因残害手足引来不少争议。《清史稿·世宗本纪》评价雍正帝："论者比于汉之文、景。独孔怀之谊，疑于未笃。"孔怀之谊是指兄弟间的情谊。也就是说，雍正帝的政绩堪比文景之治，但对兄弟却有些薄情了。

在特定的历史条件下，雍正帝为了稳固皇位，难免要提防本就不安分的兄弟们。但在众兄弟中，有一位是他不必提防，甚至始终诚心相待且无比信任的。这位兄弟就是后来被他封为怡亲王的十三弟胤祥。

雍正皇帝胤禛比胤祥年长八岁，二人并非同母兄弟，但自幼便有很深厚的感情。年龄稍长后，康熙帝令胤禛教胤祥演算之学。康熙帝这一安排，除了因为二人兄弟情深外，还有重要的一点，胤禛曾是康熙亲自教导的，把十三子交给他，康熙帝很放心。

彼时，胤祥是康熙帝特别疼爱的一个孩子，从康熙帝三十七年（1698）即胤祥十三岁起，十年间他随康熙出巡达三十次，这是太子之外其他皇子未曾有过的待遇。然而康熙四十七年（1708），胤祥的命运发生了彻底的改变。此后的十余年间，胤祥行踪成谜，官修史书中也鲜见记载。没有人知道当年到底发生了什么，只是后人猜测，或许与胤禛有一定的关系。

无论是什么原因，当时的胤祥备受冷落，对人情冷暖有很深的体会。这时，唯独胤禛对他不离不弃。胤祥在失意之时会写诗向哥哥胤禛倾诉心中的孤寂与苦闷。而胤禛将弟弟寄给他的诗作珍藏起来，并在胤祥去世后，整理成《交辉园遗稿》，附在他自己的文集之后。

康熙帝在位期间，胤祥是唯一未受封的成年皇子。雍正帝登基后，他任命胤祥为总理事务大臣，晋升为"和硕怡亲王"。后人认为"怡"字出自《论语》的"兄弟怡怡"，指兄弟和悦相亲。不管雍正帝是否出于这个意思，在此之后，他确实毫不掩饰地表现出了对怡亲王的信任与偏爱。

除了任总理事务大臣，怡亲王还总管户部，总管水利营田事务，主管钱粮奏销的会考府事务，任军机大臣……因此被后人戏称为"副皇帝"。雍正帝也曾说："军务机宜，度支出纳，兴修水利，督领禁军，凡宫中府中事无巨细，皆王一人经画料理。"这个"王"，指的就是怡亲王。

当然，怡亲王并没有辜负雍正帝的这份信任。康熙朝后期，官吏贪污，从朝廷户部到地方仓储都有严重亏空。怡亲王对此进行整顿，清除积弊，精密稽核，加之他为官清廉，使得各部门再不敢弄虚作假。很快，库储丰裕起来，岁入也大大增加。雍正朝国库充实，社会安定，百姓生活富足。

雍正三年（1725），怡亲王勘察直隶水利，三个月的时间奔波数千里。他从不因自己的亲王身份而躲避辛苦烦劳之事，凡事亲力亲为，不畏艰辛。他经过详细规划，制成了水利图，受到雍正帝的赞赏。之后，怡亲王亲自指导修河造田，开辟荒地。数年之后，原本的灾荒洼涝之地变成了千里良田，水灾也相对减少了。

封建社会历朝历代难免有昏官酷吏，他们往往以刑取供，甚至草菅人命。怡亲王对严刑逼供是坚决反对的，他仔细研究案情，以情理服人。在他奉命承审的案子中，他从未对人用刑，而将案件一一审理清楚。他认为："听讼之道，求之辞色，以察情伪，设诚以待之，据理以折之，未有不得其实者。"雍正帝对其大为赞赏，称怡亲王的话是"仁人之言"。

当时，官员私下交往过多会有结党的嫌疑，但雍正帝对怡亲王从无猜忌，还多次令臣子与怡亲王结交。而怡亲王在与官员的交往中，主动关心属下，与对方商谈政事，也让雍正帝省了很多心力。

除此之外，怡亲王面对大量繁杂事务，每每周密处置，勤勉不怠。这不仅是他的个性使然，也是为了回馈雍正帝对他的信任。雍正帝对怡亲王办事是十分放心的，称赞其"无不精详妥协，符合朕心"。

除国事外，怡亲王对家事也是尽心尽力，所以雍正帝也会将皇子交给他照料。几位皇子曾遵父命同怡亲王去围猎。在这次围猎期间，兄弟二人还有书信往来，其中不乏温馨。雍正帝曾玩笑般写道："朕确为尔等忧虑，所忧虑者，当尔等肥壮而返还时恐怕认不出来也。"怡亲王回道："且臣等之旧疾，亦得清除，身体亦将肥壮。倘若确实发胖，而不甚寓目，则将如何好？"雍正帝再回道："对发胖后不堪寓目之事，尔等丝毫勿虑，尽量发胖，愉快而回。"如此轻松愉快的对话，很难想象是出自君臣，倒更像是寻常人家随意谈笑的兄弟。

只可惜，怡亲王未能陪伴他敬爱的哥哥走到最后。雍正八年（1730），怡亲王病故，年仅四十四岁。赐谥曰"贤"，令配享太庙。怡亲王病重期间，雍正帝时刻挂念，并多次想去看望，怡亲王再三恳辞。为了不让哥哥担心，他"旬月间必力疾入见"。怡亲王病故后，雍正帝悲痛不已，急忙赶去，却没能见上最后一面。

雍正帝曾为怡亲王写下祭、诔、悼亡诗等寄托哀思，甚至在上谕中质问天公："天何夺我忠诚辅弼之贤王如此之速也？"雍正帝即位后，为避胤禛名讳，康熙诸子改胤为允。而怡亲王去世后，雍正帝恢复其原名胤祥，是有清一代臣子中不避皇帝讳的唯一事例。不仅如此，雍正谕令："吾弟之子弘晓，着袭封怡亲王，世世相承，永远弗替。凡朕加于吾弟之恩典，后世子孙不得任意稍减。"

如此深厚的兄弟之情在宫廷之中并不多见，可谓难得，令冰冷多疑的紫禁城多了几分温情，也让后人看到，皇室之中，亦有棠棣花开。

爆笑一刻·这顿饭我请

□佚　名

小张向来爱迟到。那天，朋友约他吃饭，他到时桌上只有剩菜剩饭了。

小张看了看桌上的菜，总共不超过300元，于是赶紧坐下，一边夹菜吃，一边说："对不起，这顿饭我请。"

这时，服务员过来说："抱歉，让你们久等了，我马上帮你们把桌子收拾好。"朋友落座后开始点菜："干烧海参、清蒸鲍鱼、芙蓉龙虾……"

时间不语，
却见证了所有努力

鲁智深的热闹与孤独

□ 雅 惠

　　《水浒传》里鲁智深出现的场面大都很热闹，适合舞台表演。拳打镇关西、大闹五台山、大闹桃花村、火烧瓦罐寺、大闹野猪林……一看都是动作戏。

　　在大相国寺，他把前来挑衅找事的混混踢进粪坑，当场制服挑衅者又并不过分惩罚，给人以痛快之感。他很少遇到尴尬狼狈的时刻，唯一一次，是在瓦罐寺，饿着肚子打不过人家。后来又和史进偶遇，吃饱了再战。

　　鲁智深是被读者羡慕和喜爱的角色，他讲义气、耿直，带着对萍水相逢的弱者的同情，并且做事有自己的章法。他有本事，有武力和智慧，能管别人管不了的事，摆平偷菜的混混，却也不会防卫过当。想惩罚的恶人基本都惩罚到了，所以热热闹闹，带着喜感。

　　更难得的是，他为人随缘，能屈能伸，做提辖也好，在五台山做和尚也好，在大相国寺做菜头也好，都能随遇而安。鲁智深交朋友很随意，能和混混一起喝酒，一时兴起还会表演倒拔垂杨柳。对于真正的好汉，他会高看一眼，真心结交。他欣赏的史进和林冲陷入困境，他不惜代价前去相救。他担心公差谋害林冲而千里护送，导致自己无法在大相国寺安身，再次亡命天涯，最终上山落草。为救九纹龙史进，他又孤身犯险，陷入牢狱之灾。

　　谁人不爱鲁智深？他应该不缺朋友才是。可这样一个人偏偏是"天孤星"。征方腊之后，宋江劝他还俗，封妻荫子，光宗耀祖。鲁智深说："洒家心已成灰，不愿为官，只图寻个净了去处，安身立命足矣。"宋江又劝他当名山大寺的住持，他回绝："都不要！要多也无用。只得个囫囵尸首，便是强了。"

　　八月十五中秋夜，在杭州六和寺，鲁智深听到钱塘江潮声，想起师父智真长老送他的偈语："逢夏而擒，遇腊而执，听潮而圆，见信而寂。"他沐浴更衣，写了颂语，圆寂涅槃。留颂曰："平生不修善果，只爱杀人放火。忽地顿开金绳，这里扯断玉锁。咦！钱塘江上潮信来，今日方知我是我。"

　　今日方知我是我，鲁智深的一生都在成长和向内探索，智真长老能够看到他的慧根。周围的好汉，哪怕是林冲和史进，也给人一种不太配做他的朋友的感觉，因为他们的智慧和格局不够。他的热闹里始终带着点孤独，他可以跟其他人共事，但有自己的独立思考和人格，有着他人未必懂得的审美。

　　他会欣赏自然风光，这种高级的审美情趣在整本《水浒传》里很罕见，"忽一日，天气暴暖，是二月间时令，离了僧房，信步踱出山门外立地，看五台山，喝彩一回"。一个会为五台山的春天喝彩的人，令人动容。

　　《红楼梦》里薛宝钗过生日，贾母让她点戏，宝钗点了一出《鲁智深醉闹五台山》。宝玉质疑她的品位，宝钗说，词藻中有一支《寄生草》，填得极妙。"漫揾英雄泪，相离处士家。谢慈悲，剃度在莲台下。没缘法，转眼分离乍。赤条条，来去无牵挂。那里讨，烟蓑雨笠卷单行？一任俺，芒鞋破钵随缘化！"

　　可以说，薛宝钗是鲁智深的知己，欣赏他的孤独与佛性。宝钗同样是智慧通透地活着的人。

珍惜三五人

冯 唐

当年在麦肯锡，我升到了合伙人的位置，很多人来向我祝贺。我当时收到了五六件小礼物，比如一瓶酒、一个本子、一本书等，还有近十封信，其中一封令我印象深刻。

一位年老的资深合伙人用英文写了一封信，解答了我一个困惑，就是人类幸福的根源是什么，特别是在职场中。他引用了一位诺贝尔奖得主的话，那个人研究人类的组织行为学，认为人类的幸福来自两个方面：第一是人，就是和自己喜欢，同时也喜欢自己的人在一起工作；第二是事，做自己擅长又喜欢的事。

这位老合伙人在信中跟我阐述：你擅长的事有可能不是你喜欢的事，你喜欢的事有可能是你不擅长的事。如果不得不挑，你是做自己擅长的事，还是做自己喜欢的事？

那你还是做自己擅长的事吧。因为慢慢地，来自别人的、社会的正向鼓励，会让你认为自己擅长的事也是自己喜欢的事。

如果非要挑，是和自己喜欢的人在一起，还是和喜欢自己的人在一起？

他说他挑的是和喜欢自己的人在一起。如果不得不做这个选择的话，标准答案可能不止一个，这只是一位有智慧的麦肯锡老合伙人给我的建议。

还有一次，我和一位老领导去进行有关经济方面的访问，我担任他的秘书。我们在酒店门口抽烟，当时门口只有我们两个人。那时，在他的职业生涯中，他已经做了很多大事，我问："您下一步还有什么想做的事，这辈子还有什么更想做的事？"他抽完一整支烟，一直在想。

他说："我非常想再过十年就退休，咱们在一栋房子里，房子有可能是你的，也有可能是我的，最好有个露台，要不然有个院子也行，不用特别大。我们四五个人一块儿吃点儿小菜，喝点儿酒。喝酒的时候，想想当年的壮勇，说说当年我们干过什么特别畅快的事，有哪些特别难的时候，哪些我们忍过了，哪些我们拼过了，然后我们变得很开心。"

曾国藩有一句特别简单的大实话："危险之际，爱而从之者，或有一二；畏而从之，则无其事也。"

从外号叫"曾剃头"的曾国藩嘴里听到爱，真是很神奇。他非常坦诚地说，在真正危难的时候能跟你走的，一定是爱你的人，那些怕你的人，绝无一丝可能跟着你走。

以我的定义，贵人不是有钱人、有权人，不是在你遇到事情时帮你平事的人，而是在暗夜海洋里为你点亮灯塔的人，是在你摔断腿之后能为你当拐杖的人，是在你非常不开心的时候像酒一样的人，是你渴了很久之后像水一样的人。

结交贵人太重要了。珍惜这么三五个人，一辈子。

人生一世，起点都是"哇"的一声坠地，终点都是"唉"的一声离世，生不带来，死不带去，中间的构成就是时间，只有时间。

性情中人明白，人生没有终极意义，如果有意义，就是那些过程中的好时光。

成功的谈判要跳出"敌对"思维

□ 刘 润

在很多人的刻板印象里,谈判应该是据理力争,绝不退让,让对方满足所有要求才算成功。谈判专家尼伦伯格讲过一个故事,一位妈妈,把一个橙子送给了邻居家的两个孩子。关于如何分这个橙子,两个孩子吵来吵去,一直没结果。后来A就问B,你要这个橙子做什么?B回答:"我想把橙皮磨碎了,混在面粉里烤蛋糕吃。"A说:"那好,我把橙皮给你,你把果肉留给我,我要把果肉放到榨汁机里榨汁喝。"最后两个孩子达成一致,A得到了果肉,B得到了橙皮。

故事里,A的目的是拿到果肉,而B的目的是拿到橙皮。通过谈判,A拿到了想要的果肉,B也感觉自己赢了。所以,一次成功的谈判,应该是想办法拿到自己的"果肉",还要让对方感觉到他赢了。因此,你得把对方当成合作者,而不能视其为对手或敌人。

但是实际谈判时,双方因为立场不同,会不自觉地把对方划为对手。你可能会想,我要怎么抓住他的把柄,怎么抓住他的逻辑漏洞,怎么打败他。有了这样的想法,你谈判时的重心可能就会放在想方设法让对方输,而不是让自己获益。

有这样一个小测试。30个学员被分成15个小组,每组2人,面对面坐在桌子两侧,伸出右手相握。游戏开始后,每个人的右手背敲一下桌子,可以得一分。游戏的目的是,在规定时间内尽量多地获得分数。参与者被告知,"对方得分多少跟你没关系"。但游戏开始后,每个人都想办法挡住对方,把自己的手背往下压。因为相互较劲,几乎每人只能得1～2分。只有一组很特别。这组有一个人主动把对方的手背压到桌面上,对方开始有些诧异,反应过来后,投桃报李地帮他得了一分。于是两人的手来回地敲击桌面,各自得了20多分。

这个测试中,虽然没有强调坐在对面的就是对手,但大部分人都不自觉地带入了"不能让对方赢"的思维。于是双方相互较劲,谁也得不了分。

格兰特在《重新思考》这本书中,有一个类比,他说,谈判更像是没有事先排练的舞蹈。你想让舞伴跟你做同样的动作,但是她可能会抗拒你,所以你得设法引导她,让她接受你的节奏,达成和谐一致。

怎么达成一致呢?首先,要清楚各自的利益是什么,共同的利益又是什么,各自需要得到对方怎样的支持,该怎么去解决问题;接下来,可能需要营造一个适合解决问题的环境。

如果A和B在谈判前发现:两个人都喜欢同一款玩具,去过同一个地方游玩,名字里有一个相同的字……会不会就和对方更亲近一些?这种状态,会让双方在谈判中更愿意看到对方的利益,也更愿意以开放的心态来寻找解决问题的途径。

你还可以尝试一些其他方法。比如,在开始谈判前,寻找一些共同话题,先跟对方建立联系。或者主动帮对方一些忙,或者请对方帮忙……

如果你能在谈判前成功破冰,在谈判时表现卓越,就更有可能在谈判中获益。一次成功的谈判,应该是一次发现问题、成功解决问题的过程。这需要双方的合作。而合作的前提是,走出"我一定要打败你"的思维,找到共同利益。

大禹误入的"桃花源"
——终北之国

□ 郑晶心

大禹治水时,有一次迷路,误入了一个"终北之国",这国家亦如华胥国般美好。

"禹之治水土也,迷而失涂,谬之一国。滨北海之北,不知距齐州几千万里。其国名曰终北,不知际畔之所齐限。无风雨霜露,不生鸟兽、虫鱼、草木之类。四方悉平,周以乔陟。当国之中有山,山名壶领,状若甔甄。顶有口,状若员环,名曰滋穴。有水涌出,名曰神瀵,臭过兰椒,味过醪醴。一源分为四埒,注于山下,经营一国,亡不悉遍。土气和,亡札厉。人性婉而从物,不竞不争;柔心而弱骨,不骄不忌;长幼侪居,不君不臣;男女杂游,不媒不聘;缘水而居,不耕不稼;土气温适,不织不衣;百年而死,不夭不病。其民孳阜亡数,有喜乐,亡衰老哀苦。其俗好声,相携而迭谣,终日不辍音。饥倦则饮神瀵,力志和平。过则醉,经旬乃醒。沐浴神瀵,肤色脂泽,香气经旬乃歇。周穆王北游过其国,三年忘归。既反周室,慕其国,惝然自失,不进酒肉,不召嫔御者,数月乃复。"

大禹在治水期间,有一次迷路,误走到一个国家,临近北海北岸,不知道离中国还有几千万里。那个国家名叫终北,不知道国土的边界在哪里。这里长年没有风霜雨露,不生鸟兽、虫鱼,不长草木这类生物。四方都是平原,周围环绕着重重叠叠的山岭。国土当中有一座山,名叫壶领,样子像只小口大腹的陶罐。山顶有个洞口,形状像个圆环,名叫滋穴。从洞口涌出的泉水被称为神瀵,气味清香胜过芝兰、花椒,味道甜美赛过美酒。这股源泉分为四条支流,流注到山下,盘绕全国,流遍各处。

这儿地气调和,没有瘟疫。人民性情和顺,不竞争,不争斗,不骄傲,不妒忌,老少同住,不分君臣;男女同游,不用媒妁,无须聘礼;靠水生活,不耕土地,不种庄稼;地气温适,不织布帛,不穿衣服;百岁才死,不短命,不生病。这里人口繁衍兴旺,只有喜悦安乐,没有衰老愁苦。这里的人喜欢唱歌,成群结队,轮流歌唱,终日不停。饿了倦了就喝神泉的水,力量和心神立刻变得充沛。喝多了就会醉倒,十多天才醒过来。用神泉的水洗澡,肤色洁白光滑,香气十多天才消失。

大禹误入"终北之国",很有可能就是后来陶渊明写《桃花源记》的灵感来源。

无论是黄帝梦游的"华胥国",还是大禹误入的"终北之国",乃至武陵捕鱼人所到的"桃花源",它们代表的都是中国文化的理想国,是为帝为王者治理天下的目标。

时间不语，
却见证了所有努力

扬州为什么可"上"可"下"

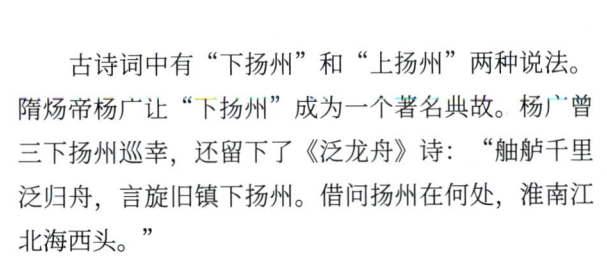

□ 谷曙光

古诗词中有"下扬州"和"上扬州"两种说法。隋炀帝杨广让"下扬州"成为一个著名典故。杨广曾三下扬州巡幸，还留下了《泛龙舟》诗："舳舻千里泛归舟，言旋旧镇下扬州。借问扬州在何处，淮南江北海西头。"

更早的有关"下扬州"的诗词，是南朝时无名氏的《那呵滩》："闻欢下扬州，相送江津弯。愿得篙橹折，交郎到头还。"送情郎下扬州，是一种较常见的抒情模式。

到了唐代，写"下扬州"最著名的无疑是李白。"故人西辞黄鹤楼，烟花三月下扬州。"李白的妙笔，对"下扬州"的流传起了极大的作用。

在后人的诗作中，"下扬州"也是一件风雅之事。如"回首荆南天一角，月明吹笛下扬州""春风吹船下扬州，夜听笛声江月流"……

上文列举的"下扬州"作品，以行路、送别、寄远居多。用"下"字，因为古代从中原一带到扬州，是"下水船"，顺流而下。

"上扬州"源自唐诗。"腰缠十万贯，骑鹤上扬州"，把十万贯、骑鹤、上扬州三者合在一起。

十万贯，在古代泛指发大财。骑鹤，与道教的成仙飞升有关。鹤在古代文化中被认为是长寿、优雅、吉祥的象征，仙人多骑鹤，因此骑鹤有超尘出世之意。而"上扬州"，则是很多古代读书人的梦想。自古以来，读书人的愿望就是做官，如果能在富足的好地方做官，更是求之不得。扬州正是人间乐土。因此，多金、成仙、做官，是这句诗描绘的人间美事。

从宋代起，"上扬州"乃成一典故，时兴起来。在雅士的眼中，"上扬州"或许俗不可耐，于是有人反其道而用之，如南宋欧阳守道的《题兴善院净师月岩图》，"人言腰钱骑鹤上扬州，何如岩中月下从僧游"。金元名臣耶律楚材在《蒲华城梦万松老人》末尾云："撇下尘嚣归去好，谁能骑鹤上扬州？"径直指出"上扬州"乃空幻迷梦。

文人墨客用扬州典故，有虚实之分。用"下"抑或"上"，要视情况而定。但凡表达升官发财、享受人生，或追求升天得道的，多把十万贯、骑鹤和"上扬州"联系起来，这往往是精神上的虚指；而真的要去扬州（包括送别），或由杨广巡幸扬州抒兴亡之感，则用"下扬州"居多。再从情绪言之，"上"有着逆流的刚劲、昂扬的憧憬，而"下"则多喻示顺流的缠绵、离别的伤感。

第六章

自思自立
无人扶我青云志，我自踏雪向山巅

时间不语，
却见证了所有努力

永远不要拎着垃圾走路

□CC

看到这样一幅漫画：一个愁容满面的男人拎着几袋东西在路上走着，丝毫没有注意到周围人异样的眼光。而他手里的东西，散发出阵阵恶臭，将路人都熏得掩住了口鼻。有人忍不住提醒了他，男人才惊觉，自己一直在拎着垃圾走路。

生活中，很多人也有"拎着垃圾走路"的经历，比如遇到了一些破事，就会连着好几天闷闷不乐；经历了一次遗憾，还会时不时暗自伤神，不肯释怀；碰到了不讲理的人，就使劲跟对方争执，非要辩个是非对错……这些坏情绪、小遗憾、烂人烂事，本质上跟垃圾并没有任何区别。但很多人还是喜欢将它们拎在手上，迟迟不肯放下，最终导致自己也被臭气熏染。

1.不要用一时的挫折内耗自己

听过一个观点：人可以有挫折，但不能有挫折感。所谓挫折感，是人在遇到困难或失败时，产生的失望、沮丧、自责或无力感。人一旦深陷挫折感中，就很容易被挫折击垮，从此一蹶不振，灰心丧气。

一个名为霍华德的作家痴迷于小说创作，但在很长一段时间里，他接连写的几部作品，都被出版商拒稿了。面对这种打击，霍华德整日整夜地忧心不已，甚至笃定自己无法再写出优秀的作品。就在他收到最后一封退稿信的时候，他对人生彻底失望，直接朝自己开了一枪。

另一个是作家托马斯·卡莱尔的故事。托马斯·卡莱尔40岁那年，写出了自己人生中第一本著作。写完最后一页，他激动不已，手稿都没收，就跑到院子里散步平复心情。结果在他离开书房后，一阵大风吹过，他的手稿被悉数吹进了火炉里。卡莱尔回来后，看到作品已化为灰烬，崩溃不已。但痛定思痛后，他决心让这件事翻篇，继续投身于新的创作。终于在继续努力了三年之后，他凭借著作《法国革命》一举成名，成为享誉世界的作家。

第一个故事里的作家，深陷挫折感中，最后付出了生命的代价；而第二个故事里的作家，则是将挫折视作一段人生经历，他果断将经历翻篇，故而有了后来的成就。

所以说，被人生的坎坷推到地上之后，是破碎，还是重新弹起，全看我们如何选择。真正聪明的人，永远懂得朝前走、向前看，不会让自己沉浸在挫折感之中。而你若不想在挫折中一直徘徊，那就赶紧摆脱内耗的包袱，去选择愈挫愈勇的人生吧。

2.不要对曾经的遗憾耿耿于怀

印度有位哲学家，深受一位女子的倾慕。

一天，女子大胆找到哲学家，说想嫁他为妻。

哲学家却说要再考虑考虑。

结果哲学家考虑了十年，才下定决心娶那位女子。此时女子早已成婚，还有了三个孩子。

哲学家知道后，几近崩溃，两年之后，他就抑郁而终了。

临终前，他将自己所有的著作丢入火堆，只留下一句对人生的批注：如果将人生一分为二，那么我们前半段的人生哲学应该是"不犹豫"，而后半段的人生哲学应该是"不后悔"。

在一切还来得及之前，就要拼尽全力去抓住，去挽救。可若一切已成往事，那就应努力去释怀，不要再拿过去的记忆，来折磨现在的自己。

人生总有遗憾，若不能及时释怀，就会错过更多。

那些忘不掉的人，办不成的事，回不去的从前，其实只会干扰我们当下的生活。

日子总是要往前走的，你若老是回头看，只会让此后的人生也重复过去的悲剧。

莫言曾说：世事犹如书籍，一页页翻过去。人要向前看，少翻历史旧账。

越是在一件憾事上耿耿于怀，越会让自己痛苦不堪。

学会释怀，懂得算了，才是对自己最好的救赎。

3.不要拿别人的伤害来惩罚自己

如果你走在路上，不小心被蛇咬了，你是先停下来处理伤口，还是拿着棒子去追着蛇打？我相信很多人的答案都是前者。然而同样的道理，换到其他生活场景中，很多人却不会这样选择。

王尔德说过：放不下仇恨，会让荆棘爬满自己的心。

别人对你的伤害，只是一时的，但你若始终不肯放下，最后一定会伤及自身。学会忘却伤害，放过别人，其实也是放过自己。

卢梭年轻时，未婚妻临时悔婚，选择了另一个男人。

他因此大受打击，于是逃离了家乡。多年后，卢梭因写作声名大振，衣锦还乡。

朋友提起了那位未婚妻，还说对方过得很潦倒。

大家都以为卢梭会为此高兴，因为当年背叛他的人，得到了应有的惩罚。卢梭却笑着说，自己早已放下，也不再记恨了。

真正清醒的人，会把时间分给那些有意义的事情，而不是将它浪费在疲惫不堪的关系上。

人生漫长，我们都有很长的路要走，都有很多的事要经历。可你若把路上遇到的每一件糟心的事情都紧紧攥在手心，那就会寸步难行。倒不如扔掉所有让你觉得心烦意乱的垃圾，抖落污染你身心的负面情绪。这样，我们才能腾出一片空间，容纳生活的美好，安放自己的身心。

不入局

□洞　见

《甄嬛传》中有一个情节让我印象深刻。

准噶尔部的摩格进京朝见雍正帝，设下"九连环"之局，想让雍正帝颜面扫地。

这九连环是西域巧匠特制，环环相扣，没有缝隙，压根不能正常解开。

果然，满朝文武挖空心思，尝试很久都没有办法。

摩格正准备借机发难，胧月小公主却大胆一摔，九连环当即散开。

世间很多人和事，就像摩格精心准备的九连环。你若因此困扰，因此内耗，便是着了他们的道。最好的解决方法就是转身就走，不入局。

人生如棋，天地为盘。

愚者容易被拨动，就像那黑棋白子，已入局中却不自知，已被拿捏而不自明。

智者不入棋局，超脱于世事纷扰之外，以超然的心态审视一切，在世俗目光中信步前行。

时间不语，却见证了所有努力

高三的夜里，每个人都会变成光

□十七落渝

离高考还有30天的时候，班上突然转来了一位美术复读生。

他艺考位列全省前一百，但文化课连艺术本科线都够不上。当时我是班长，带他去班里落座，路上我随口问了一句："如果你文化课考到四百分，能上一本吗？"

他叹了口气："重本都行，但我怎么考得到啊！"

我没想到他的美术成绩竟然这么加分，于是问："和你位次差不多的同学，现在都在哪儿读书？"

他报了几所名校的名字，还有一些美院，从他向往的语气中，我明白那些学校拥有怎样的厚度。

艺体班的环境我是知道的，偶尔路过，那些体育生简直能掀翻房顶。我以为他会用学习氛围当借口，于是带着偏见打量他："别人怎么考那么好？环境不都一样吗？"

而他抿了抿嘴唇回答我："他们去找一对一教学机构，那太贵了，本来美术就很费钱了，我家……"

他没再说下去，低下头沉默了。

我没想到竟是这样的原因，为自己先入为主的偏见愧疚起来。可他没有经济条件寻求更好的学习资源，就只能独自在并不擅长的领域里挣扎，但不是所有人都能自救的。守着教室的后门单坐，老师都不会费力去辅导他，更不会有人拉他一把。

在这一刻，我下定决心要帮帮他。

于是我斟酌着字句："坐在后面可能不会有什么进步，你愿意坐在讲台旁边吗？有问题我都可以帮你的。"

于是我座位前多了一个男孩瘦削又倔强的背影。他永远低着头不停写着记着，桌上的书慢慢摞得比我的还高，可班里的节奏于他而言太快了，我们都已经习惯从容地面对高考，只有他在手忙脚乱地奋笔疾书。老师讲的难题他根本听不懂，可简单的题老师不讲，因为班里根本没人不会做。他只好在晚自习的时候转过身，又怕打扰到我，就小心翼翼地碰碰我的桌子，很拘谨地问了我一道题。

他坚强，但敏感，清楚地知道身在这个人人能过一本线的重点班里，任何人都能嘲笑他的无知，但他仍然鼓起勇气，把这道简单到有些幼稚的题目摆到我的面前。

人的自卑是很难遮掩的，他努力装作淡定，手却在微微发抖，像在等我审判。我感觉一阵心疼，于是温声说："放心，你听我讲一遍就会了。"

他眼睛一亮，像得到慰藉的小孩在大人面前努力表现自己，认真在草稿纸上演算，并提出一些幼稚的问题，我一一耐心回答，很快他却眼眶红了，然后落下泪来。

我一阵触动，一时竟不知该怎么说出安慰的话来，难道要对他说"这都很简单，你多做做就会了"吗？

我不能这样说，像在用我的倨傲鞭笞他的自卑。

他慌乱着说了"对不起"和"谢谢"，打算落荒而逃地转过身去，这个时候我终于发出声音："你多问我，我帮你，一定可以的。"

他点头，还是不停说着"谢谢"，然后转头回去继续写着算着。最终我看到这个倔强的背影突然趴了下去，他把脑袋埋进臂弯里，肩膀轻轻抖动着。

我们心照不宣地没再提那晚的事，他怕耽误我的复习，只在每一个晚自习铃声打响时，从他那摞高高的书卷里拿出白天不会做的题，轻轻推到我面前，认真地听我讲。

他搬进了我们班的男生宿舍，班上的男生都说他很努力，夜里一两点大家都睡下的时候，只有他的床位还亮着光。

他又怕打扰到大家休息，会拿枕巾包住手电筒，把翻书和写字的声音放到最轻。

距高考还有10天的时候，我要来他的政治课本帮他划重点。他的书是自己应届时的，翻得边角有些破烂。我无意窥探他留下的印记，却在某一页看到他写的一句话，那些字随着新添的笔记变得旧了，许是他刚复读的时候写上去的。

"当众人齐集河畔，高声歌唱生活，我定会孤独地返回空无一人的山峦。"

我心里狠狠一颤，抬头又去看他瘦削倔强的背影，他进步很大，二模考了350分，成绩下来的时候，他就差抱着我哭一场。

他是不是没想过自己能过线？如果这一次又落榜，又复读，在往日的朋友考上理想大学的欢呼声中，他又要一个人低头回到这里，沉默着琢磨怎么也想不通的基础题。

他在此刻转过头想问我问题，然后看见我对着那句话发呆。

我反应过来，笑着问他："你也喜欢看海子的诗？"

他也怔了一会儿，点头："喜欢，看过好多遍。"

瘦削倔强的少年，美术天赋异禀，求知欲如熊熊燃烧的火，善良感性，喜欢读诗。

我看着他："你相信吗？这是你最后一次复读，你一定能考个好大学！"

高三正如看不清暗流涌动的茫茫黑夜，他走在独木桥上，自己却发着光。

他果真没有辜负我的话，高考考了403分，这足以支撑他考上一所理想的大学。

出成绩时他第一个打电话告诉我，激动得控制不住地哭："你知道吗？你就像一束光一样，如果没有你，我都不敢想象该怎么度过那些日子……真的很谢谢你……"

通知书下来的时候，他在朋友圈发了一段话，是海子的《跳伞塔》。

已经有人
开始照耀我
在那偏僻拥挤的小月台上
你像星星照耀我的路程

我替他高兴，于是评论："你要感谢自己，你才是照耀自己路程的光。"

——你要知道，在高三的夜里，每个人都会变成光。

快乐聊天法

□徐悟理

任何对话或聊天，只要有一方试图说服对方，就很难顺畅进行下去。

说服，就是让对方接受自己的观点或决定，但谁会轻易接受别人的观点或决定呢？每个人都有自己的想法，如同世界上没有两片相同的树叶一般，于是，不认同、辩驳、反对时有发生，不欢而散也就不足为怪了。

如何让每场对话、聊天都变得顺畅快乐呢？只要不试图说服对方便可。求同存异，不争辩，允许对方拥有自己的看法和决定。

时间不语，
却见证了所有努力

一代人有一代人的洪水猛兽

□毛利 s

前几天，儿子在做一道英语阅读题。我为了检验自己的英语水平，也拿来同样一道题做。

这篇文章讲的是间谍"007"和真间谍的区别。这太简单了，谁没看过"007"系列电影？虽然我不是动作片影迷，但那句标志性台词"Bond, James Bond"几乎刻在我的脑海里。

随着"007"三个数字浮现的，还有各种目不暇接的大场面：豪华晚宴、眼花缭乱的直升机打斗、开着超跑亡命天涯……在每一部"007"系列电影里，"007"都跟神一样，能化解各种危机，让人有种错觉——要不是他，地球都不知道被坏人毁灭多少次了。

这阅读题对我来说太好理解了。我真的没想到，艾文看了第一段就说："在讲什么啊？"

"什么？！你不知道'007'？"

他茫然地摇摇头，看起来是真不知道。他不仅没看过"007"系列电影，而且闻所未闻。

我认真思考着，为什么我们会产生这么巨大的差异？主要原因可能是，在他小时候，我刻意地把电视逐出了他的世界。

跟我爸妈住的时候，艾文经常一动不动地盯着电视上的动画片。那会儿很流行一种观点：看电视是被动吸收，大脑得不到锻炼，长此以往，小孩会缺乏思考能力。听着很对，而且越想越有道理。

那时我读大卫·华莱士的书。华莱士经常称自己是典型的美国电视儿童，因为他几乎是在电视机前长大的。我对他书中的描写有深刻的印象——他虽然聪明过人，在学数学和打网球上都有着过人的天赋，但他时不时就会坐在电视机前不可控制地看一整天的电视。

那可不行，电视确实太毒了。

后来艾文四五岁时，我们搬了家。新家没有电视，我感到一阵畅快，终于不用让小孩对着电视看个没完没了了。再后来买了房子，装修的时候，我把房子原来的电视背景墙砸掉，换上整面墙的书柜。

在想象中，我们一家都是埋头看书、热爱阅读的人，没准我还能时不时跟小孩交流我们对同一本书的看法。

再后来，只能说，理想很丰满，现实很骨感。

一年级时艾文上网课，为了不影响他的视力，我买了一台大电视机。他经常窝在地下室看纪录片，比如《动物世界》《荒野求生》……回过头看，这是多好的一个学习机会啊。

可惜当时我和小陈都觉得，这样下去还得了？

我们紧急阻断了他看电视的各种途径。现在，他迷恋上了看手机视频，我才开始后悔。

你别说，电视挺好的，起码能在电视上播的东西，都是经过审核的，而且孩子通常能从电视节目中学到点什么。即便是从电视上看一部电影，那好歹是个有血有肉的长故事，不像大部分短视频……

当我意识到这一点的时候，我真的很崩溃。

想到小时候我之所以爱看小说，是因为爸妈不让看——他们认为跟课业无关的书，都是要反对的闲

144

书。现在我和颜悦色地对小孩说："看书吧！什么书都行，只要是你喜欢的书。"却发现任何一本书对他都没有吸引力，他经常草草翻几页，说："没找到我喜欢的。"

我父母把闲书当成洪水猛兽，我把电视当成洪水猛兽，现在真正的洪水猛兽来了——手机。

这些到底是不是洪水猛兽呢？小时候看了那么多闲书，也没怎么样，我甚至屡屡怀念那些不眠不休看大部头的夜晚。看了那么多电视，似乎也没变傻。

或许人类就是这样，每一拨老去的人，都在替下一拨人敲着警钟："洪水猛兽，洪水猛兽来啦！"

再一看，下一拨人，已经在洪水猛兽中站稳了脚跟……

我再次想起某个哲人的话："不要替未来的事情忧愁。"可是，我总也忍不住对孩子们敲着盆大喊："少看点手机啊，手机会吃了你们的！"

中药情书

□王吴军

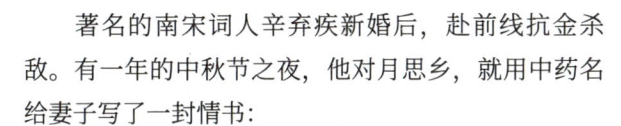

著名的南宋词人辛弃疾新婚后，赴前线抗金杀敌。有一年的中秋节之夜，他对月思乡，就用中药名给妻子写了一封情书：

"云母屏开，珍珠帘闭，防风吹散沉香。离情抑郁，金缕织硫黄。柏影桂枝交映，从容起，弄水银堂。连翘首，惊过半夏，凉透薄荷裳。一钩藤上月，寻常山夜，梦宿沙场。早已轻粉黛，独活空房。欲续断弦未得，乌头白，最苦参商。当归也！茱萸熟，地老菊花黄。"（《满庭芳·静夜思》）

辛弃疾在这封情书中用了云母、珍珠、防风、沉香、郁金、硫黄、柏叶、桂枝、苁蓉（从容）、水银、连翘、半夏、薄荷、钩藤、常山、缩砂（宿沙）、轻粉、独活、续断、乌头、苦参、当归、茱萸、熟地、菊花等二十五个中药名，表达了自己在中秋之夜对妻子的绵绵相思之情。

辛弃疾的妻子接到这封情书后，也以中药名回信一封：

"槟榔一去，已历半夏，岂不当归也。谁使君子，寄奴缠绕他枝，令故园芍药花无主矣。妻叩视天南星，下视忍冬藤，盼来了白芷书，茹不尽黄连苦。豆蔻不消心中恨，丁香空结雨中愁。人生三七过，看风吹西河柳，盼将军益母。"

辛弃疾的妻子用了十六个中药名，表达了自己心中的思夫之情。

明朝文学家、戏曲家冯梦龙在编著的一本书籍里，也提到过一封中药情书：

"你说我，负了心，无凭枳实，激得我蹬穿了地骨皮，愿对威灵仙发下盟誓。细辛将奴想，厚朴你自知，莫把我情书也当破故纸。想人参最是离别恨，只为甘草口甜甜的哄到如今，黄连心苦苦嘴为伊耽闷，白芷儿写不尽离情字，嘱咐使君子，切莫做负恩人。你果是半夏当归也，我情愿对着天南星彻夜的等。"（《桂枝儿》）

这封情书用了十四个中药名，情思和情趣跃然纸上，堪称情书中的佳作。

时间不语，
却见证了所有努力

战胜"拖延症"，我重获对生活的掌控感

□提 提

从小到大，我都不是一个自制力很强的人。很多事情都喜欢拖到最后关头才完成。印象最深刻的还是学生时代赶作业的场景。在县城上初中的时候，一个月才能回家一次。回家的两天，我异常珍惜，无论是疯狂挤时间看电视剧，还是陪爷爷奶奶唠嗑，都绝对不想打开作业本和试卷。

周六一天，我还能把作业和学校里的各种事抛到九霄云外。一到周日要返校了，作业还没写的焦虑感就像一片乌云笼罩在我头上，且这种压迫感随着时间的流逝越来越强。幸亏学校每个月才放假一次，不然我的学业就有大麻烦了。在校期间，老师盯得紧，同学们竞争激烈，我的拖延症也没太多机会发作。

后来毕业了，开始工作。我发现那些短期内要完成的工作，我一般都会做得很好，经常得到领导的夸奖。但如果某项工作没有给定期限的话，我总是迟迟不愿开始，直到领导询问我工作进展到哪儿了，才匆忙开始找资料、写草稿，最后出来的成品自然很失水准。

如果说工作上的事情因为有指标、有考核必须按时推进，那么没有规范约束的生活领域已经成为我拖延症发作的重灾区。特别是工作后我搬出来住，我的拖延症似乎一日比一日严重。衣橱的门把坏了需要更换，卧室空调滴水严重等待维修，家里的快递堆得把过道都快堵上了，等等，如果要列一个待办事项清单，恐怕得有几页纸长。

尽管拖延症给我的工作和生活带来了诸多不便，但也仅仅是不便而已，起码没有让我栽太多的跟头。因此，一直以来我都可以和拖延症和平相处。直到发生了一件事，让我开始痛下决心戒断拖延症。

去年体检的时候，医生告诉我，我有颗蛀牙，不是很严重，早点去治疗问题不大。我当时不以为意，也没觉得不舒服，迟点再去没关系。而且，我从小牙齿就很好，基本没看过医生，对牙医和治疗有点恐惧。后来，我发现吃冰的和酸的东西时牙齿总有点凉飕飕的感觉，但也没太在意。不知道从什么时候开始，我很容易牙龈痛，早上刷牙的时候牙龈还会出血。越来越多的症状出现，我有点慌了，不敢再拖，马上预约了医生看诊。检查结果出来我就傻眼了，原来那颗蛀牙已经烂到需要根管治疗，旁边的几颗牙齿因为蛀牙也要磨掉重补。拖延症的代价除了价格不菲的治疗费，更让我心痛的是，好好的牙齿因没有及时治疗而变得千疮百孔。如果听医生的话早点治疗，就不会有这么多事了。该死的拖延症！抱着悔不当初的心理，我决定对拖延症宣战。

俗话说，知己知彼，百战百胜。我复盘了一下自己患上拖延症的几个原因。无论是上学时总是拖到最后一刻才开始写作业，还是工作后喜欢把各种琐事不断推迟延后，很重要的一个原因是感觉时间不太够用。平常在学校寄宿，除了学习几乎没有娱乐时间，回到家就只想报复性地玩。工作后，白天的时间都被上班挤占，偶尔还要加个班，回家后属于自己的时间本来就不多，更不愿意将其花费在各种繁杂事务上。

此外，碰到一些棘手的工作，或者需要耗费很大精力才能完成的事，我第一反应就是逃避，想着先

146

放一放，暂时摆脱这些事情的困扰。有时候会觉得这些任务很重，自己做不来，也不想去做，还没开始就已经退缩了。时间长了，这些重要但不太紧急的事情就像病毒一样慢慢侵蚀我的生活，等我发觉时已经晚了。

为了摆脱拖延症，我尝试过很多方法。最终，我逐渐摸索出一种"分类施策+即时奖励"的方法，对付拖延症挺管用。先是把要做的事情列出一个清单，将任务可视化，再按照完成难度分成绿色、黄色和红色。绿色代表容易，当下可以完成的事项；黄色代表一般难度，需要花费一定时间和精力才能完成的事项；红色代表完成难度较高、时间跨度较大、投入精力也更多的事项。然后根据不同难度匹配不同的兑现奖励。比如，如果我在规定期限前就完成了领导交代的任务，就算没有得到领导的奖赏，我也会奖励自己一条平时舍不得买的裙子。工作日下班后不想收拾，我就在每周五晚上定期大扫除，这样平常工作日回家就可以安心躺平，周末也能有一个相对整洁的环境休息。

当我开始行动，从日常生活中那些简单的事情做起，即刻完成的成就感会不断形成正反馈，清单上的任务一件件被完成，驱使我不断去完成更高难度的事情。叠加我给自己的配套奖励，去看一场脱口秀，吃一顿自助餐，那些待办的事项变成了我满足心愿、愉悦自己的手段，"去做"变成了一件自然而然的事。

与拖延症"鏖战"几个月，现在的我再不会因为拖延而烦恼了。住在干净整洁的房子里，物品的摆放井然有序，会莫名有种心安的感觉。工作上也更加从容，各种任务有序推进，即使临时收到命令也不会慌张。我现在重新开始上普拉提课，每周锻炼2～3次，身体变得更加健康轻盈。最近，我还开始学成人钢琴，真切地感受到音乐世界的美妙。一切都在向好的方向发展。

自　醒

□ 倪西赟

在古代的文人雅士中，吃喝玩乐学样样精通的，生活在明清之际的史学家、文学家张岱算是一个。张岱出身于一个显贵的书香门第，早年家底丰厚，到处悠游。

在张岱"吃喝玩乐学"等众多爱好中，斗鸡一度让他痴迷万分。张岱的斗鸡，长相彪悍，性格凶猛，霸气十足，无论什么人前来与之斗鸡，都会狼狈收场。张岱赢了他们的古董、书画、银子等，好不得意。他与朋友成立"斗鸡社"，还效仿唐代王勃作了一篇《斗鸡檄》，一时间红红火火，风光无限。

来和他斗鸡的人想尽了办法，都无法取胜。一次，一位朋友给自己的斗鸡装上了金属爪子，加固了羽毛，让斗鸡进可攻退可守。即使这样，这只全副武装的斗鸡，照样输了。自此，张岱更加痴迷斗鸡，自认天下无敌。有人劝张岱勿痴迷斗鸡，以免玩物丧志，而张岱听不进去。

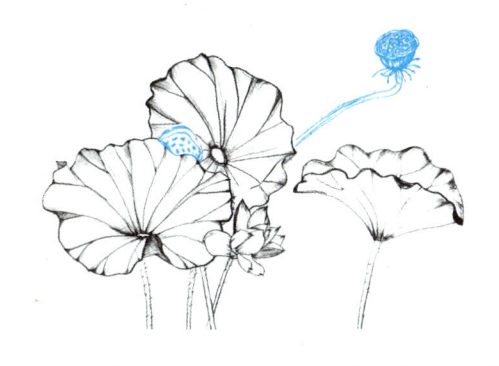

当然，张岱也未放弃读书。一次，张岱读到一本野史，当他读到"唐玄宗酉年酉月生"时，大喜过望，因为他也是酉年酉月生，于是倍感自豪。可他读到"因好斗鸡而亡其国"时，心里一沉，顿出冷汗，心里久久不能平静。不久，他果断解散了"斗鸡社"，把自己的斗鸡全部送人，从此不再斗鸡。

很多时候，人是叫不醒、骂不醒的，唯有自醒，方能迷途知返。

时间不语，
却见证了所有努力

为何在飞机起飞前 40 分钟就停止值机

□ 琳 可

为何在飞机起飞前40分钟就停止值机？

为了保证你乘坐的每一趟航班都能顺利抵达，除基本的餐食准备、机舱清洁之外，工作人员还需要紧锣密鼓地利用40分钟去完成一件大事——配载平衡。

简单来说，配载员需要为每一架飞机做好"身材管理"，对实际登机旅客、行李、货邮、燃油等数据进行精确计算，并给出合理的"负重安排"，确保飞机的重量和重心在安全的范围内。

1999年至2014年，美国通用航空每10万飞行小时会发生6至7起事故，而与重量和重心相关的事故，每百万飞行小时才会发生两三起。然而，与重量和重心相关的事故有57%的死亡率，其他原因引起的事故的死亡率是21%。

飞机的重心位置与飞机能否保持平衡息息相关。重量的增加会让飞机起飞和着陆时滑行的距离更长，增加偏离跑道的风险。在飞行时，也可能由于爬升梯度不足，难以越过航路中的山脉等地形。

为了兼顾飞机的稳定性、飞行性能、起飞距离、油耗等因素，配载员往往会在安全范围内找到一个比较完美的位置，平衡重心。

而这个精确的结果，需要配载员全方位了解这架飞机的特性（例如运行空机重量、最大起飞重量、最大无油重量）以及本次航班的装载情况，而后者大部分来源于值机时登记的数据。

如果你在停止值机之后办理登机手续，你的"新数据"可能会打乱后续的计算进程，给工作人员带来不小的麻烦。

具体而言，配载员是如何计算并做出安排的呢？

在值机时，系统并不会登记每位旅客的身高体重，配载员会按照成年人75千克，儿童38千克，婴儿10千克的标准展开估算。

有时打折的成人票比儿童票还便宜，家长就会给孩子购买成人票。这种行为具有一定的安全隐患，最好提前向航空公司或值机人员说明情况，以防万一。否则你可能会和澳航的乘客一样体验到惊险一刻：87名小学生在计算时被当成成人，导致飞机起飞时"鼻子过重"，差点酿成大祸。

乘客的入座情况会引起飞机的重心变化，因此配载员不仅会提前控制座位的发放，还会依据值机的情况实时调整，不停地锁放前后排的座位。

这也是为什么坐飞机不能像坐火车时那样随便地走来走去，想换个座位还要找乘务员协商。你的一举一动，都在对飞机的平衡产生影响。

安排行李和货物，也是同样的道理。物品类型、重量、体积等，都是需要综合考虑的因素。

在掌握这次"出行负重情况"以后，配载员就可以据此计算飞机的燃油储备了。

事实上，我们乘坐的飞机不止一个油箱，甚至机翼上也能储油，这也是出于保持平衡的考量。飞机的燃油系统还能在不同油箱间运输燃料，帮助飞机调整重心。

不"打卡"，创意旅行

□张 丰

有一个在上海读大二的小伙子，乘坐公交车从上海出发，花了六天五夜，车费318元，坐了1291站，到达北京。这是我最近看到的最有意思的旅行方式。

说是旅行可能有点不妥，因为这位同学的主要目的似乎还是赶路，他选择了最慢的公共交通，但是还不够慢，很多城市都只是路过，没有停下来走一走。不过，那1291个站名，一定给了他巨大的震撼。

就在这段时间，各大媒体都发起了一个"高速看中国"的活动，派出记者走各大高速公路，见证中国的巨大变化。这位大二学生则以相反的方式来完成这个活动。公交车很少行驶在高速上，最多是城市的快速路，但是他看到了高速上看不到的丰富性。

最重要的一点是，这样的旅行要花费更多心思。任何手机地图，都无法提供完整的从上海到北京的导航，你必须一段一段换乘，每天分段选择自己的"目的地"。事实上，确实也有部分路段，无法通过"市内公交"来实现接驳，不得不采用城际大巴来代替。这种选择路线的过程，本身就很有趣味，因为你面对的是一个未知世界，是"攻略"和旅行推荐所无法提供的。

随着各种手机应用软件的流行，中国人的出行已经大大方便了。即便是在川藏公路（318国道）上，每个县城和小镇，都有很好的手机信号。到一个地方打开手机，5分钟内就可以找到合适的住宿和餐饮推荐，上面都有打分和用户评论。

如果你是一个赶路的人，绝对会赞叹这种进步，但是假如你在旅行，在方便的同时也会怅然若失，因为你看到的，都是"别人"为你推荐的，都是"打卡地"，你收获的风景，在某种意义上是复制的，而不是你自己发现的。有时候，我都会丧失拍照的乐趣，任何一处打卡地，网上都有不少照片，多半还比我拍得好呢。

如果我们把旅行的意义理解为"看到不同"，那么人的探索和发现就是最重要的。大多数时候，我们由于缺乏足够的时间，就选择了偷懒，按照推荐来旅行，这在很大程度上扼杀了"在路上"的乐趣。如果我们要获得真正的新鲜感，就不得不投入创意——是的，在今天这个时代，旅行已经关乎创造力，是一种创意生活方式了。

那位大二男生无疑是有创意的，他发明了一种只属于自己的慢旅行方式，以后如果有人要模仿，可能要参考他的"路书"了。有朋友评价这位大二男生的"旅行日记"看上去还比较单薄，这与习作水平和时间不够有关，但是他的创意配得上所有赞美。

在上海和北京之间，有很多种交通方式可选，但只有他的选择最独特。有关方面可以从中获得灵感，推出一个"慢旅行"套餐。

在当下，中国已经有了高度发达的通信和交通手段，我们可以很快，但是这种社会基础也为我们提供了"慢"的可能。世界的丰富性就体现在这里，如果换一种方式，换一种眼光，就会有全新的发现——世界一直是新的，等待着有心人重新发现。真正的旅行，应该就像那位大二男生一样，自己选择线路和交通方式，完美地躲避别人的目光，来一次发现之旅。

时间不语，却见证了所有努力

年轻人"爆改工位"，在共性中存放个性

□ 李梓涵

从旅游景点的"爆改人物"到租房生活的"爆改出租屋"，"爆改"的风又吹到了年轻人的工位上。有人在工位种果蔬，有人创造"森林"，有人让仓鼠、寄居蟹成为上班"搭子"。

在一个社交网络平台上，一群年轻人创建了"可以看看你的工位吗"讨论小组，简介写道："人生有近一半的时间在工作，工位上的方寸之地，仿佛是我们另外一个栖居所，看着我们叹气、奋斗……"8万余人在这个小组里分享特色工位，让方寸之地有了具象化的"小美好"。

"工位是公司的，但快乐是自己的。"杭州女生秦姣（化名）曾一年内用1万元购买各种潮玩和手办改造工位，还有人搭建"精装修3平方米小别墅"。网友"淘小米的四季"每天都会记录工位桌面的样貌，在网上分享如何布置出具有舒适感和高级感工位的经验。说起来，"爆改工位"也算不上什么新鲜事物。网友小李回忆，儿时每次前往母亲的办公室，都能看到她桌面玻璃板下边压着的和学生的合照。母亲的教师同事，桌上也都有植物、合影、砚台等。对那个时代的年轻人而言，这些就是他们的"手办""潮玩"。

当代上班族，工位是一周五天、每天花三分之一的时间待着的地方，与身心感受当然密不可分。从本质上看，"爆改工位"不是装饰的堆叠，而是通过努力，让单一的工作环境变成带有个人属性的独特区域，在改善物理环境的基础上，使工位更为舒适化和个性化，愉悦身心。

从某种意义上说，"爆改工位"不需要"档次""品位"或"审美眼光"的打量。看上去严肃成熟的中年人，会在工位抽屉中放入自己喜爱的毛绒玩偶。这些玩偶虽然不是当下最流行的款式，却也成了最好的上班伙伴。一名中年网友戏称自己的工位是"微型工人疗养院"，他说："年轻时，工位是我奋斗时的燃料仓，拉开柜子，里面塞着的都是八宝粥、压缩干粮和洗漱用品。但现在，里面放着的是健身器材、各种营养补剂和不同规格的数据线，一切配置都是为了生活得更舒服。"

有些"工位"不在办公楼内，更容易被公众看见。穿梭在楼宇之间的骑手们，近年来装扮得颇具特色。有人在头盔上绑了超大号的红色蝴蝶结，有人变身"玉皇大帝"，有人头上"长"了十几只袋鼠耳朵，有人在工服外贴满橡皮鸭子玩具。这样满世界流动的"工位"拥有更加广阔的表达空间——有人是展示荣誉（单王），有人是表现个性和趣味，有人是分享自己独一无二的生活态度。

在工作中感受到正向情绪时，人们坚持下去的动力更强。"爆改工位"是于"社会属性"中守护和凸显"个性"，也是当代年轻人"自我赋予"情绪价值的努力。每个人对工作的理解不同，也不必宣扬"把工位当家"。如果工作与生活的界限逐渐模糊，普通人还可以积极且温和地去应对。"爆改工位"或许就是我们作为劳动者和独特个体身份之间的缓冲地带，帮助我们找到工作和生活的平衡点。

换句话说，"爆改工位"的人或许不一定热爱工作，但一定热爱生活。

牧鹅放鸭

□ 詹亚旺

在还没读过骆宾王的《咏鹅》之前，我已当了两三年的"鹅司令"。

我们村背靠"大山岭"，稻田环绕。每年一二月间，时有霏霏细雨，那些之前被翻犁起来"晒田"的泥块长满了马蹄菜、一点红、田基黄、盐菜、田艾等，湿润的冬闲田变成了"百草园"，各种野草野菜鲜嫩欲滴。我将一群鹅赶到田里，它们自由自在地享受绿色大餐。鹅除不吃田艾和"鹅不食草"外，其他草类通吃。鹅在快乐地吃草，我则在悠闲地摘田艾。鹅吃草吃得香，边吃边"鹅鹅鹅"地叫着。待鹅们吃饱了，我的竹篮子里也盛满了又嫩又香的田艾，皆大欢喜！

除了牧鹅，我还放鸭，当"鸭司令"。鸭子生性喜水，早稻田里水源充足，适其所好。一到稻田边，20多只鸭子就像士兵发起冲锋般，一边"嘎嘎嘎"地叫着，一边飞快钻入稻田，耳边顿时响起一阵"嗒嗒嗒"声。稻田里有小鱼小虾、田蟹田螺、泥鳅塘鲺等，也有一些小虫子，这些都是鸭子喜爱的天然美食。鸭子一钻进稻田，没吃饱玩足耗上两三个钟头是不肯出来的。任凭你"哩哩哩"把集结号吹得震天响，它们就是无动于衷。所以，放鸭最爽快的是"放"，最费劲的是"收"——将它们一只不落地召集回家。

与鹅相比，鸭的体形虽小，但由于它们活泼好动，故食量较大，除了外出放养时由它们自行觅食，在家圈养时也要给它们"加餐"，一般是喂些番薯、菜叶、米糠之类。而养鹅则省事多了，平时不用怎么管它们，放牧时让它们吃饱野草即可。

牧鹅，考验人的耐性。鹅吃草吃饱后，要卧坐休息。即使你赶着它们往家里走，它们在途中也是走走停停。只要有一只鹅带头坐在地上歇息，其他的鹅就纷纷效仿。有道是"急惊风遇上慢郎中"，面对鹅的慢节奏，我这个"鹅司令"也无计可施，只能不停地挥舞竹棍，催促它们快点跑。

如果把鸭比作先锋官，性子急，喜欢打头阵，冲锋在前，那么鹅就是大将军，不急不躁，喜欢在后面压阵。鹅体形肥硕，它们走起路来摇头晃脑，那不紧不慢的神态，真有点"不管风吹浪打，胜似闲庭信步"的模样。牧鹅放鸭，是为了分担妈妈的家务，但同时也是在放牧自己幼小的心灵。

随着年龄的增长，我从中悟出一些道理来：生活中，有些事要抓紧办，不能拖拖拉拉，这时你要像鸭子风风火火奔向稻田觅食一样，抓住机遇不放；而另外一些事，欲速则不达，不能操之过急，这时你要像大鹅一样，自信又从容，耐心等待时机。

牧鹅放鸭虽是童年往事，但那些动感十足的画面，时时浮现在我眼前：一群"大腹便便"的肥鹅高昂着头，踱着从容的小步子缓缓前行；一群兴奋无比的鸭子憋足了劲，撒开欢快的步伐向前急冲……

时间不语，却见证了所有努力

对友谊"祛魅"

□海 棠

在青春期，我曾被一系列浪漫英雄主义的文艺作品打动，向往一帮人义薄云天、生死与共的热血江湖。然而理想与现实之间，差得实在太多。对于友情，我经历过，也失去过。如今快三十岁的我，对此已有了另外的认识。

01

近十年来，我和我的闺密爱恨纠葛、分分合合，如今回想起来，简直如梦一般恍惚——

在南方小县城里寒风侵袭的冬天，我们在大马路边放声歌唱；我们一起做公众号，我写稿，她运营，接到了第一个YSL代购的广告，酬劳是一支裸色口红，她涂完了我涂。后来她去北京读大学，而我留在了长沙。刚开始，我们依然每天都有说不完的话，直到我交往了男朋友。

最初她只是抱怨自己明显受到了冷落，后来我们就不常联系了。

她出生在多子女的农村家庭，一个人在北京上学，无所依凭，家里甚至给不起足够的生活费，一有空闲，她就得四处兼职。面对生活上的压力，她似乎天生就有足够的承受力，她曾在教培机构实习，随身携带六部手机随时待命，在工作中她从无一丝懈怠与怨言。

那时，真正撕咬着她的，是现实境况对比下的冲击和年少放不下的虚荣。北京城繁华巍峨，信息流动如电光石火，当她的室友和同学们潇洒地出入其中时，她却在为衣食奔波，自觉不甘。说到底，她没什么比不上他们的，除了无法选择的出身。

如此种种，让她的情绪变得十分脆弱，她本就非常讨厌计划被打乱，凡事跟自己的预期不符，失望、愤怒的情绪就会被点燃，而我偏偏是想一出是一出的个性。在与我相处的过程中，她很敏感，经不起一点小事，比如我们微信聊天的对话框里不能出现"哦哦"，这两个字意味着冷淡敷衍，而只能用替换词"噢噢"，这两个字略微活泼生动。

这些事情过去了四年以后，我只身前去北京工作，经历了她所经历的，才理解了她那时的心情和所言所行。

02

愧意越积越深，我终于主动踏出了重修旧好的第一步——约她下班后见面。见到她时，她留着和以前一样的发式，扎着一个高高的丸子头，手上拿着一束花，是给我买的。我们仿佛昨天还在一起说笑打闹，四年时间倏地过去了，似乎有一块胶布把中间彼此空缺的日子无痕地拼接起来。换个角度来说，在我们见面的那一瞬，冰释前嫌。

吃完饭，我和她一起回了她租住的公寓，当晚我们同床而卧。从那以后，即便是工作日，我也不辞劳苦地搭地铁回她家睡觉，而周末我直接抛弃了自己租的房。我们一块儿逛超市，做饭，骑自行车，给她的猫拍丑照。

然而好景不长，又是旧调重弹。我不知这是不是成人世界里的无奈，两个人明明看起来如胶似漆，实际上却还在不由自主地斤斤计较。我明明住在她家里，却无法忍受她不经询问扔掉了我放在橱柜里的饼干。就是这样的小事情，一次次累积，让我明知两个人的生活更加容易更加快乐，也宁可诚实地面对自己的边界，回归孤家寡人。

03

2022年10月，我在豆瓣话题"舍不得删的聊天记录"里贴了和她的一段对话，她看到了，发私信给我。她说她过去一直处理不好情感和人际关系，对我怀有歉疚；我们的关系也一直非常拧巴，要么最好要么最坏，但还是很幸运拥有过这样一段友情。因为这次互联网上的巧遇，我又给她打了电话。

这一年多的时间里，她换了两份新工作，交往了一个男友且感情日益稳定，最近辞职准备创业。而我因为抑郁症不断复发，已经三年多没有工作了。在过往积蓄即将用尽时我想去北京找她，到她的住处借住一段时间，但她刚好房子到期，打算搬去和男友同住。

而后，她转给了我一个月房租，并直言，这是最后一次帮我。一方面，她早已无法承受我的负面情绪；另一方面，她不认同我的生活方式，"我还是希望你能自力更生，希望帮助你往正面的方向发展，哪怕你去摆地摊，我都觉得你有进步了。人不自救的话，他人是救不了的，只是你一直在逃避一些现实问题，但是随你吧，毕竟这是你的人生"。

看着对话框我既伤心又感动，批判他人总是最容易的，难的是理解；而比理解更难的，是明明不理解，还愿意帮助。尽管这份帮助由仁义驱使，只此一次，尽管这份感情是本性使然，无法长久。每个人最终都会选择一种他所能接受的方式生活，这是生物的本能。我就是因为无法忍受职场，才选择了如今朝不保夕的日子，正如她此时不愿再无端忍受我带去的压力。

04

这是我目前人生中最要好的朋友，今后大概率不会再有了。

年近三十，忽地对友情祛魅了。说是祛魅，更多是一种无奈，阶段性的人生里，"友情是流动的，不由人的"，没法激动着要理由。

不过，这并非意味着我不再渴望陪伴，人是群居性动物，会对同类的温暖有需求。我只是不再执着于交朋友，而是更愿意找搭子。

声　誉

□佚　名

所谓声誉，最重要的是你最爱之人的评价，那些愿意和你建立真实关系之人的评价。如果他们给你打了大大的差评，那么你获得的无数赞誉也毫无意义。

柯勒律治说："到处是水，却没有一滴水可以喝。"在虚拟世界中，我们的朋友遍及世界，但也许并没有多少朋友可以交心。海水是苦涩的，海量的信息只能带给人无法饮用的饥渴感，海量的朋友带给人的可能也是没有朋友的孤独感。

愿你们都能走进真实的世界，关注真实具体的人，拥有真正的友谊。

前方的道路不可预知，生命充满神秘莫测。不悲伤、不犹豫、不彷徨，但求理解。

时间不语，
却见证了所有努力

李时珍没有看到《本草纲目》

□ 赵 蕊

李时珍，家喻户晓，他是明代医药学家、博物学家，他撰写的《本草纲目》是当时最系统、最完整、最科学的一部医药学著作，被达尔文称为"中国古代百科全书"。这样一位伟大的"药圣"，曾有过一段"弃文从医"的经历。

李时珍的祖父是一位走乡串户的铃医，父亲是当地有名的医生，曾任太医院吏目。可以说，李时珍出身于医药世家。在这样的家庭氛围中，李时珍自幼对医药产生了兴趣。然而当时民间医生的地位不高，其父希望他好好读书，将来可以考取功名，光宗耀祖。

这或许并不是李时珍的理想，但他还是凭借自己的聪慧和努力，不负众望地考中了秀才。就在李父对儿子的未来充满信心之时，李时珍的仕途之路却停滞不前了——此后三年他在乡试中都落榜了。

李时珍本就热衷于医学，对科举毫无兴趣，三次落榜让他产生了放弃的念头，无心再参加考试，而是决心学医，立志为百姓解除疾苦。其父了解了他的想法，也表示理解和支持，并将自己行医的经验倾囊相授。那一年，李时珍二十三岁，开始随父学医，刻苦钻研医术。他为贫民治病，多不收取医资。很快，他在当地便有了名气。

三十三岁那年，李时珍因为治好了富顺王朱厚焜儿子的病而声名远扬。不久之后，他被楚王府聘为奉祠正，兼管良医所事务。后来又被举荐到太医院，任太医院院判。他淡泊名利，不求功名，一年后便辞职回乡，专心于著述工作。巨著《本草纲目》的编撰便是从此时开始的。

在多年行医及阅读古典医籍的过程中，李时珍发现古代"本草"书中有不少错误，再加上新药物、新验方不断增加，内容多且杂乱，容易误用而发生医疗事故。因而，他立志重修"本草"，并为此读了很多书。

对待历代"本草"，李时珍采取批判继承的态度，剔除模糊甚至错误的内容，保留其精华部分。他反对尊经法古的做法，对于古人的见解，都要亲身验证，敢于修正古人的舛误。同时他也具有鲜明的革新思想，在总结前人成就的基础上，有所发明创造。这就不仅需要读万卷书，更要行万里路了。

李时珍到山上采药，然后亲自栽培和炮制药物，通过实践进行研究。他也和儿子、弟子一起，到各地收集药物标本和处方。在这个过程中，所遇之人都可以是李时珍的老师：农民、牧人、猎人、渔夫、车夫、矿工和捕蛇者等。在这些人的帮助下，李时珍解决了很多书本上难以解决的问题。

曼陀罗花是一种重要的麻醉药物，历代的"本草"中均无记载。李时珍听说曼陀罗花用酒吞服会使人发笑，令人手舞足蹈，严重的还会将人麻醉。他便据此传说进行实验，最终证实曼陀罗花确有麻醉作用，并在《本草纲目》中记载："予尝试之，饮酒半酣，更令一人或笑或舞引之，乃验也。""割疮灸火，宜先服此，则不觉苦也。"

经李时珍新增加的单方达八千余条，新发现的药物有三百多种，不仅数量多，质量也很高。其中一些药物，直到现代仍然很有价值。这是李时珍的功绩，倘若他没有"行万里"，没有向广大群众虚心求教，这些单方和药物或许只能藏在民间，无法实现更大的价值，甚至根本不会被发现。

当时的皇帝明世宗朱厚熜，迷信方士，好长生不老之术。他身边聚集了一批方士，炼丹修仙，连太医院的医官也试图在历代的"本草"中找出长生不老之药，甚至向全国收集各种"仙方"。李时珍尚在太医院时，曾向皇帝进言，丹药并不能令人长寿，还列举了古人服用丹药毙命的例子。然而这种逆耳的忠言，皇帝是听不进去的。

朱厚熜去世后，皇室一改此前对方士和丹药的态度，于是很多人不敢再触碰炼丹术。李时珍对此的态度显然没有那么极端，他虽然反对服用丹药，但并不否定炼丹所用的药物和方法。他认为炼丹所用的水银内服有毒，但可以外用。他主张用实事求是的态度，科学地利用炼丹术炼制药物，并先后研究和肯定了铅、汞、密陀僧等多种药物的价值。

不因循守旧，不随波逐流，李时珍就是凭借科学创新、注重实践的态度，三易其稿，终于完成了共五十二卷的《本草纲目》。

著作虽然完成了，但如此皇皇巨著，想要刻印出版却没有那么容易。因为不是奉旨刊印，官府对此不予理会；又因为不是小说、戏曲等易于流传的书籍，书商也没有兴趣。当时的李时珍虽也是当地的名医，却不像如今这般天下闻名，所以他在当时全国最大的印刻中心南京滞留了一年，仍没看到出版的希望。

如果《本草纲目》无法出版，不仅是李时珍的遗憾，更是世人的损失，好在他并没有放弃。他想到了当时的文坛盟主王世贞，如果能得到王世贞的支持，对出版显然是有利的。之后王世贞为此书作序，并促成了这部书的出版。

此时距《本草纲目》完稿已过去了十余年，李时珍已年逾古稀，加之多年工作积劳成疾，便将刻印之事交由长子代办。在病榻之上，他仍然指导校勘工作，以确保书籍质量。令人遗憾的是，待此书正式刊行之时，李时珍已去世三年了。他虽未亲眼看到正式出版的《本草纲目》，但他的不朽著作传世至今，造福了后人。或许，这才是李时珍的心中所愿。

幸福是一种心态

□马亚伟

现在我们的生活，应该比古代的王公贵族还要舒适。夏有空调，冬有暖气，一年四季都能吃到想吃的水果和蔬菜。这是从前的人无法想象的。

但如今能享受如此舒适的生活，我们比从前的人幸福吗？

人活着都是需要幸福感来支撑的，而幸福感多数时候与客观条件无关。我们的幸福感来源于多种途径，比如劳动的充实、创造的成就，还有与亲人团聚的欢乐，与朋友重逢的喜悦，与他人合作的愉快，等等。所以说幸福更多是一种精神层面的东西，而精神层面的满足感，源于人情绪的调整和心态的把控。古人有句话说到了点子上：知足常乐。人只有勤于修心，时刻保持内心安定，才能获得幸福。

幸福不论境况和出身，也不论从前和现在。所以与其说幸福是一种心态，不如说幸福是一种能力。

午睡的技巧

□ 贝小戎

多年前我去海口参加培训，得知当地人的午睡传统根深蒂固：中午各单位的工作人员都会回家睡午觉，醒了之后再回单位上班，所以别想着中午去银行办业务。外地人都很羡慕，但觉得这个传统在大城市无法实现，因为回家一趟太花时间。

好在专家们认为，午睡最好不要在卧室里睡，也不要睡得太正式、太久，睡到90分钟以上，你就会进入深度睡眠周期，这意味着当你醒来时，会经历"睡眠惯性"，醒来的时候反而会感到头昏脑涨。

《科学休息》一书中说，西班牙画家萨尔瓦多·达利在《魔幻技艺的50个秘密》一书中描述了他的午睡方式："在硬椅子上午睡，最好还是西班牙样式的椅子"，把手搭在椅子两边，掌心向上，左手的大拇指和食指握住一把钥匙。然后，"让宁静安详的午睡慢慢地侵蚀你，你的灵魂像茴香酒，身体像方糖块，方糖块慢慢被茴香酒浸没"。当你逐渐睡去，你的手就会放松，钥匙就会掉在地上，让你瞬间醒过来。这样你午睡的时间不超过一分钟，甚至不超过25秒。非常短暂的午睡就足以使梦境中的思想浮出水面，而又不至于因为睡得太久把它们忘记。

哈佛大学校刊上一篇文章鼓励学生睡午觉，"午睡并不是懒惰或不负责任的表现。这是一个真正放松的人的标志，他们知道投入小部分时间午睡能改善整体健康和学习效率。午睡可以恢复精神，让头脑更清醒，缓解压力。它比冥想和洗热水澡更有效。许多人指出，如果你老担心没有足够的时间完成一篇论文，怎么还能抽出时间小睡呢？你不能，但这就是它的美妙之处。通过小睡，你欺骗自己相信你有足够的时间。即使第二天早上有20页的研究报告要交，你也可以小睡一下。当你真的睡了半个小时，你会让自己相信，你的作业不需要花你一整晚的时间"。

《战争与和平》中，保尔康斯基公爵说，"午饭后睡觉赛过银子，午饭前睡觉赛过金子"。但现在，在世界各地，午睡的习惯普遍受到了侵害，所以媒体和专家反复强调午睡的好处：午睡可以消除疲惫感，让人更机敏、专注力更强，还能让人不易冲动，更有能力应对挫折。早上起床后大约6个小时，就有可能开始感觉到瞌睡。如果你7点起床，可以在下午1点午睡20分钟，大脑就可以重现活力，继续投入工作。

美国作家约瑟夫·爱泼斯坦说，一些职业拥有可以午睡的特权，优秀的警察必须擅长一个晚上小睡三次而不被巡视者发现，出租车司机必须习惯于抓紧在空闲时间打盹，心理分析师在接待病人时也会打瞌睡。

丘吉尔把午睡看作保持冷静、恢复精力和斗志必不可少的组成部分。即便是在第二次世界大战德国发动对英国的大规模空袭期间，丘吉尔也会在午饭后回到自己战时办公室的房间，脱掉衣服，睡上一两个小时。午睡并非懒得不可救药，而是对他人负责的表现。

当杜甫种起了莴苣

□邱俊霖

莴苣并不是我国原产的蔬菜。据学者考证，莴苣来到中国的时间大概在隋代："呙国使者来汉，隋人求得菜种，酬之甚厚，故因名'千金菜'，今莴苣也。"（北宋陶谷《清异录》）

这个"呙国"具体在什么地方，如今人们已经难以考证。不过能够确定的是，到了唐代，莴苣已经成为我国人民餐桌上的一道重要蔬菜。唐代高僧从谂在诗中写到过莴苣的吃法："苦沙盐，大麦醋，蜀黍米饭齑莴苣。"

"齑"即用各种调料进行腌制。在古代腌制是莴苣最常见的吃法之一。比如《西游记》里的镇元大仙，在菜园子里种了"莴蕖"，他们在五庄观里吃的就是"腌莴蕖"。

"诗圣"杜甫晚年也种过莴苣。不过，他种的莴苣长势并不好，二十多天还没长出嫩芽。旁边的野苋菜倒是绿油油的一片。见到此情此景，他写了这首《种莴苣》诗来抒发内心感慨："翻然出地速，滋蔓户庭毁。因知邪干正，掩抑至没齿。"莴苣的成长，总是会受到胡乱生长的野苋菜的干扰。杜甫不由得想到，自己的命运也像莴苣一般："贤良虽得禄，守道不封己。拥塞败芝兰，众多盛荆杞。"自己坚守道义，直到一把年纪了才得到一个微不足道的小官职，但依旧难有作为。不过，杜甫在最后又乐观地表示："登于白玉盘，藉以如霞绮。苋也无所施，胡颜入筐篚。"相信邪恶终将压不住正义。

到了宋代，莴苣更常见啦，根据《东京梦华录》和《梦粱录》的记载，人们无论是走在北宋都城东京，还是来到南宋的都城临安街头，都能买到莴苣。

腌制，依然是宋代莴苣最流行的吃法。南宋的美食家林洪在《山家清供》里记载了一道名字很特别的菜，叫作"脆琅玕"："莴苣去叶皮，寸切，瀹以沸汤，捣姜、盐、糖、熟油、醋拌渍之，颇甘脆。"将莴苣去掉叶子和表皮，切成一寸长的段，然后用开水焯熟。接着，用捣碎的生姜、盐、糖、熟油和醋等调料，把焯过的莴苣拌匀腌制，这样制作出来的莴苣既甜又脆。

这道菜为啥叫作"脆琅玕"？"脆琅玕"的读音与"翠琅玕"相近。在词典中，"翠琅玕"的意思是一种青绿色的玉石。古人常用这种玉石制作配饰。后来也用"翠琅玕"代指翠竹。绿绿的莴苣是不是与"翠琅玕"有点儿相似？而且莴苣吃起来脆脆的，林洪索性把"翠"改为"脆"，用"脆琅玕"来代指莴苣，实际上这就是一道腌莴苣。林洪还提到了杜甫种莴苣的故事："杜甫种此，二旬不甲坼，且叹君子晚得微禄，坎轲不进，犹芝兰困荆杞。以是知诗人非为口腹之奉，实有感而作也。"杜甫种的莴苣过了二十多天还没发芽，于是他无尽感慨。他是因为太想吃莴苣才感叹的吗？非也！

他说，许多君子，即使通过努力拼搏，在晚年得到了一官半职，有了微薄的俸禄，可依然会遇到坎坷，无法顺利前进——就如同芝兰被荆棘和杞树所困。您瞧瞧，杜甫写下《种莴苣》时，并不是因为嘴馋了，而是触景生情，由莴苣的生长联想到了自己的际遇，于是有感而发啊。

时间不语，
却见证了所有努力

我的社交舒适圈

□吴 璇

我和闺密是大学同学。以前我们几乎每天都发微信聊天，还一起出游。刚开始，我们都很享受这样的友情。可随着年龄的增长，我们彼此都有了事业和家庭，那份友情似乎淡了不少。

有时候，是她忙完工作忙家庭，忘了回复我的信息；有时候是我忙，没法回应她出游的邀请，一次一次地"扫兴"。这些不及时的回应，让我们开始怀疑对方对这份友情的态度。有一次，我忙于工作挂掉了她的电话，并且忘了打回去，这之后我们终于爆发了一次争吵。争吵中，她几乎是发泄一样，倾诉了这么多年来我对她的种种"不重视"，比如没有按时接她的电话，不能像她一样写长长的"心情小作文"，不主动约她等。在她看来，我做不到这些，不是因为客观条件不允许，而是因为我不够重视她。

那次争吵过后，她可能还在生气，没有主动联系我。我潜意识里也像是在逃避什么一样，没有去找她。那段时间，我尝试着按照自己的喜好去社交，突然发现自在了许多。

和陌生人的下午茶，有些奇妙

没了过去和闺密事事报备的压力，如今我的许多朋友都是"季抛""月抛"甚至是"日抛"型的。所谓"日抛型"朋友，是我对网上认识的搭子的称呼，因为很多人在搭伴做过一件事后，再也没什么社交负担。

我的第一个搭子是在某个社交平台上认识的。当时她正在做一件很有趣的事情——约100个女孩子喝下午茶。我真的有些好奇。从来不和陌生人一起玩的我，从后台找到她说明了来意。她很细心地问了我的住址、饮食喜好等，贴心地把喝下午茶的地方选在了离我家不远的一家咖啡馆。

和陌生人喝下午茶的感觉很奇妙，因为是第一次见面，会比较注意自己的外在形象和谈吐，但内心是放松的，没有什么社交压力。和这个女生喝下午茶的时候，我们都很自然地点了自己喜欢的食物，不用担心自己"特殊"或者"不合群"。

那天，我们聊了很久，我讲了我的原生家庭，讲了我和闺密之间相处的困惑。她讲了她和丈夫之间的感情纠葛，我们在交流中都还是比较坦诚的。

事后想想，也许就是这种看起来陌生的友情，才让人卸下防备，放心地倾诉一些事情。这次和陌生人的"约会"，的确让我的心情好了许多。我明白了自己究竟想要什么样的友情。

"熟人社交"对我来说会有压力

特殊的原生家庭，让我很难对别人敞开心扉，也很难进入长期的亲密关系中。周围的人对我的评价是冷漠无情，我也一度怀疑过自己。但自从第一次看到"零糖社交"这个词，就觉得这种方式挺适合我，从此我就成了"零糖社交"的践行者。

我3岁的时候，爸妈就离婚了，我被判给了母亲。因为母亲体弱多病，我上小学之前是跟着乡下的姥姥一起生活的，直到快上小学的时候，才被母亲接回银川。但小学还没毕业，母亲就和继父有了孩子，我又被送到父亲那里。父亲虽然没有再婚，但因为工作经常要出差，我经常被送到各个亲戚家暂住，一住就是十几二十天。

因为这些，我小时候几乎没什么朋友，养成了内向的性格。也正是这样的成长经历，让我对亲密关系有一种既抗拒又向往的矛盾感觉。抗拒是因为从小和父母、亲人聚少离多，我害怕失去。向往则是因为我是一个感性的人，不想活得像个孤岛一样。但常规的"熟人社交"对我来说的确会有压力，我不太能融入别人的圈子。

我找到了自己的社交舒适圈

在社交平台上看到一个女孩写她参加读书会的经历，在那次读书会中，她和其他几个陌生人一起共读了《蛤蟆先生去看心理医生》这本书。她形容这次读书会是一次"摒弃杂念，直达心灵"的交流，这个形容深深吸引了我，于是我也开始搜寻这种能和陌生人一起参加的活动。

我记得参加的第一个活动是一次短期的旅行，30多个人包了一辆大巴车到沙坡头去玩。从出发那一刻起，这次旅行就颠覆了我的最初想法。车刚出发没多久，车里的活力气氛就拉满了，大家一路唱歌，我突然找到了一种好久没有过的轻松感。到了目的地之后，所有人似乎都没有了陌生的感觉。大家相互分享带来的美食，我居然没有一点扭捏，自然地吃着，放松地和大家聊着。

正是那一次体验，让我找到了社交舒适圈。我开始尝试着根据自己的兴趣爱好来规划社交活动。比如，加入一些骑行的队伍，享受骑行生活，或者随机约一场酣畅淋漓的剧本杀。每次参加活动，我们不会去聊家长里短，也没有社交相处的压力，而是把有限的时间精准地投入到自己的兴趣爱好上，感觉整个人很放松。

人生的缝隙

□ 刘　强

苏轼有篇小文《别石塔》，文章很短，却意味深长。"石塔来别居士，居士云：'经过草草，恨不一见石塔。'塔起立云：'遮个是砖浮图耶？'居士云：'有缝。'塔云：'无缝何以容世间蝼蚁？'坡首肯之。"

石塔前来向东坡居士告别，居士说："我所经过的别的地方都很平常，只是没有看到过一座石塔。"石塔站立后严肃地说："难道你没有见到过一座砖塔吗？"居士回答："那些与石塔不同，砖塔是有缝隙的。"石塔回答："没有缝隙怎么能包容世上像蝼蚁一样的小生命呢？"东坡居士立即点头表示赞同。

完美只是一种愿望，而不完美却是人生常态。没有缝隙的石塔，不能让那些蝼蚁在其中生存，看似完美，实则有缺憾。砖塔固然有缝，却能给那些微不足道的蝼蚁生存的空间，看似不完美，却是一种完美，世间的人与事大多如此。

我的妻子是客家人，她家每间老屋的屋顶上总留有一块半米见方的空隙，不用青瓦，而用透明的玻璃覆盖。岳父说，留有空隙是为了透射阳光，增加屋内的亮度。这一传统民俗在当代也具有环保节能的现实意义。我想，夜晚的小屋，星光、月光俱透，枕着温馨的光影入眠，肯定拥有一段浪漫与诗意的梦。是啊！人生不必活得严丝合缝，有点缝隙才能张弛有度，才能让光透过，从而看到希望。

时间不语，
却见证了所有努力

宋朝也有"诺贝尔奖"

□ 刘中才

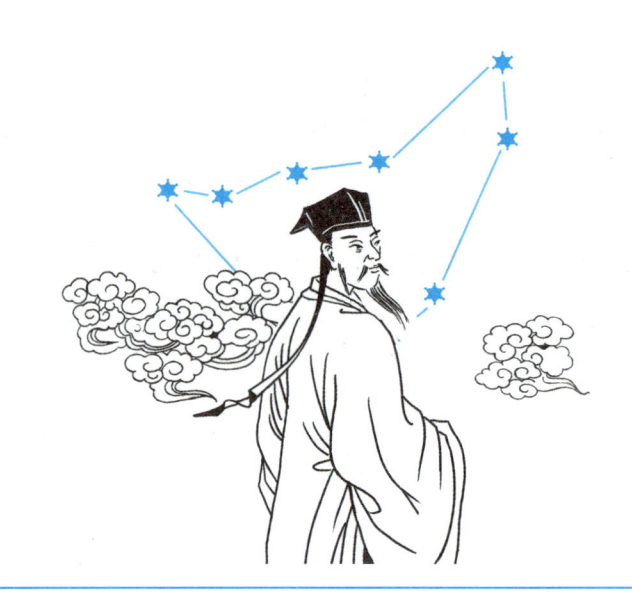

诺贝尔奖作为全球含金量最高、影响力最广的综合性奖项之一，自1901年首次颁发以来，已然成为学术界的一颗明星，经久不衰地散发着持久而又耀眼的光芒。

诺贝尔奖是知识经济时代的产物，它在高效推动产业变革的同时，也为人类社会可持续发展带来诸多经济效益。放眼古代，虽然没有类似于此的奖掖机制，但是古人的创新智慧丝毫不逊于今天，尤其是物阜民丰的两宋时代，可谓人才辈出、大咖云集，倘若为宋朝知识分子评选一次诺贝尔奖，竞争的激烈程度也就可想而知了。正如李约瑟在《中国科学技术史》中所说的那样：每当人们在中国的文献中查找一种具体的科学史料时，往往会发现它的焦点在宋代，不管在应用科学方面，或是纯粹科学方面，都是如此。

宋朝是自然科学与社会科学研发成果最为集中的时期，倘若按照今天的奖项设置类别进行评选，获得诺贝尔物理学奖的科学家应当首推苏颂。苏颂在北宋仁宗一朝曾经担任过馆阁校勘和太常博士，相当于现在的中国科学院院士，他于1092年成功研制出可以自动观测天象、计算时间的天文机械水运仪象台，写成《新仪象法要》一书，由此开了近代钟表擒纵器的先河，成为引领世界科技精算讲坛的第一人。苏颂还精通算法、地志、山经、本草、训诂、律吕等各类学科，另有《图经本草》《苏魏公文集》等作品传世，故而被称为中国古代和中世纪最伟大的博物学家与科学家之一，苏颂获评北宋诺贝尔物理学奖可谓实至名归。

苏颂之后的沈括，是大宋一朝的钦天监，类似于中国社会科学院的学部委员。他率先采用实验法，发现磁针指南时"常微偏东，不全南"，这是世界上关于地磁偏角的最早记录。此外，沈括在化学领域有着深厚造诣，他在研究硫酸钙晶体时发现，解理后的硫酸钙都有相同的六角形单元。其个人著作《梦溪笔谈》更是一本集天文、历法、地质、化学、光学、数学于一体的鸿篇巨制，沈括作为诺贝尔化学奖获得者的首选，在整个宋朝当之无愧。

如果说苏颂和沈括是物理界和化学界的大神，生在南宋的医学家宋慈便是诺贝尔生理学或医学奖获得者的最佳人选。作为法医鉴定学的开创者，宋慈撰写的《洗冤集录》是世界上第一部法医领域的学术专著，其中关于人体解剖、尸体检验、死伤鉴定等方面的案例研究，不仅图文并茂，而且生动翔实，尤其是对自杀、谋杀、火死、自缢的刑事分析和现象推理，时至今日依然备受业界推崇。

宋朝由于尚文抑武之风盛行，以骈散句为代表的宋词成为中国文学史上的一大创举，由此使得宋代文学璀若星河，骚人墨客数不胜数。诸如李清照、辛弃疾、欧阳修、王安石、陆游、范仲淹、文天祥，可谓贤士云集，百花齐放。倘若必须一决高下，笔者认为宋代的首届诺贝尔文学奖获得者应当首推大学士苏东坡。集文学家、书画家、美食家、水利专家于一身的苏东坡被誉为北宋中期的文坛领袖。他的诗词奔涌豪放、气势磅礴，他的散文雄浑高亢、纵横肆意。作为"宋四家"之一，苏东坡的文学作品可甜可咸、可曲可直，修竹、怪石、枯木、流水皆能入画，其著作《东坡七集》《东坡易传》《东坡乐府》《潇湘竹石图》《枯木怪石图》等均为宋代文艺史上的壮丽瑰宝。

由上可见，假如宋朝也有诺贝尔奖，其中的竞争力丝毫不亚于今天。而以上所列仅是万千智慧中的九牛一毫。这也充分说明，在封建社会的历史长河中，无论是自然科学的创造还是人文艺术的创新，宋朝一直都是神一般的存在。

宋江的哭

□憨 佗

梁山泊一百单八将，个个本事高强，大智大勇之人不少，文武双全之人不乏，高手云集。那么，能够当这一班子人的头领的，一定不是凡人。否则，怎么控得住这一群豺狼虎豹？

所以，很多人搞不明白，宋江有啥本事，能把各路兄弟收拾得服服帖帖。

梁山好汉从聚集、发展、壮大，直至解体，始终没有人站出来反戈。这说明宋江有着过人之处。

宋江的过人之处，在于他有一个绝招——会哭。

哭，谁不会？但有讲究。宋江的哭不同于一般人，带着表情、动作、声响，其技术含量比一般人高得多。并且哭的场合、对象、时间、地点、节奏，都是有讲究的。

这帮江湖枭雄，个个都不是省油的灯，少理智多冲动，少是非多义气，时时都处在摩擦冲撞之中，时时都有分割分裂的危险。这时候，对于作为头领的宋江来说，稳得住是关键，把内部斗争控制在一定范围内，既互相遏制，又斗而不破，是一件很难的事。可以说，宋江的哭，起了很大的作用。

自宋江领军征讨方腊的第一仗开始，几乎每战都有梁山兄弟阵亡，宋江开始没完没了地哭，时常"面皮黄，唇口紫，指甲青，眼无光"。

梁山首战阵亡宋万、焦挺和陶宗旺，宋江"心中烦恼，怏怏不乐"，开始痛哭，且泪流不止。第二场常州战役，韩滔和彭玘阵亡，宋江痛哭不止；占领常州后，宋江听得又折了兄弟，"大哭一声，蓦然倒地"。

战杭州，郝思文、徐宁、张顺三人阵亡时，"宋江见报，又哭得昏倒"；当卢俊义汇报说董平、张青、周通战死时，宋江"泪如雨下"；听得折了雷横、龚旺，"眼泪如泉"；入城后，听得又折了燕顺、马麟，"扼腕痛哭不尽"。

宋江为兄弟们战死而哭，发乎自然，场面动人。其哭态百出，大哭、小哭、长哭、短哭、有声哭、无声哭、倒地哭、昏倒哭，不一而足。他带着充沛感情的哭，凸显的是义。头领如此义薄云天，手下自然也感动得一塌糊涂。大家依然是一个团结合作、一致对外的温暖的大家庭。

可以看出，宋江的眼泪就像黏合剂，把一百零八将的命运与愿景联系在一起。

从世俗的标准来看，宋江追求的是名垂青史。哭，只是他的一种手段，并非只为个人感性的宣泄，表演成分很浓，虽然这种在公众场合上的哭，更多带有某种功能性和政治上的作秀，但具有很好的现场效果。

这种功夫，一般人未必学得到。

时间不语，
却见证了所有努力

《水浒传》中的两把刀

□ 高雅麟

关于刀，在《水浒传》中有几处精彩的描写。一处是第七回《花和尚倒拔垂杨柳 豹子头误入白虎堂》，豹子头林冲买了一把宝刀；另一处则是在第十二回《梁山泊林冲落草 汴京城杨志卖刀》，青面兽杨志要卖祖传的宝刀。这一买一卖，值得玩味。

林冲买刀，是为了欣赏；杨志卖刀，是为生活所迫。一个是在英雄得意之时的闲情雅致；一个是在虎落平阳时的落魄窘境。从卖刀角度而言，向林冲卖刀的人，是一个营销高手。而杨志，实在相形见绌。

杨志卖刀，是带着高傲无奈的心态，"当日将了宝刀，插了草标儿，上市去卖"。但立了两个时辰，也不吃喝，自然无人问津。好不容易来了个询问的牛二，还招来了杀人的官司。杨志未主动推销，想必是心中不舍的缘故，或许内心也天真地幻想可以遇到哪位惺惺相惜的英雄接济一二，说不定就不用卖那祖传宝刀了。可惜现实总是骨感的，前来询价的牛二还是一位想吃白食的主，加上杨志穷困之时的失意心态，就注定了一场即将发生的"杨志提刀杀人案"。

从买者的角度看，作为八十万禁军教头的林冲自然是一个爱刀的内行。

卖者拔出刀的那一刻，林冲便激动道："好刀！你要卖几钱？"迫不及待想得到。成交后，林冲反复把玩这把新刀，拿着看了整整一晚，夜间挂在墙上，不等天亮又起身去看。可见，爱刀心切，一览无余。

泼皮牛二自然是个外行。面对杨志的家传宝刀，泼皮牛二却问："你这破刀有什么好处，为什么叫宝刀？"一听，便不是个想成交的买主。杨志却傻乎乎地解释道："第一件砍铜剁铁，刀口不卷；第二件吹毛得过；第三件杀人刀上没血。"那牛二要杨志砍一个人来验证第三条，实是买刀为假，挑衅为真。英雄一时盛怒的"意气"，成了牢狱之灾的导火索。

表面看，林冲买刀中计，是一个必然结局。而杨志卖刀杀人，似乎充满偶然性。实质上，这是高俅设计使然，也是作者施耐庵的精心构思：在必然性与偶然性交织的事件中，两个英雄人物，都必然走向一个共同的归宿——梁山。在那个英雄被逼的时代，刀是一种杀气腾腾的武器，也是一种充满疼痛感的隐喻。林冲买刀与杨志卖刀，表面风平浪静，实则惊心动魄，在"一手交钱，一手交货"的和平场景中，他们面对的是他们自己无法觉察的另一场战斗。

林冲自误入白虎堂中了高俅设的局之后，想必那把宝刀，不太可能再入林冲的手。而杨志自吃了官司之后，作为行凶证据，那把家传宝刀是否物归原主，也不得而知。藏在"豹子头""青面兽"两副面具背后的两把刀，可以是驰骋沙场的利器，也可以是别人为你精心设计的诱饵。在刀光剑影中，往往伤的不仅是敌人，也包括自己。

所以，当你自觉藏器于身，可以傲视江湖的时候，要常常问自己：面对风云诡谲的世事沧桑，最需要的是随心所欲地对外攻击，还是保持警觉地对内反省？

是谁勾住了我们的注意力

□李施漫

我一直觉得自己是一个非常不会把控时间的人。比如，说好了只是去超市买瓶酱油，结果一逛就是几个小时，出来的时候天都黑了；明明规划好半天学语文，半天写数学，中间休息一小时，一个没刹住，一张语文卷子就做了大半天；考试的时候，经常就是前面的题洋洋洒洒地写，后面的题一看快收尾了就草草结束了。

我们常常认为："唉，一定是我时间管理没做好，没有按实际情况规划和执行，下次一定要改。"但怎么我做不会的题时候就没觉得时间过得这么快呢？到底是什么在悄悄吸走我们的时间和注意力呢？

直到我在一本书上看到一个词，解开了我心中的疑惑。在心理学上有一个概念叫"注意力遮蔽"，就是说我们对一件事越喜欢，越熟悉或者越想在这上面表现得好，就越容易使得我们把更多的注意力放在这件事上，由此遮蔽我们对时间的感知，在这上面消耗更多的时间。

一个人的时间和注意力最多只有24小时，商家们总是想："要怎么让大家看我的产品多一些呢？"于是，一些人开始将它用于经济或文化上的竞争。希望通过一些手段来争夺人们的注意力，从而给自己创造更多的效益。

手机软件的开发者希望我们多多使用他们的App，在上面倾注更多的时间和关注，留住我们，最后让我们在这上面多花钱。于是就利用大数据收集我们在手机上的浏览记录，用算法推测我们的兴趣，然后推送类似的内容吸引我们的注意力，让我们在这里面流连忘返。这就是为什么我们常常觉得手机像黑洞，会吸走我们的注意力和时间了。

这么看来，"注意力遮蔽"可不是什么好事情。其实咱们很多人都是只能进行单线行动，也就是完成一件事再去做下一件，所以会出现注意力遮蔽是很正常的事情。

既然咱们没办法改变它，那就改变自己的策略。一天做好一件事，比如复习的时候，利用它让自己更加专注，把今天一天都用来学语文，明天一天都学英语，这样至少可以保证自己在每一部分都投注了对等的注意力，而不是写语文的时候想着英语，结果两边都没学好。

当然，也不是什么时候都可以这样，像考试这种情况就不可以了。考试的时候咱们就要尽量减轻"注意力遮蔽"对我们的影响，把控好答题时间。我的小窍门就是在日常的练习中用计时器来提醒自己，严格执行自己的时间规划方案，锻炼自己对有限时间的感知和控制，提高自己的效率，这样考试的时候才能够更好地对时间做出判断和控制。除此之外，我们还可以在做事时远离那些容易诱惑我们分散注意力的因素，比如在做练习时关掉手机，远离游戏等。你看，关掉手机，跨过开头的我已经把今天的小知识分享完了。

时间不语，
却见证了所有努力

长桌还是小桌

□ 苗 炜

还记得大学食堂里的饭桌吗？一般来说，都是一张长桌，座位和桌子是一体的，能坐八个人。吃饭的时候，同学们坐在一起，交流学了什么，或者谈点儿八卦。大学的饭菜通常不怎么好吃，但气氛是快乐的。

我去过剑桥大学，在某个学院的食堂里吃过饭，那里也是长桌，能坐十几个人乃至二十多个人，食堂前面有一处高台，上面也是长桌，那就是所谓"高桌"，是供教授用的。

我还参观过宝马公司，那里的食堂很大，也是长桌。我还去西南旅行过，参加过"长桌宴"。但在城里见到的长桌很少，有些咖啡馆会有一两张长桌，一般都是给那些到咖啡馆工作的人准备的，他们在桌上打开电脑，彼此之间很少交流。餐厅里很少有长桌，高级包房里一般都是圆桌，大厅里都是小桌子，供两个人到四个人使用，餐厅越高级，这些小桌子的距离越远，保证每个客人都有不被干扰的私人空间。

我有一个朋友，曾经在自己家里开过私宴，他的经营方式很简单，在网上发布时间、地点和售价，八到十个席位。客人们彼此并不认识，到吃饭那天，去到他家，在一张长桌前坐定，吃一顿晚饭，结识一些新朋友。我一直觉得这是城市里很好的一种就餐方式，其中有些小麻烦，比如说怎么点酒，但也并不是不能解决。这样的私宴不用付房租，也没有消防及食品安全的检查，遗憾的是，他没能继续经营下去。

长桌是最适合社交的就餐方式，你可以有至少五个潜在的交流对象，左边一个右边一个，对面一个和斜对面两个，长桌宽1.2米到1.4米，能让你和对面的人聊起来。大圆桌不行，你只能和左右两个人聊，大圆桌看似平等，其实是有地位等级的，需要有人张罗，才能保持餐桌上的气氛。需要有一个共同话题，长桌更自如，能划分出不同的交流区域。

悉尼大学圣保罗学院的院长安东尼·马丁霍是长桌的鼓吹者，该学院研究生院的食堂一开始预订了十张小桌子，院长安东尼下令将十张小桌子拼成三张长桌，两张长桌分别可以坐12人，一张大长桌可以坐25人，教师和学生都在长桌上吃饭，院长还制定了就餐规则，一张桌子坐满了，才能坐另一张桌子，尽量避免单独吃饭的场景发生，除了正式宴会，没有固定座席，你无法选择和谁坐在一起。看起来这样的就餐方式更鼓励"e人"（性格比较外向的人），"i人"（性格比较内向的人）比较难受，但学校鼓励学术交流，公司鼓励员工交流，有一种说法——公司最美妙的谈话都是发生在咖啡间的，大家去喝咖啡，在非常放松的环境下漫无目的地聊天，也许能促成一些美妙的想法。

行必履正

□ 陈 炊

"凭谁踏破天险，助尔攀登高峰。志向务求克己，事成不以为功。"这是著名作家郭沫若对鞋的礼赞。读万卷书，行万里路，一双鞋子，带着我们到达世界的各个角落。

鞋履在古代又被称为"足衣"。中国的鞋最早称"屦"，表示用麻、葛等做成的鞋。战国以后，"屦"字逐渐被"履"字替代，至隋唐时，原来专指"生革之鞋"的"鞵"字，成了各种鞋子的通称，一直延续到现在。

随着商周时期服饰礼仪的确立，鞋也在原始的护足功能中融入礼仪内涵。其中尤以"舄"鞋为重，它是一种古老的礼鞋，为贵族在祭祀或朝会时穿着，《诗经·小雅·车攻》中就记载了周宣王及诸侯们着"赤芾金舄"举行大规模田猎的情景。

"舄"鞋造型庄重典雅，各个部分蕴含深意。比如鞋头正中部缀缝的装饰，是行走的"矫正器"。郑玄注《仪礼·士冠礼》："絇之言拘也，以为行戒。"此告诫穿鞋者，凡行步前进，都要端正朝前，步步要规范，防止走斜和偏歪。还有鞋帮与鞋底之间镶嵌的细圆绲条"绚"，它通过颜色标示身份，时刻提醒穿鞋者，举止要合乎礼仪，唯其相称，才能得体。

心之所适，履之所至。方寸之间，寄寓了为人处世的行为道德。好好穿鞋，每一次前行，都符合规则秩序；每一次举步，都传递出"行必履正，无怀侥幸"（《书履》）的价值追求。汉文帝"躬服节俭，绨衣不敝，革鞜不穿"，这是执政者节用裕民之心。明代御史王廷相行端履直，他总结为官之道，说要心存审慎，履险如夷，因为人的堕落就像新鞋踩泥，"倘一失足，将无所不至矣"。北宋大文豪苏东坡则主张心之所向，素履可往，他坚持正心，即使多次被贬谪，却依然泰然自若："竹杖芒鞋轻胜马，谁怕？一蓑烟雨任平生。"他两袖一挥，清风明月，快意平生，山河踏遍。

古代还有"清官留靴"的传统。据《旧唐书》记载，华州刺史崔戎，为官清正廉洁，深受民众爱戴。他调任兖海沂密观察使时，老百姓不忍他离开，簇拥着前来送别，以至于道路拥挤无法前行。父老们甚至脱去他的靴子，弄断他的马镫，以此表达挽留之情。后来，脱靴演变成挂靴，清官离任后，百姓们就在城楼上挂一只官靴，上书姓名，以示爱戴和祝愿。

关于鞋的成语很多，最为人熟知的当数"郑人买履"（《韩非子·外储说左上》）。它讲述了一个郑国人宁可相信尺码，也不相信自己的脚，最后买不到鞋的故事。其实，鞋子穿在脚上，合不合适，脚最知道。

千里之行，始于足下。一双鞋，无论寒暑、轻重，托举着我们走过一行行人生，留下一串串脚印……鞋履虽小，适足而生，人生海海，履直而行。它谦逊有礼，它无私无畏，山一程水一程，今夜且把它脱下，掸一掸过往的灰尘，让明天的脚步越发轻快。

时间不语，
却见证了所有努力

当"985"工科女转行做厨师

□有 碧

一个人选择成为厨师的故事本不应该有什么特殊的，但如果加上一系列修饰语——"'985'名校生""建筑系转行""海外留学""'95后'女生"，或许还应该再加上"在被男性统治的充满野蛮、汗水、油烟的后厨里"——这个故事就很难不变得激动人心。今年28岁的崔迪就是这个故事的主角，她来自新疆，是上海两家融合菜餐厅的主厨。一路走来并不顺遂，崔迪到底经历了什么？

以下是崔迪的自述。

一个女孩子为什么要做厨师

上大学的时候，我看了动画片《中华小当家》。主角是一个13岁的中华少年，他说想要做出让人信服的料理，这也是我做菜的初衷。同济大学一直有"吃在同济"的说法，每年都有"厨神争霸"大赛。我觉得很好玩，每年都报名参加，第一年没进决赛，后两年都得了冠军。

第一次参赛之前，我没怎么做过饭，只能在宿舍里开小灶。那时候烧的菜比较简单，可乐鸡翅、大阪烧……做完就和室友一起吃，如果大家觉得好吃，我也会很开心。当时，我觉得自己也许可以尝试把厨师当作职业，就去学校附近的餐厅兼职，体验一下真正的后厨工作是什么样的。

当初报考同济大学建筑学院的风景园林设计专业，是因为我在网上看到这个专业的介绍，说它是用人类所知道的生物学、地理学等方面的知识，让人与自然和谐相处。我以为这个专业就是种种树，我还挺喜欢动植物的。其实做菜也一样，去了解食材的特性，对它们进行一些"解剖"和"重置"，最后它们变成美食。大学毕业前夕，我本想升校内的研究生，但没有拿到名额，便想去法国学厨艺。但这个决定被家人阻止了，我爸说，读了本科再去读专科不合理，一个女孩子为什么要做厨师？我妈却说，如果你真的喜欢、能够坚持做下去也是可以的。

最后，我们都做了妥协，我先去瑞士读酒店管理的研究生，再找机会学厨艺。

在瑞士读研，有很长的实习时间。我在米其林网页上把瑞士的餐厅投了个遍，最后面试上了比利时一家二星餐厅。通过面试的那天晚上，我连洗澡时都在傻笑。

在比利时的日子很纯粹，也很封闭。后厨里只有我一个女生，而且是亚洲人。每天起床到上班大概只有15分钟，每天工作14小时以上。

那时，我经历了厨师生涯里最难挨的时光。有时候会不小心割伤自己，有时候则因为食物过敏浑身又肿又痒，此外，还要忍受同事的嫌弃和冷暴力。

2020年，我开始了正式的厨师工作。法餐后厨极度讲究等级秩序，更别说餐厅里来一个女生。西餐后厨对于体力要求没有那么高，反而耐心、细致的女生会更有优势。中餐馆后厨对女生来说相对更难。

我记得当时去一家中餐厅面试，负责人把我带到后厨，把厨房的燃气灶和抽油烟机打开，整个厨房"呼呼呼"地响，声音很大。他说："你来掂一下这口锅。锅里需要装满水，把它掂平，稳住15秒。"就算对男性来说，这也很需要力气。他想让我知难而退。

颠勺是中餐后厨的基本功，既靠技术又靠体力。大家下班后，我就加班练习颠勺。

如何审视"学历浪费"这件事

入行时，我24岁，当时实习的比利时餐厅档口的负责人才21岁。

24岁对于从厨者来说已经很老了。有时候会觉得我绕了好远的路才走到这里，也有人说我学完建筑再去当厨师是"学历浪费"。

但仔细想，每一步都没有浪费。记得刚投递实习简历的时候，那家比利时餐厅官网上主厨介绍中的一句话，深深击中了我："我一直以来想成为建筑师，于是我在盘子里搭建我的作品。"

主厨设计的菜品里，也有风景园林设计的思维：biotope（群落生境）、aqua（水）、flora（植物群）、fauna（动物群）。我当时忍不住惊呼：果然，建筑和烹饪是相通的！

风景园林设计专业教会了我设计的思维，我觉得这也是我能这么快成为主厨的一个重要原因。

对厨师来说，怎么设计一道菜是需要自己领悟的，它没有具体的方法论。厨师需要的，除了审美，还有你对不同风味、不同食材的组合。比如，西餐里面会做很多蔬菜泥，也会做很多脆片，它们搭配在一起，是一种质地的碰撞，脆的东西和很滑的东西混在一起，会产生变化和复杂的口感。虽然风味不一样，但两种食材搭配起来必须有共同点。比如，小鸡炖蘑菇，鸡和蘑菇的共同点是鲜味。但我对食材没有设限，怎么组合都可以，只要做出来好吃。

现在来看，我好像是幸运的。很多人会来问我转行的经验。我的从厨之路其实很坎坷，留学花了30万元，回国后的第一份厨师工作，月工资只有5500元。后来想去中餐后厨，却总被劝退。后来有一段时间，餐厅不营业，工资几乎没有，每个月还要交房租，我只好先找了一份美食编辑的工作。即便这样，做了选择之后，我就不会再去对比。

所以，比起寻找什么是热门的，跟风报专业，对我来说，了解自己、找到自己真正热爱的事情更重要。因为真正的热爱是不会背叛你的，它会跟着你一直走下去。

为什么有人总觉得做厨师不如做建筑师，其实大家不是很愿意说自己的志向是做一个服务人员。在瑞士读酒店管理专业时，老师跟我们说，服务也是一门需要智慧的学问。作为厨师，我觉得能通过自己的创造，让别人觉得好吃，这很有意义。

学会翻脸

□ 小　来

心理学上有个词叫"癌症性格"，大意是讲：

压抑负面情绪、不敢表露情感的人，患癌症的可能性是普通人的15倍。

做情绪的奴隶，早晚会被情绪裹挟。

在我们这个时代，最重要的是两种能力：第一种，叫作进攻能力；第二种，叫作飞翔能力。

不管你是拥有刀子，还是拥有翅膀，这些都是你翻脸的底气。

所以，不要做情绪的奴隶，该出手时就出手。